现代类型论的发展与应用

[英] 罗朝晖 著

清华大学出版社
北 京

内 容 简 介

本书是关于现代类型论的专著。与集合论类似，现代类型论是数学及诸多领域的基础语言。本书介绍了现代类型论(及其元理论)，并以自然语言语义学和计算机辅助推理为例对以现代类型论为基础的应用领域进行深入浅出的讨论。作为基础语言，现代类型论一方面提供了丰富的描述机制，另一方面便于理解与实现，因此与集合论相比有着多方面的优势。这些优点在实际运用中展示出来：作为范例，书中深入研究了基于现代类型论的自然语言语义学，以加深读者对此的理解。书中还介绍了以现代类型论为基础的交互式证明技术在数学形式化、计算机程序验证及自然语言推理诸方面的应用，进一步展示了使用现代类型论作为基础语言的优势。

本书适合研究自然语言语义学、计算机科学和逻辑学等领域的学者及研究生和对相关内容感兴趣的读者。

图书在版编目（CIP）数据

现代类型论的发展与应用 /（英）罗朝晖著. —北京：清华大学出版社，2024.4
ISBN 978-7-302-66035-4

Ⅰ. ①现… Ⅱ. ①罗… Ⅲ. ①自然语言处理 Ⅳ. ①TP391

中国国家版本馆 CIP 数据核字(2024)第 070490 号

责任编辑：袁勤勇　杨　枫
封面设计：刘艳芝
责任校对：申晓焕
责任印制：刘海龙

出版发行：清华大学出版社
　　　　　网　　址：https://www.tup.com.cn, https://www.wqxuetang.com
　　　　　地　　址：北京清华大学学研大厦 A 座　　　　邮　　编：100084
　　　　　社 总 机：010-83470000　　　　　　　　　　邮　　购：010-62786544
　　　　　投稿与读者服务：010-62776969, c-service@tup.tsinghua.edu.cn
　　　　　质量反馈：010-62772015, zhiliang@tup.tsinghua.edu.cn
　　　　　课件下载：https://www.tup.com.cn , 010-83470236
印 装 者：天津鑫丰华印务有限公司
经　　销：全国新华书店
开　　本：170mm×230mm　　　印　　张：14　字　　数：261 千字
版　　次：2024 年 4 月第 1 版　　　印　　次：2024 年 4 月第 1 次印刷
定　　价：68.00 元

产品编号：091097-01

赠　燕陵

前　言

本书介绍现代类型论，阐述 3 方面的内容：（1）现代类型论及其元理论（第 1、2 章及第 6 章）；（2）基于现代类型论的自然语言语义学（第 3、4 章）；（3）以现代类型论为基础的交互式证明技术在数学形式化、计算机程序验证及自然语言推理诸方面的应用（第 5 章）。

本书花了两年多时间才写完，远比想象的长了很多，主要原因有两个。一个原因是对内容的选取及组织颇花了一番心思，并试图兼顾两方面：一方面要照顾某些读者对较为专业的问题不甚了解（也无意深究），而另一方面要保证正确性和准确性以满足专业学者对细节的追求等。但愿在这方面的努力有成效。写作时间长的另一个原因是我对中文写作生疏了。自从与陈火旺老师等一起编著《程序设计方法学基础》一书（见参考文献 [240]）之后，我多年来很少用母语写作。这一次不光捡回了不少忘掉的东西，同时收获了写作中的许多快乐。

在多年来研究类型论及其应用的过程中，我与很多同事和学者有着各种各样的交流，获益匪浅，在此表示由衷的感谢（如有疏漏，深表歉意）：Peter Aczel、Robin Adams、Thorsten Altenkirch、Nicholas Asher、Arnon Avron、Henk Barendregt、Chris Barker、Keith Bennett、Stefano Berardi、Yves Bertot、Felix Bradley、Paul Callaghan、Stergios Chatzikyriakidis、Robin Cooper、Thierry Coquand、Nick de Bruijn、Peter Dybjer、Roy Dyckhoff、Herman Geuvers、Healfdene Goguen、Justyna Grudziñska、Martin Hofmann、Gérard Huet、Jean-Pierre Jouannaud、Georgiana Lungu、Harry Maclean、Per Marin-Löf、Conor McBride、James McKinna、José Meseguer、Eugenio Moggi、Richard Moot、Glyn Morrill、Larry Moss、Bengt Nordström、Christine Paulin-Mohring、Gordon Plotkin、Randy Pollack、Aarne Ranta、Christian Retoré、Don Sannella、Anton Setzer、Sergei Soloviev、Thomas Streicher、Paweł Urzyczyn、Vladimir Voevodsky、峰岛宏次、户次大介、林晋、木下佳树、冯扬悦、顾明、蒋颖、罗勇、马庆鸣、庞建民、乔海燕、石运宝、王

继新、薛涛、尤慎伟、詹乃军、张兴元、张昱。

　　特别感谢我的导师陈火旺院士和伯斯塔尔院士（Rod Burstall，FRSE）。他们是治学严谨的科学家，对学生言传身教，我从他们那里学到了很多学术研究的方式方法，终身受用。中国科学院软件所的林惠民院士鼓励和支持我在新型冠状病毒感染期间撰写此书，深表谢意。本书编辑袁勤勇先生和杨枫女士也给予了很大帮助，一并致谢。

作　者

2024 年 2 月

目 录

第①章

现代类型论及其应用

现代类型论（modern type theories）的发展始于瑞典学者马丁–洛夫（Martin-Löf）在 20 世纪 70 年代初对构造性数学基础的研究，半个世纪以来发展迅速，愈趋成熟。目前，现代类型论不仅是构造性数学基础的强有力竞争者，并在自然语言语义学和计算机辅助推理等诸多领域中广泛应用且颇有成效。

作为基础语言，现代类型论同集合论等形式系统相比相当不同，具有许多独特之处。本章首先对类型论的发展历史进行概述（1.1节），然后介绍现代类型论的基本概念，讨论其特点以及它们与集合论等其他形式系统的不同之处（1.2节）。1.3节对现代类型论的若干应用进行简单介绍，并概述本书各章的内容。

1.1 简单类型论与现代类型论发展概述

类型论起源于对数学基础的研究。19 世纪末 20 世纪初，人们发现在基于直觉的朴素集合论中存在着悖论（即自相矛盾的荒谬命题①），这从根本上动摇了数学体系赖以生存的基础，导致了对数学的信任危机。因此，如何建立坚实的数学基础成为当时亟待解决的研究课题。学者们对此提出了不同的解决方法：策梅洛（Zermelo）等发展了公理化集合论，而罗素（Russell）则通过开发类型论来试图解决这一问题。

罗素把悖论的存在归咎于形成逻辑命题时所具有的某种"恶性循环"，即所

---

① 根据罗素悖论[202]，在弗雷格（Frege）所使用的集合论[75]中便存在这样的荒谬命题。罗素悖论可陈述如下：令 R 为所有那些不是自身元素的集合所组成的集合（$R = \{ x \mid x \notin x \}$）。如若在集合论中允许 R 的存在，那么就不难得出：$R \in R$ 当且仅当 $R \notin R$；换句话说，R 是自身的元素当且仅当它不是自身的元素，这是自相矛盾的荒谬命题。

谓的非直谓性（impredicativity），这也正是罗素的分支类型论（ramified theory of types）[219] 旨在规避的问题。然而，正如拉姆塞（Ramsey）等学者所指出那样[196]，罗素混淆了两种不同的悖论，一类是像罗素悖论这样的逻辑悖论，而另一类是诸如说谎者悖论之类的语义悖论，两者有着本质的不同，而后者在逻辑语言中根本无法表达。因此在形成逻辑命题时所要避免的是前者，而非后者。罗素的错误在于同时考虑如何避免这两种悖论，结果其分支类型论不仅相当复杂而且不得不诉诸颇具争议的所谓归约公理（axiom of reducibility）。拉姆塞的观点是，尽管非直谓性的形成规则具有循环因素，但并不导致有害的恶性循环。由此他建议分支类型论可以"简化"为简单类型论（simple theory of types）。① 简单类型论是高阶逻辑的一种表达方式，丘奇（Church）在 1940 年以 λ 演算为基础将其形式化[46]，此形式系统在当代仍被广泛应用。例如，蒙太古（Montague）的自然语言语义学[168] 在形式语义学界一直占有统治地位，它的基础便是简单类型论及其模型理论（见 3.2 节）。

类型论的早期发展（如上述罗素和拉姆塞的研究工作）出于人们对古典数学之基础语言的探索。在 20 世纪 70 年代，一批逻辑学家对构造性数学[24]（而非古典数学）的逻辑基础进行研究，其中马丁–洛夫所研究的类型论引入了逻辑上若干崭新的概念，脱颖而出。② 马丁–洛夫类型论[155, 157] 使用像上下文（context）、判断（judgement）及定义性等式（definitional equality）等新概念，采用"命题即类型"（propositions-as-types）的对应原则[59, 103] 将逻辑嵌入类型论中，并引入了如依赖类型（dependent type）、归纳类型（inductive type）及类型空间（type universe）等种种强有力的表达机制。该理论不仅为构造性数学奠定了基础，而更为重要的是，它开启了现代类型论的研究和发展。③

现代类型论有直谓（predicative）和非直谓（impredicative）两种。直谓类型论以马丁–洛夫类型论[155, 176] 为代表，彻底摒弃非直谓性或归约公理，其类型结构严格遵循有层次的构造原则。非直谓类型论则沿袭简单类型论的非直谓构造原则，例

---

① 对此，卡尔纳普（Carnap）在文献 [33] 中给出了更为详细的描述（请参见文献 [20] 中该文的英文翻译）。另外，除了拉姆塞，波兰学者奇维塞克（Chwistek）等逻辑学家也提出了对归约公理的质疑，对有关发展做出了贡献[47, 119]。

② 除了马丁–洛夫，研究构造性数学基础的逻辑学家还包括费弗曼（Feferman）[73]、弗里德曼（Friedman）[76] 和迈希尔（Myhill）[173] 等。

③ "现代类型论"一词的首次出现是将其应用于自然语言语义学的研究（见作者所著文章 [132]，主要目的是将现代类型论同蒙太古语义学中所使用的简单类型论区分开来。另一点要说明的是，本书使用现代类型论一词时所指的都是内涵类型论（intensional type theory），而不包括外延类型论（extensional type theory）。外延类型论的典型例子是马丁–洛夫外延类型论[156, 157] 及其在证明系统 NuPRL 中的实现[50] 等。关于外延类型论，见 2.6 节的进一步注解。

如,以简单类型论为基础,使用命题即类型的对应原则增加证明对象(proof object)便得到"构造演算"(calculus of constructions)[55],而"统一类型论"(Unifying Theory of dependent Types, UTT)[125] 则是马丁–洛夫类型论和构造演算相结合的产物。统一类型论的类型结构如图 1.1 所示,它由两部分组成:一部分包括各种数据类型(如自然数类型 Nat 和 Π 类型及 Σ 类型等依赖类型)及其所属的直谓类型空间 $Type_i$,而另一部分则包括逻辑命题(如全称量词 $\forall$ 等)及其所属的非直谓类型空间 $Prop$。①

图 1.1　统一类型论的类型结构

现代类型论作为基础语言在诸多领域中得到了广泛应用。值得一提的是,尽管构造性数学基础的形式化是现代类型论研究的原始动机,它们的应用并不局限于构造性数学或构造性推理。换言之,现代类型论的应用并不被构造性推理所垄断,其丰富的类型结构所提供的强有力的描述机制在很多其他领域也能有效地应用。② 本书第 3、4 章所描述的基于现代类型论的自然语言语义学就是这样的典型实例。在计算机科学中,以现代类型论为基础,人们实现了一系列的计算机辅助

---

① 马丁–洛夫最初研究的类型论并不是直谓类型论,而是非直谓的。他在 1971 年提出的类型论中包含一个非直谓性过强的类型,即由所有类型所组成的类型(甚至连它本身也是自身的对象)[154]。吉拉德(Girard)证明了在这样的类型论中每个类型都不是空的(即所谓的吉拉德悖论)[83](也可参见 [54], [101] 等有关英文文献);因此,根据命题即类型的原则,该类型论中所有逻辑命题均可被证明,因此是不相容的。从此,马丁–洛夫就彻底抛弃了非直谓构造,转而研究直谓类型论。请注意,考虑"所有类型的类型"并非异想天开。如作者所分析的那样(见文献 [125]1.3.1 节),它引入的原因可归结为如下两个基本思想:(1)所有的命题组成一个非直谓类型(这类似于简单类型论中的非直谓原则);(2)命题和类型是完全相同的概念。需要指出的是,尽管第(2)条来自"命题即类型"的原则[59, 103],但它更强:不仅所有命题都是类型,而且所有类型也都是命题!根据(2),将(1)中的"命题"用"类型"取代,就很自然地得到了所有类型的类型。由此分析,马丁–洛夫的直谓类型论放弃了(1)并坚持(2),而若遵循(1)但不赞同(2),就有了像统一类型论这样的非直谓类型论(有关更详细的讨论,见文献 [125]1.3 节)。

② 在这一方面,有兴趣的读者可以参考阿克泽尔(Aczel)和甘比诺(Gambino)所提出的外加逻辑的类型论(Logic-enriched Type Theories, LTT)[2, 78] 以及作者和同事亚当斯(Adams)进一步研究的以 LTT 为基础的类型框架[128, 4],在此框架中,形式推理可以建立在古典推理或直觉主义推理等不同的逻辑基础之上。另外,与此相关的还有,近年来兴起了关于同伦类型论(homotopy type theory 或 HoTT)的研究,它的逻辑既可以是直觉主义逻辑也可以是古典逻辑[102]。

推理系统，即所谓的"证明助手"（proof assistant）。这些系统包括基于马丁–洛夫类型论的 Agda[5]、基于归纳构造演算的 Coq[53] 和基于统一类型论的 Lego 和 Plastic[146, 30] 等，① 它们有效地应用于数学形式化、计算机程序验证及自然语言推理等诸多领域（详见第 5 章）。

1.2　现代类型论概论及特点综述

现代类型论是以计算为基础的形式系统，它们与传统的逻辑系统和集合论不同，引入了若干新的概念和机制，建立在独特而坚实的基础之上。现代类型论将计算和逻辑推理这两个基本概念成功地结合于同一语言之中，它们丰富的类型结构及抽象机制提供了有力的描述工具，而其良好的元理论性质则一方面使得基本概念便于理解，而另一方面也为计算机推理系统的实现打下了坚实的基础。

1.2.1　基本概念概述

本节直观地介绍现代类型论的基本概念（关于相关概念的正式引入，见第 2 章）。人们所考虑的事物通常可以自然地划分为不同的种类，从而形成两个相关的世界：一个是对象（object）的世界，而另一个是类型（type）的世界，其中每个类型由某些对象所组成（例如，所有自然数所组成的类型、所有人所组成的类型、由某论域到某值域的所有函数所组成的类型等）。在类型论中，对象和类型之间的从属关系由形式为 $a : A$ 的判断所刻画，其含义是"对象 a 的类型为 A"（见图 1.2）。②

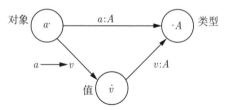

图 1.2　判断 $a : A$ 的直观含义

在一个类型的对象中，有一些是所谓的"规范对象"（canonical object），它们是计算所得的结果，即对象的值（value）。这些规范对象无法再计算下去，以自

---

① Agda 实现于瑞典的哥德堡大学；Coq 实现于法国的国立信息与自动化研究院；而 Lego 和 Plastic 则分别由珀拉克（Pollack）和卡拉汉（Callaghan）在英国的爱丁堡大学和杜伦大学设计实现。

② 在本书中用大写字母表示类型，而小写字母则表示类型所含的对象。

身为值。例如，自然数类型的规范对象要么是零要么是某个自然数的后继，而自然数 $1+1$ 则不是规范对象，其计算所得值是规范对象 2（零的后继的后继）。当定义一个类型时，人们便可规定它含有哪些规范对象。若要判定 $a:A$ 是否成立，只需对 a 做计算，然后确定其值 v 的类型是否为 A 即可（见图 1.2）。

计算是现代类型论中的一个基本概念，它所生成的等价关系称为"计算性等式"或"定义性等式"，由形式为 $a=b:A$ 的判断所刻画，其含义是"类型为 A 的对象 a 和 b 定义性相等"。例如，若将函数 $\lambda x:A.b[x]$ 作用于类型为 A 的对象 a，那么通过计算便可得到 $b[a]$。现代类型论的重要性质之一是每个合法对象的计算都终止于唯一的规范对象。上述规范对象的概念以及这一关于计算的性质是现代类型论的元理论的核心之一，为其打下了坚实良好的基础。例如，图 1.2所示对判断的解释便是以此为基础的：若 a 的值为 v，那么 $a:A$ 的含义就是 v 的类型为 A。而这里假设了 a 的值的存在及其唯一性，这是必要条件之一。

要想对类型论中的对象进行描述和分析，就需要有逻辑公式及相应的推理机制。在现代类型论中，与此相关的关键概念是库里（Curry）[59] 和霍华德（Howard）[103] 所提出的"命题即类型"的原则，也称为库里-霍华德对应原则（Curry-Howard correspondence）。其基本思想是，任何一个命题 P 都对应于一个类型 PRF(P)，它是命题 P 的证明所组成的类型，而命题 P 为真当且仅当存在 P 的证明，也就是类型 PRF(P) 非空。这一想法的起源可以追溯到直觉主义哲学中海廷（Heyting）[99] 和科尔莫戈罗夫（Kolmogorov）[114] 关于逻辑算子的解释。例如，根据"海廷解释"，存在逻辑公式 $P\Rightarrow Q$（P 蕴涵 Q）的一个证明当且仅当存在一个构造方式，给定 P 的任一证明，它将给出 Q 的一个证明。将此非形式化的解释形式化，$P\Rightarrow Q$ 的证明构造方式便可表示为将 P 的证明映射为 Q 的证明的函数，而 $P\Rightarrow Q$ 的证明所组成的类型 PRF($P\Rightarrow Q$) 便可表示为从 PRF(P) 到 PRF(Q) 的函数的类型。①

由此，一个命题是否为真便与该命题的证明所组成的类型是否非空等同，而如上说明的规范对象的概念则给出了"规范证明"（或称为"直接证明"）的概念：对任意命题 P，P 的规范证明就是类型 PRF(P) 的规范对象，而其"非规范证明"（或称为"间接证明"）则就是 PRF(P) 的非规范对象。因此，一个对象是命

---

① 在此应当说明，命题即类型的原则适用于描述逻辑与类型论之间的关系的重要原因之一是后者在该原则下含有相容的逻辑。然而，这一原则并不适用于描述逻辑与程序设计语言之间的关系（尽管这种描述相当诱人，如瓦德勒（Wadler）近来深受好评的文章[216]），原因是程序设计语言通常含有一般性递归（general recursion），从而每个类型均是非空的，因此它们在命题即逻辑的原则下不含有相容的逻辑。

题 P 的证明是指它通过计算所得之值是 P 的规范证明，而一个命题为真当且仅当存在它的规范证明。

1.2.2　现代类型论的特点及其与其他形式系统的区别

现代类型论与其他形式系统相当不同，有其特有的基本概念和性质。尽管对此的深入理解有待于对现代类型论的进一步刻画，但在此先做一个概述，着重于它们与其他系统的不同，并以此介绍其特点。这里讨论集合论以及另两个类型系统（倘若读者对某个系统比较熟悉，那阅读起来更为容易，但这并不重要）：

- 集合论。基于一阶逻辑的集合论（如 ZFC 等）是数学的基础语言，被学者广为接受，在各个领域应用广泛。
- 简单类型论。丘奇的简单类型论[46] 是高阶逻辑的一种描述方式，应用也相当广泛。①
- 多态类型系统。作为理论计算机科学的研究成果之一，多态类型系统[163, 60] 是函数式程序设计语言类型系统的基础。②

公理化集合论是一阶逻辑的理论，人们在一阶逻辑的推理系统中给出集合论的公理，来描述 ZFC 等集合理论。在这里，命题由一阶逻辑的公式来表示，用以描述集合论中集合的性质以及它们之间的关系等。例如，$s \in S$ 是由二元关系 $\in$ 所形成的公式，表示"s 是集合 S 的元素"这一命题。与此不同，现代类型论本身是一个自然演绎系统，并不建立在其他逻辑的推理系统之上。因此，类型论并非由某逻辑系统的公理来描述，而是由本身的推理规则来刻画的。这些推理规则构成关于判断（judgement）的自然演绎系统，用以规定哪些判断是正确的，即可导出的（derivable）。

在类型论中有各种各样的类型，相关的判断形式之一是 $a : A$，其含义为 a 是类型 A 的对象。与集合论中 $s \in S$ 不同，判断 $a : A$ 不是一个逻辑命题。根据命题即类型的原则（见 1.2.1 节），如果 A 是某命题的证明的类型，那么判断 $a : A$ 就是说 a 是该命题的一个证明。请注意，在一阶逻辑中命题就是一切：在一阶逻辑里只有一种判断，即判定某命题是否为真；而在类型论中命题仅对应于一部分类型（即证明的类型）。而且，现代类型论引入了"证明对象"（proof object）的概念，这在一阶逻辑等传统的逻辑系统中是没有的。

现代类型论中还有其他形式的判断。例如，等式判断 $a = b : A$ 是说"类型 A

---

① 例如，简单类型论及其基于集合论的模型理论[98] 是蒙太古语义学[168] 的基础语言（见 3.2节），也是某些交互式证明系统的基础（见 129 页脚注①）。

② 当今的函数式程序设计语言大多采用多态类型系统，它们包括 SML[164] 和 Haskell[106] 等。

的对象 a 和 b（定义性）相等"。关于等式判断以及这种定义性等式与通常的命题等式的区别，在此不作详细介绍（见 2.1 节）。但要指出的是，定义性相等（也称为计算性相等）是一种基于计算的等式。例如，类型 A 的对象 a 和 b 定义性相等意味着 a 和 b 经计算所得的值相同（见图 1.3）。之所以需要定义性等式的主要原因是因为在现代类型论中存在着依赖类型（dependent type）。例如，命题 $x \geqslant 2$ 的证明所组成的类型便是一个依赖类型，它依赖于自然数对象 x 和 2。该命题的任何一个证明也是命题 $x \geqslant 1 + 1$ 的证明，因为 2 和 $1 + 1$ 定义性相等。这一点由所谓的"等式规则"所描述（详见 2.1 节）。

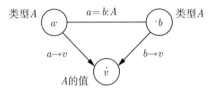

图 1.3　定义性等式 $a = b : A$ 的直观含义

在现代类型论中，判断的正确性是可判定的（decidable）。换言之，一个判断的正确与否可以用算法来自动确定。例如，对于任意的 a 和 A，判断 $a : A$ 的正确性可由机器来确定。请注意，这与集合论中的命题 $s \in S$ 不同，因为这个命题是一阶逻辑的公式，其真假是不可判定的。值得指出，判断 $a : A$ 的可判定性是现代类型论含有基于"命题即类型"原则的逻辑系统的前提。原因是给定一个逻辑公式以及一个该公式的证明的候选对象，这个对象是否是该公式的证明应该是可判定的（这里仅考虑公式和证明均是有穷的情况）。换句话说，倘若 A 是某公式的证明的类型，那么 $a : A$ 正确与否应该是可判定的。判断 $a : A$ 的可判定性也称为类型检测（type checking）的可判定性，因为对判断 $a : A$ 的正确性进行判定实际上就是检测 A 是否是 a 的类型。① 类型检测的可判定性是类型论元理论的性质之一，它与计算的终止性等元理论性质密切相关。这些良好的元理论性质给现代类型论的应用打下了坚实的基础，例如，这些元理论性质对在计算机上实现以现代类型论为基础的交互式推理系统尤其重要（见 5.1 节的有关讨论）。

简单类型论[46]是丘奇在 λ 演算基础上对高阶逻辑的描述（详见 3.2 节）。它有

---

① 请注意，类型检测与判定一个命题是否为真（或是否可被证明）不同。一般来说，公式的真假是不可判定的，因为在没有候选证明的情况下，需发现证明是否存在，这对于一阶逻辑或者更复杂的系统而言是不可判定的。另外，在现代类型论中，其他形式的判断也是可判定的。由于依赖类型的存在，特别是因为等式规则的存在，形为 $a : A$ 的判断的可判定性依赖于定义性等式 $a = b : A$ 的可判定性（事实上，二者相互依赖）。

两种判断：一种形为 $a:A$，表示"对象 a 的类型为 A"，而另一种形为 P true，表示"公式 P 为真"。前者与现代类型论形式相同的判断类似，所不同的是简单类型论仅含有基本类型（实体的类型 $\mathbf{e}$ 和公式的类型 $\mathbf{t}$）与函数类型 $A \rightarrow B$，而现代类型论有着丰富的类型结构，含有依赖类型（如 Π 类型和 Σ 类型），归纳类型（如自然数类型、列表类型、向量类型），逻辑命题的证明类型，类型空间等。这种丰富的类型结构使我们能够使用类型来描述各种各样的由个体所组成的群体（这些群体在集合论中通常用集合来描述，而在现代类型论中则可用类型来描述）。例如，在基于现代类型论的语义学中，普通名词的语义便可用类型来刻画，并且丰富的类型结构为语义学构造提供了有力的描述工具（见第 3、4 章）。需要指出的是，尽管现代类型论的类型结构相当丰富（甚至可与集合论中的集合相媲美），但它们仍是由规则所刻画的推理系统。通常，人们用自然演绎系统来刻画现代类型论，其类型（命题）的构造是由相关的推理规则来给出的。例如，以命题的证明类型为例，其引入规则用来描述该类型的规范对象（即有关命题的规范证明），而其消去规则用以指出在假设该命题成立时可推出什么样的结论。这样定义的现代类型论有着良好的元理论性质（见第 6 章），为人们对它们的理解并以此为基础进行形式推理打下了良好的基础。①

在计算机科学中，多态类型理论[163, 60] 是函数式程序设计语言的类型系统，不少计算机科学的学者对此相当熟悉。多态类型理论的特点之一是：程序是不带任何类型信息的 λ 项（untyped λ-term），一个程序可以有很多类型，而它们均可由系统自动导出。例如，函数 $\lambda x.x$ 的最一般类型为 $\boldsymbol{\alpha} \rightarrow \boldsymbol{\alpha}$，其中 $\boldsymbol{\alpha}$ 是类型变量，它可由任意类型所替代（因此，该函数的类型有 $Int \rightarrow Int$、$(Int \rightarrow Int) \rightarrow (Int \rightarrow Int)$ 等）。将多态类型理论与现代类型论相比较，这两个系统的构造之不同反映出对什么是类型这个基本问题有着不同的理念。在多态类型系统中（更一般地，在函数式程序设计语言的研究中），对象的世界与类型的世界相互独立，而类型分派系统（type assignment system）将类型赋予由 λ 项所表示的对象。在这样的观点下，一个函数有多个类型是相当自然的。然而，这在现代类型论中则不然。在现代类型论中，对象和它的类型不可分割，离开了类型对象便不复存在了！例如，自然数 2 之所以存在是因为它有类型 Nat，事实上 2 是在引入类型 Nat 时引入的（见 2.3.1 节），没有自然数类型 Nat 就没有自然数 2。换言之，类型及其对象

---

① 另外值得指出的是，这些引入及消去规则 是和谐的（harmonious），因此现代类型论具有潜在的证明论语义（proof-theoretic semantics，关于此术语的定义，请参见文献 [107]）：见达米特（Dummett）和布兰多（Brandom）等哲学家关于被称为使用论的意义理论的研究[68, 69, 26, 27] 以及根芩（Gentzen）、普拉维茨（Prawitz）和马丁–洛夫等逻辑学家关于逻辑系统的证明论语义的研究[80, 191, 192, 157, 158]。这里之所以使用"潜在"一词是由于关于现代类型论的意义理论的研究尚未得到十分满意的结果，有待进一步发展（见 6.4 节对此的简要讨论）。

同时存在，二者相互依存。上述关于什么是类型的不同理念进一步导致了对子类型的理解（及处理）也有所不同（见 2.5.1 节）。①

1.3 现代类型论的若干应用和本书概述

本书旨在介绍并研究现代类型论的发展和应用。人们把现代类型论应用于诸多领域，包括数学形式化、计算机程序验证、自然语言语义学等，而这些均可在计算机上通过以现代类型论为基础的交互式证明系统中得以实现。

- 数学形式化及交互式定理证明。数学基础是现代类型论研究的初衷，因此，数学形式化和定理证明便是人们首先考虑的应用之一，颇有成效。人们使用类型论机制形式化地刻画数学理论的证明环境（如基本假设等），将要证明的引理和定理用命题来表示，并寻找相应的证明（即待证命题的对象）。以类型论为基础进行交互式证明开发似乎比使用集合论更为优越，被很多计算机科学家所认可，并进一步发展了称为"证明助手"的计算机辅助证明工具。这也逐渐吸引了数学家对此的兴趣（例如，研究发展了同伦类型论[102] 的俄国数学家沃沃茨基（Voevodsky）、使用计算机辅助证明系统的英国数论专家巴扎德（Buzzard）[29] 和美国数学家黑尔斯（Hales）[92] 等），发展前景可观。然而，本书对于数学形式化和定理证明并不做深入的讨论，只是在 5.1 节中举例加以简单说明。

- 计算机程序验证。在计算机科学中，人们开发了各种程序设计语言，用"程序"来描述开发环境和解题方式，以供机器自动执行。由于程序员在编写程序时很可能出错，人们对程序的正确性非常关心，在很多情况下采取程序验证作为手段之一来提高程序的可信度。程序验证是相对于程序规范而言的：程序所描述的应该是如何进行操作而完成规范所刻画的任务，而程序验证就是证明一个程序所定义的行为满足其规范的要求。在恰当的环境下，这可以描述为一个逻辑命题，而程序验证就是寻找该命题的证明。以现代类型论为基础的交互式证明系统可用来进行程序验证，计算机科学家多年来在这方面做了不少工作。例如，皮尔斯（Pierce）的团队数年来用交互式证明系统 Coq 对程序验证等进行了系统的探索，颇有成

---

① 在此所述的这一区别可追溯至关于 λ 表达式的两种不同形式：不带类型信息的库里形式（如 $\lambda x.x$）与带类型信息的丘奇形式（如 $\lambda x : A.x$）。在程序设计语言及其语义学的研究中，雷诺兹（Reynolds）将此区别称为 λ 项的内在（intrinsic）和外在（extrinsic）表达形式[201]。关于类型分派系统与现代类型论的区别和对比，见作者和同事的有关文章 [145] 和 [149] 以及 2.5.1 节。

效[184, 185]。5.2 节描述使用 Coq 对程序进行形式化及验证的简单例子,供读者参考。

- **自然语言语义学。**自然语言语义学是使用形式化的基础语言来研究语言语义的学科。长期以来, 蒙太古语义学[168] 在这一领域一直占有统治地位, 它基于简单类型论及其模型论,以集合论作为基础语言,用集合等表达语义进行研究。本书介绍基于现代类型论的自然语言语义学(MTT 语义学, MTT 是现代类型论的英文首字母缩写),它以现代类型论作为基础语言, 用类型等进行语义刻画。由于现代类型论含有丰富的类型结构,各种语言特征均可用相关的类型论机制给出恰当的语义描述。并且,由于现代类型论本身是证明系统,它们不仅与哲学上称为使用论的意义理论密切相关(从而便于理解),而且可以在计算机上实现并进行自然语言推理。目前的计算机辅助证明系统就提供了很好的工具和研究平台。作者及其同事在近十几年来对 MTT 语义学做了多方面的研究,本书第 3、4 章将对此进行描述。

当然,很难想象读者会对所有上述这些领域都很熟悉,本书也不会对所有这些应用都做详细的描述。在本书中,仅对现代类型论在自然语言语义学上的应用进行较为深入的研究和阐述,并在描述基于现代类型论的交互式推理时举例说明它们在计算机程序验证和数学形式化等方面的应用。这样选取的一个原因是,基于现代类型论的自然语言语义学在近期得到了长足的发展,而类型论在程序验证和定理证明等方面的应用发展较为成熟(读者可参考有关的书籍和文献),本书对它们只进行简要的介绍。

接下来将除本章外其他各章的内容概述如下。在本章的基础上,第 2 章对现代类型论做系统的介绍。该章引入基本概念,介绍各种类型构造算子,并讨论类型空间和子类型机制等。在介绍这些类型论机制时,一方面尽量做到简明易懂、举例说明,但同时也保证描述的准确性和正确性。本书后续章节所要用到的类型均在第 2 章引入,并加以刻画和解释。倘若有些读者对了解现代类型论的应用(如自然语言语义学等)更为关切,对第 2 章的某些章节可先粗略阅读,而在后续章节用到相关概念时,再行阅读和进一步理解。

第 3 章和第 4 章研究基于现代类型论的自然语言语义学(MTT 语义学)。如上所述,这是现代类型论的应用之一。第 3 章首先介绍传统的形式语义学(蒙太古语义学)及有关的基本概念,然后概述 MTT 语义学的发展历史,描述其主要特征和基本的语义构造方法,还研究了如何在现代类型论中描述形容词的修饰语义,进而表明现代类型论丰富的类型结构及强有力的描述机制在刻画各种语言学特征时所起的关键作用。该章最后一节讨论了"证明无关性"在 MTT 语义学中所起的重要作用，并以此为基础研究了回指等语言学现象。

第 4 章研究 MTT 语义学的若干课题：4.1 节在类型论中引入说明常量的标记（signature），用以对语境进行恰当的描述。4.2 节讨论语言中的同谓现象（copredication），在现代类型论中引入点类型加以描述和分析。在现代类型论中，语言中的语句既可被解释为命题，也可被解释为判断。4.3 节研究判断语义的命题形式及其引入的合法性。4.4 节讨论依赖事件类型（dependent event type）的引入以及它们在戴维森事件语义学和 MTT 事件语义学中的应用。

第 4 章的上述诸节均对类型论作适当的扩充，从而对语言现象给予恰当的刻画，进行有效的语义学研究。而该章最后一节（4.5 节）则不同，它在范畴语法（categorial grammar）的框架下引入依赖类型，研究相应的子结构类型论（substructural type system）和依赖性范畴语法（dependent categorial grammar）。还要说明的是，第 4 章所讨论的这些课题都相对独立，读者可以根据对诸专题的兴趣进行选择性阅读。

第 5 章介绍基于现代类型论的计算机辅助推理和称为"证明助手"的交互式证明系统，并使用 Coq 系统在程序验证和自然语言推理两个领域给出形式化的例子，并加以说明。5.1 节首先介绍交互式证明系统，并简要说明若干数学定理在这些系统中被证明的例子。5.2 节描述用 Coq 进行程序验证的例子：一是命令式程序的形式化及验证（5.2.1 节），二是类型论本身函数式程序的验证（5.2.2 节），而 5.2.3 节则给出使用现代类型论表述模块化开发及其正确性证明的例子。5.3 节用 Coq 实现 MTT 语义学，并给出若干在第 3、4 章讨论了的简单例子（如形容词修饰语义、MTT 事件语义学等），并加以说明。

第 6 章研究现代类型论的形式化描述和元理论（metatheory）。6.1 节使用浅显易懂的语言对现代类型论的重要性质做概述，同时说明元理论对于类型论理解和使用的重要意义。6.2 和 6.3 节引入逻辑框架的概念，对本书所用到的若干类型系统（统一类型论、强制性子类型理论和标记类型论）进行形式化描述，并概述它们主要的元理论性质。该章最后一节（6.4 节）简要讨论逻辑系统的"意义理论"（meaning theory）、与元理论研究的关系以及在当前研究中所遇到的问题等。

第 2~6 章末尾均有称为"后记"的小节，用于对某些内容做进一步的说明或者为读者提供更多的参考文献和背景资料等。另外，除了通常的用途之外，本书中的脚注也用来对某些技术性较高的问题做必要的解释说明，目的在于一方面使得广大读者能顺畅地阅读正文，而另一方面同时照顾到某些专业人士对细节的追求。

第 ② 章

现代类型论

现代类型论是以计算为基础的形式系统。作为基础语言，其丰富的类型结构和上下文机制，为各种应用提供了强有力的描述手段。本章先介绍判断、上下文及定义性等式等基本概念（2.1节），然后引入各种类型构造算子和类型空间的概念（2.2、2.3及2.4节）。2.5节介绍强制性子类型理论（现代类型论的子类型机制），以及子类型类型空间及依赖性记录类型等相关构造。

在这里，有两点需要说明。首先，为了便于理解，尽量采用非形式但精确的方式来进行描述，并将形式化的推理规则列于附录之中，以便检索。其次，在多数情况下，我们的讨论对所有现代类型论均适用。例如，绝大多数类型构造算子是各现代类型论所共有的。倘若在特殊情况下并非如此，会予以说明。另外，在举例时通常使用统一类型论[125]进行讨论。

2.1 判断、上下文及定义性等式

现代类型论可刻画为自然演绎系统（natural deduction system），其基本语句被称为判断（judgement）。判断有几种不同的形式，例如，如下的判断（2.1）是说：若假设 x_i 是类型 A_i 的对象（$i = 1, \cdots, n$），那么 A 是对象 a 的类型。

(2.1) $x_1 : A_1, \cdots, x_n : A_n \vdash a : A$

其中，序列 $x_1 : A_1, \cdots, x_n : A_n$ 称为上下文（context），假设变量 x_i 的类型为 A_i。例如，若 $Human$ 是人的类型，那么 $x : Human$ 则假设 x 是任意一个人，在此上下文中便可讨论关于 x 的命题 $P(x)$，从而进一步形成像 $\exists x : Human.P(x)$

这样的命题。①

作为自然演绎系统，一个现代类型论由若干（有穷个）如下形式的推理规则所定义：

$$\frac{J_1 \quad J_2 \quad \cdots \quad J_n}{J} \quad (\text{附加条件})$$

其中，J_i 和 J 均是判断，J_i 被称为该规则的前提，而 J 则被称为该规则的结论。② 一个判断可能是正确的，也可能是错误的。正确的判断是那些在该系统中可被导出的判断（derivable judgement），定义如下。

定义 2.1 (可导出性) 一个判断 J 是可导出的（derivable）是指存在判断的有穷序列 $J_1, J_2, \cdots, J_k$ $(k \geqslant 1)$，它满足如下条件：(1) J_k 就是 J；(2) 对任意的 $1 \leqslant i \leqslant k$，存在这样的推理规则：它的结论是 J_i，而它的前提则都属于集合 $\{J_j \mid j < i\}$。

现代类型论有如下 5 种形式的判断：

$$\vdash \Gamma, \quad \Gamma \vdash A\ type, \quad \Gamma \vdash A = B, \quad \Gamma \vdash a : A, \quad \Gamma \vdash a = b : A$$

现逐一解释如下。首先，判断 $\vdash \Gamma$ 是说"Γ 是合法的上下文"。这里，若 $\Gamma = x_1 : A_1, \cdots, x_n : A_n$，其合法性意味着变量 x_i 各不相同，A_i 在上下文 $x_1 : A_1, \cdots, x_{i-1} : A_{i-1}$ 中是类型，并且 $x_i : A_i$ 可被导出。这由如下关于上下文的规则所刻画，其中 $\langle\rangle$ 是空序列，并且 $FV(x_1 : A_1, \cdots, x_n : A_n) = \{x_1, \cdots, x_n\}$：③

$$\frac{}{\vdash \langle\rangle} \qquad \frac{\Gamma \vdash A\ type \quad x \notin FV(\Gamma)}{\vdash \Gamma, x : A} \qquad \frac{\vdash \Gamma, x : A, \Gamma'}{\Gamma, x : A, \Gamma' \vdash x : A}$$

判断 $\Gamma \vdash A\ type$ 是说"在上下文 Γ 中，A 是合法的类型"，而判断 $\Gamma \vdash a : A$ 则是说"在上下文 Γ 中，A 是对象 a 的类型"。例如，2.3.1 节将正式引入自然数类型 Nat，其形成规则是说 Nat 是一个合法的类型，而其引入规则便规定了自然数 0、1、2 等是 Nat 的对象。

---

① 请注意，x 在此是变量，表示"任意的"，而不是常量。若用上下文 $zhang : Human$ 来假设"张三是个人"则不妥（见 4.1.1 节）。

② 有时，为了方便起见，可以把附加条件写到前提的位置，但总是能将它们与判断的前提区分开来。

③ 一般来说，对任意的表达式 M，$FV(M)$ 是在 M 中自由出现之变量的集合，并且这一符号表示也扩展到判断及上下文等。请注意，在使用 $FV(M)$ 或 $FV(\Gamma)$ 时，M/Γ 总是一个合法的表达式/上下文。因此，如上定义的 $FV(\Gamma)$ 的确是 Γ 中自由出现之变量的集合（这可根据元理论推导而得，见定理 6.1.1(1) 等性质）。

有两种等式判断：$\Gamma \vdash a = b : A$ 是说"在上下文 Γ 中，类型为 A 的对象 a 与 b（定义性）相等"，而 $\Gamma \vdash A = B$ 则是说"在上下文 Γ 中，类型 A 与 B（定义性）相等"。首先，这两种判断中的等式均是等价关系，如下述规则所刻画：

$$\frac{\Gamma \vdash A \; type}{\Gamma \vdash A = A} \qquad \frac{\Gamma \vdash A = B}{\Gamma \vdash B = A} \qquad \frac{\Gamma \vdash A = B \quad \Gamma \vdash B = C}{\Gamma \vdash A = C}$$

$$\frac{\Gamma \vdash a : A}{\Gamma \vdash a = a : A} \qquad \frac{\Gamma \vdash a = b : A}{\Gamma \vdash b = a : A} \qquad \frac{\Gamma \vdash a = b : A \quad \Gamma \vdash b = c : A}{\Gamma \vdash a = c : A}$$

等式判断中的等式称为定义性等式（definitional equality）或计算性等式（computational equality），它们基于计算的概念，两个表达式定义性相等的直观含义是它们经计算所得之值相同（见图 1.3）。定义性等式与通常逻辑系统中的等式不同。在类型论里，与通常逻辑系统中的等式相对应的是所谓"命题等式"（表示等式的命题），该命题可记为 $a =_A b$，其中 a 和 b 都是 A 的对象（见 2.4.1 节）。倘若 $\Gamma \vdash a = b : A$ 是正确的判断，那么命题 $a =_A b$ 在 Γ 中可被证明，即存在 p 使得 $\Gamma \vdash p : (a =_A b)$。然而，反过来就不一定是正确的了。例如，有 $x : (0 =_{Nat} 1) \vdash x : (0 =_{Nat} 1)$，但这并不意味着可以导出 $x : (0 =_{Nat} 1) \vdash 0 = 1 : Nat$。[①] 当上下文为空时，$a =_A b$ 的可证性的确蕴涵 a 与 b 定义性相等；换言之，如若存在 p，$\langle \rangle \vdash p : a =_A b$，那么 $\langle \rangle \vdash a = b : A$（这就是所谓的"等式反射性质"（equality reflection），详见 6.1.2 节）。

如前所述，由于依赖类型的存在，等式判断的作用之一是使得定义性相等的类型具有相同的对象，如下述"等式规则"所刻画：[②]

$$\frac{\Gamma \vdash a : A \quad \Gamma \vdash A = B}{\Gamma \vdash a : B} \qquad \frac{\Gamma \vdash a = b : A \quad \Gamma \vdash A = B}{\Gamma \vdash a = b : B}$$

例如，由于 $1 + 1 = 2 : Nat$，命题 $x \geqslant 1 + 1$ 和 $x \geqslant 2$ 有着相同的证明。再举一例：2.3.2 节将定义类型 $Vect(A, n)$，即由 A 的对象组成的长度为 n 的"向量"的类型，其中 $n : Nat$ 是任意一个自然数。对此，同样由于 $1 + 1 = 2 : Nat$，则有：$Vect(A, 1 + 1) = Vect(A, 2)$，它们有着相同的对象。

方便起见，将关于上下文和定义性等式的规则汇总于附录 A。

---

① 事实上，判断 $x : (0 =_{Nat} 1) \vdash 0 = 1 : Nat$ 是错误的，但与等式反射性质一样，这需要使用元理论的结果才能证明（见第 6 章）。

② 有两种描述现代类型论的方式：一种是本书的方式，采用等式判断；而另一种则是像传统的 λ 演算那样，将相等的概念视为元一级的变换等式（conversion）。在后一种描述方式中，相应的等式规则由变换等式所描述。学者们试图证明这两种描述方式是等价的，但至今为止仅对较简单的依赖类型系统作出了证明，见文献 [3]。

2.2 类型构造算子

通常，多数类型构造算子的引入均可由如下 4 类规则所描述（在此以自然数类型 Nat 为例加以说明，详见 2.3.1 节）。

（1）形成规则（formation rule）：用于刻画在什么情形下可以合法地形成该形式的类型。例如，自然数类型 Nat 在任何情况下都是合法的类型。

（2）引入规则（introduction rule）：用于刻画该类型的规范对象。例如，Nat 的规范对象为 0、$succ(0)$、$succ(succ(0))$ 等。

（3）消去规则（elimination rule）：用于刻画如何定义以该类型为论域的函数和相应的证明。例如，Nat 的消去规则规定如何用原始递归来定义以 Nat 为论域的函数以及如何使用自然数归纳法来进行证明。（请注意：与此同时，一个类型的消去规则还进一步佐证了该类型由其规范对象所组成。）

（4）计算规则（computation rule）：用于定义由消去规则所引入的消去算子的计算含义。例如，Nat 的计算规则规定了，当输入为规范对象 0 和 $succ(n)$ 时计算如何进行。

本节（及下一节）介绍若干典型并常用的类型。

2.2.1 函数的依赖类型（Π 类型）

现代类型论包含若干种依赖类型，函数的依赖类型（Π 类型）是其中一种。如果 A 是一个类型，且 $B(x)$ 也是个类型，其中 $B(x)$ 可依赖于类型为 A 的对象 x，那么 $\Pi x : A.B(x)$ 是满足如下条件的函数 f 的类型：对于任意的 $a : A$，$f(a)$ 的类型为 $B(a)$。请注意，f 作用于 a 所得结果 $f(a)$ 的类型 $B(a)$ 依赖于输入对象 a，这就是 Π 类型是依赖类型的原因。

举个例子来说，假设 $Human$ 是所有人所组成的类型，对于每个 $x : Human$，$Parent(x)$ 是 x 的父母组成的类型，那么，可以考虑 Π 类型 $\Pi x : Human.Parent(x)$，其元素是满足如下条件的函数 f：对于任意的 $h : Human$，$f(h)$ 的类型是 $Parent(h)$，即 $f(h)$ 是 h 的父亲或母亲。

Π 类型的各类规则列举如下（见附录 B.1）。

- Π 类型的形成规则，它规定了如何构造 Π 类型：

$$(\Pi) \qquad \frac{\Gamma \vdash A\ type \quad \Gamma,\ x : A \vdash B\ type}{\Gamma \vdash \Pi x : A.B\ type}$$

这条规则是说，若 A 在假设 Γ 下是类型并且 B 在假设 "$\Gamma, x : A$" 下是类型的话，那么，在上下文 Γ 中，$\Pi x : A.B$ 是类型。

- Π 类型的引入规则（或称为抽象规则）规定了 Π 类型的对象是使用 λ 所表示的函数项（$\lambda x : A.b$ 是类型为 $\Pi x : A.B$ 的对象）：

$$(abs) \qquad \frac{\Gamma, \ x : A \vdash b : B}{\Gamma \vdash \lambda x : A.b : \Pi x : A.B}$$

- Π 类型的消去规则（或称为应用规则）规定了 λ 函数的应用过程，其中 $[a/x]B$ 是将 B 中变量 x 的自由出现替换为 a 所得到的结果，例如，如果 B 为 $Parent(x)$，则 $[h/x]B$ 为 $Parent(h)$。

$$(app) \qquad \frac{\Gamma \vdash f : \Pi x : A.B \quad \Gamma \vdash a : A}{\Gamma \vdash f(a) : [a/x]B}$$

- Π 类型的计算规则（或称为 β 转换规则）给予应用运算以含义，指出当 λ 表达式作用到论域中的对象时计算如何进行：

$$(\beta) \qquad \frac{\Gamma, \ x : A \vdash b : B \quad \Gamma \vdash a : A}{\Gamma \vdash (\lambda x : A.b)(a) = [a/x]b : [a/x]B}$$

注意，变量 $x : A$ 在 b 或 B 中均可能自由出现，因此，在计算上述等式左侧的表达式时，要在 b 中用 a 替换 x 的自由出现，而且相应的替换也要在 B 中进行才能得到它的类型。

举例来说，当把一个类型为 $\Pi x : Human : Parent(x)$ 的函数 f 应用到一个人 $h : Human$ 时，其函数值 $f(h)$ 的类型为 $Parent(h)$，是 h 的父亲或母亲，而不会是别的对象。

当变量 x 不在 B 中自由出现时，Π 类型 $\Pi x : A.B$ 退化为通常的函数类型，记为 $A \to B$。换言之，函数类型是 Π 类型的特殊形式，例如，$Human \to Prop$ 便是 $\Pi x : Human.Prop$ 的另一种表达形式，其中 $Prop$ 是所有逻辑命题组成的类型（见 2.4.1 节）。

Π 类型与类型空间相结合便可提供 "多态" 机制，在应用中非常有用，请参见 2.4 节。

最后要说明的是，关于算子 Π、λ 及其应用等运算，定义性等式是同余关系，由规则所刻画（见附录 B.1）。例如，关于函数的应用运算有如下规则：

$$\frac{\Gamma \vdash f = f' : \Pi x : A.B \quad \Gamma \vdash a = a' : A}{\Gamma \vdash f(a) = f'(a') : [a/x]B}$$

对此类规定有关同余关系的规则，仅对 Π 类型提及，而在讨论其他类型构造算子时略去。

2.2.2 序对的依赖类型（Σ 类型）

另一种典型的依赖类型是序对的依赖类型（Σ 类型）。如果 A 是一个类型，且 $B(x)$ 也是个类型，其中 $B(x)$ 依赖于类型为 A 的对象 x，那么 $\Sigma x : A.B(x)$ 是由序对 (a, b) 组成的类型，其中 a 的类型是 A，b 的类型是 $B(a)$。与 Σ 类型相关的是投射运算 π_1 和 π_2，它们满足如下等式：对于类型为 $\Sigma x : A.B(x)$ 的序对 (a, b)，$\pi_1(a, b) = a$ 且 $\pi_2(a, b) = b$。

举例来说，如果 Cat 是猫的类型，$black(x)$ 表达 "x 是黑的" 这一命题，那么 $\Sigma x : Cat.black(x)$ 是黑猫的类型，该类型中的对象是序对 (c, p)，其中 c 是一只猫，而 p 是命题 "c 是黑的" 的一个证明。请注意，$black(x)$ 依赖于 x，因此 p 的类型是 $black(c)$，它依赖于 c。关于此例还有一点需要说明，这里使用了 "命题即类型" 的原则（见 2.4.1 节）：$black(x)$ 是逻辑命题，因此也是类型，所以可以形成上述 Σ 类型。一般来说，当 $P(x)$ 是一个逻辑命题时，类型 $\Sigma x : A.P(x)$ 是 A 的子类型，记作 $\Sigma x : A.P(x) \leqslant A$（关于现代类型论的子类型理论，见 2.5 节）。①

Σ 类型的诸规则如下（见附录 B.2）。

- Σ 类型的形成规则规定如何构造 Σ 类型：

  (Σ) $\qquad \dfrac{\Gamma \vdash A \; type \quad \Gamma, \; x : A \vdash B \; type}{\Gamma \vdash \Sigma x : A.B \; type}$

- Σ 类型的引入规则告诉我们 Σ 类型所含的对象是什么：②

  $(pair)$ $\qquad \dfrac{\Gamma \vdash a : A \quad \Gamma \vdash b : [a/x]B \quad \Gamma, x : A \vdash B \; type}{\Gamma \vdash (a, b) : \Sigma x : A.B}$

---

① 根据这一子类型关系，在基于现代类型论的形式语义学中，Σ 类型可用来描述形容词修饰的语义，详见 3.4 节。

② 为了便于理解，这里对细节做了一些简化：Σ 类型的序对 (a, b) 还需要包含一些类型信息，这样才能保证类型推理（type inference）的无歧义性（甚至是可判定性）。有关讨论见文献 [125]2.2.4 节关于 Σ 类型的讨论。

- Σ 类型的消去规则引入相关的投射运算 π_1 和 π_2：

$$\frac{\Gamma \vdash p : \Sigma x : A.B}{\Gamma \vdash \pi_1(p) : A} \qquad \frac{\Gamma \vdash p : \Sigma x : A.B}{\Gamma \vdash \pi_2(p) : [\pi_1(p)/x]B}$$

- Σ 类型的计算规则确定投射运算的含义，当作用到序对上时，其结果分别等于该序对的第一和第二个组成部分：

$$\frac{\Gamma \vdash a : A \quad \Gamma \vdash b : [a/x]B}{\Gamma \vdash \pi_1(a,b) = a : A} \qquad \frac{\Gamma \vdash a : A \quad \Gamma \vdash b : [a/x]B}{\Gamma \vdash \pi_2(a,b) = b : [a/x]B}$$

在上述规则中，由于 B 可能依赖于 x（或者说 x 可能自由出现于 B 中），序对 (a,b) 的第二个元素 b 的类型 $[a/x]B$ 可能依赖于第一个元素 a。这种依赖关系也是为什么 Σ 类型被称为依赖类型的原因。以"黑猫"为例，若序对 (c,p) 的类型为 $\Sigma x : Cat.black(x)$，那么 p 就必然是 $black(c)$ 的一个证明。

当 x 不在 B 中自由出现时，类型 $\Sigma x : A.B$ 退化为简单的积类型（product type）$A \times B$。换言之，积类型是 Σ 类型的特殊形式。例如，类型 $Human$ 与 Cat 的积类型 $Human \times Cat$ 是 $\Sigma x : Human.Cat$ 的另一种表达形式，其元素为序对 (h,c)，其中 $h : Human$，$c : Cat$。

另外请注意，Σ 类型的形成规则可被重复使用，从而形成如下的 Σ 类型（$n \geqslant 1$）：

(2.2) $\Sigma x_1 : A_1 \ \Sigma x_2 : A_2 \ \cdots \ \Sigma x_{n-1} : A_{n-1}. \ A_n$

类型（2.2）可以表示成（2.3）的形式（当 $n = 1$ 时，$\sum [x : A] = A$）：①

$$(2.3) \quad \sum \begin{bmatrix} x_1 & : & A_1 \\ x_2 & : & A_2 \\ \cdots & & \\ x_n & : & A_n \end{bmatrix}$$

直观上讲，Σ 类型（2.2）或（2.3）的对象可视为 n 元组 $(a_1, \cdots, a_n) = (a_1, (a_2, \cdots, (a_{n-1}, a_n) \cdots))$，其中：

---

① 类似的表示法首先被用于程序设计语言，用以表示简单的记录类型（非依赖性记录类型）。它们在文献 [125] 和 [131] 中用于表示 Σ 类型。去掉 Σ 并使用花括号，可以用类似的方法来表示依赖性记录类型[130]（见 2.5.3 节）。类似的表示法在依赖类型语义学（dependent type semantics）中被采用[18, 19]。

$$a_1 \quad : \quad A_1$$
$$a_2 \quad : \quad [a_1/x_1]A_2$$
$$\cdots$$
$$a_n \quad : \quad [a_1/x_1, \cdots, a_{n-1}/x_{n-1}]A_n$$

该 n 元组可表示为如下形式，其中使用 $\sigma[\cdots]$ 来表示这是 Σ 类型（2.3）的对象：

$$(2.4) \quad \sigma \begin{bmatrix} x_1 & = & a_1 \\ x_2 & = & a_2 \\ \cdots & & \\ x_n & = & a_n \end{bmatrix}$$

请注意，在（2.3）中，x_i 是绑定变量，它们不能在该类型之外直接使用。然而，对类型为（2.3）的对象（2.4），可以用 Σ 类型的投射运算来给出如下定义，用 x_i 作为（2.4）的第 i 项，其中对象（2.4）用 x 表示：[①]

- $x_i = \pi_1(\pi_2(\cdots \pi_2(\pi_2(x))\cdots))$，其中 π_2 重复 $i-1$ 次（$1 \leqslant i < n$）；
- $x_n = \pi_2(\cdots \pi_2(\pi_2(x))\cdots)$，其中 π_2 重复 $n-1$ 次。

例如，Σ 类型 (2.5) 可以写为 (2.6)，其中 x 和 y 均为绑定变量；它的对象包括 (2.7)，其中 p 是 $black(Oliver)$ 的一个证明。

$$(2.5) \quad \Sigma x : Cat.\ black(x)$$

$$(2.6) \quad \Sigma \begin{bmatrix} x & : & Cat \\ y & : & black(x) \end{bmatrix}$$

$$(2.7) \quad \sigma \begin{bmatrix} x & = & Oliver \\ y & = & p \end{bmatrix}$$

Σ 类型可以用于描述各种各样的结构，应用广泛。例如，在计算机科学中，它可用来描述模块化程序规范，为程序验证提供了有效工具（见 5.2.3 节）。另外，由于 Σ 类型是依赖类型，其后续类型可以依赖于前面类型的对象，因此可用它们来对句子的序列进行建模，后续语句的解释依赖于前面的语句所形成的语言环境（linguistic contexts），从而为语义构造提供了有效的工具。

---

① 证明系统 Coq 中的"记录类型"实际上是 Σ 类型，其标签（label）便是通过投射运算如上定义的（见 5.2.3 节）。

2.2.3 不相交并类型

任意两个类型 A 和 B 可合并在一起形成它们的不相交并类型（disjoint union type）$A+B$，其对象为 $inl(a)$ 及 $inr(b)$，其中 $a:A$、$b:B$。不相交并类型的形成规则 $(+)$ 及引入规则 (inl)、(inr) 如下：

$$(+) \qquad \frac{\Gamma \vdash A\ type \quad \Gamma \vdash B\ type}{\Gamma \vdash A+B\ type}$$

$$(inl) \qquad \frac{\Gamma \vdash a:A \quad \Gamma \vdash B\ type}{\Gamma \vdash inl(a):A+B}$$

$$(inr) \qquad \frac{\Gamma \vdash b:B \quad \Gamma \vdash A\ type}{\Gamma \vdash inr(b):A+B}$$

请注意，与集合论不同，在现代类型论中没有一般的"并类型"或"交类型"，而只有不相交并类型。① 通俗地讲，类型 A 与 B 的对象 a 和 b 并不直接成为 $A+B$ 的对象，而是以 $inl(a)$ 和 $inr(b)$ 的形式在 $A+B$ 中出现。

不相交并类型的消去规则引入根据对象类型进行分析的消去算子 $case$，见附录 B.3。这里解释其简化了的例子（一般情形与此类似），其中 $x \notin FV(f)$ 且 $y \notin FV(g)$：

$$\frac{\Gamma \vdash c:A+B \quad \Gamma,x:A \vdash f(x):C \quad \Gamma,y:B \vdash g(y):C \quad \Gamma \vdash C\ type}{\Gamma \vdash case(f,\ g,\ c):C}$$

消去算子 $case$ 可以用来定义论域为 $A+B$ 的函数 $F=case(f,g)$，它满足如下等式（这是关于 $case$ 的计算规则，见附录 B.3）：

(2.8) $F(inl(a)) = f(a)$

(2.9) $F(inr(b)) = g(b)$

例如，假设 Man 和 $Woman$ 分别是男人和女人的类型，那么便可以定义以 $Man+Woman$ 为论域的函数，它根据输入对象所对应的是男人（$inl(m)$）还是女人

---

① 倘若引入与集合论中并集或交集相类似的"并类型"或"交类型"，所得到的理论将不再具有某些重要的性质（如类型检测的可判定性等）。对此感兴趣的读者可以阅读参考文献 [96]。

$(inr(w))$ 而进行由 $f(m)$ 和 $g(w)$ 所表示的相应计算。[①]

2.2.4 有穷类型

有穷类型是指那些只具有有穷个对象的类型，它们包括空类型 $\varnothing$、单点类型 $\mathbb{1}$、布尔类型 $\mathbb{2}$ 等。一般来说，对任意的自然数 n，可定义只有 n 个对象的类型 $Fin(n)$。本小节首先介绍 $\varnothing$、$\mathbb{1}$ 及 $\mathbb{2}$，然后讨论 $Fin(n)$ 的一般性定义。关于这些有穷类型 $\varnothing$、$\mathbb{1}$ 及 $\mathbb{2}$ 的推理规则，见附录 B.4。

空类型 $\varnothing$ 不包含任何对象，因此它没有引入规则。$\varnothing$ 的消去规则为

$$(\mathcal{E}_\varnothing) \qquad \frac{\Gamma, z : \varnothing \vdash C(z)\ type \quad \Gamma \vdash z : \varnothing}{\Gamma \vdash \mathcal{E}_\varnothing(C, z) : C(z)}$$

它一方面指出存在以空类型为论域的函数 $\mathcal{E}_\varnothing(C)$，而另一方面则说明：如若假设 $\varnothing$ 不空的话，便可证明所有的逻辑命题。前者由上述规则直接给出，而对于后者，只要意识到根据"命题即类型"的原则，函数 $\mathcal{E}_\varnothing(C)$ 的"值域" C 可以是任意的命题就不难理解了。关于空类型最后要说明的是，由于它没有引入规则，因此也没有计算规则：函数 $\mathcal{E}_\varnothing(C)$ 无须使用任何等式去定义，原因是 $\varnothing$ 没有任何对象。

单点类型 $\mathbb{1}$ 仅包含一个对象，将其记为 $*$。不仅有 $* : \mathbb{1}$，而且对任意的 $a : \mathbb{1}$，根据 $\mathbb{1}$ 的消去规则可以证明 $a =_\mathbb{1} *$（换言之，$\mathbb{1}$ 的对象都等于 $*$）。与此类似，布尔类型 $\mathbb{2}$ 仅包含两个对象，记为 tt 和 ff。对任意的 $b : \mathbb{2}$，亦可证明 $(b =_\mathbb{2} tt) \vee (b =_\mathbb{2} ff)$。

一般来说，可以使用归纳法定义仅含 n 个对象的有穷类型 $Fin(n)$：

$(2.11)\ Fin(0) = \varnothing$

$(2.12)\ Fin(n + 1) = \mathbb{1} + \mathbb{1} + \cdots + \mathbb{1}$（其中 $+$ 重复使用 n 次）

例如，可以将布尔类型 $\mathbb{2}$ 定义为 $Fin(2) = \mathbb{1} + \mathbb{1}$，并用 $inl(*)$ 表示 tt、$inr(*)$ 表示 ff。然而，上述 $Fin(n)$ 的定义式（2.11）及式（2.12）并不严谨，这一定义严

[①] 计算机函数式程序设计语言中的 $Maybe$ 类型即可视为不相交并类型的例子。在 Haskell[104] 中，$Maybe$ 定义如下：

$(2.10)\ data\ Maybe\ a = Nothing \mid Just\ a$

它可视为由单点类型 $\mathbb{1}$（见 2.2.4 节）与类型 a 所形成的不相交并类型 $\mathbb{1} + a$，其中 $Nothing = inl(*)$、$Just = inr$。

格来说要使用自然数归纳法（见 2.3.1 节）以及包含单点类型 $\mathbb{1}$ 及不相交并类型的类型空间（请见 2.4 节关于类型空间的讨论）。[①]

2.3　归纳、递归及计算理论

在一阶及高价逻辑等传统逻辑语言中，人们可以使用公理来形式化描述自然数理论等基本理论。在现代类型论中，这些理论可以通过引入类型来刻画，其消去规则用以描述归纳及递归原理。这样的理论可称为计算理论（computational theory），这些类型的规则一方面描述了该理论的对象，另一方面则刻画了如何对这些对象进行推理并定义相关的函数等。本节首先以自然数理论为例对此做一说明，然后介绍列表及向量类型以及相关的函数式程序（这些类型的完整的推理规则列于附录 B.5 中）。[②]

2.3.1　自然数类型

在传统逻辑中描述自然数理论时通常通过引入一组基本符号（如常量和函数符号等）并用公理对这些符号加以刻画。例如，使用二阶逻辑描述自然数理论，可假设谓词符号 N 和函数符号 0、$succ$，并且规定它们满足如下的佩亚诺（Peano）公理（其中 $n \in N$，也可以写作 $N(n)$，表示"n 是自然数"）：

(P1) $0 \in N$

(P2) $\forall x.\ x \in N \Rightarrow succ(x) \in N$

(P3) $\forall x, y.\ x, y \in N \wedge succ(x) = succ(y) \Rightarrow x = y$

(P4) $\forall x.\ x \in N \Rightarrow 0 \neq succ(x)$

(P5) $\forall P.\ P(0) \wedge [\forall x.\ x \in N \wedge P(x) \Rightarrow P(succ(x))] \Rightarrow \forall z.\ z \in N \Rightarrow P(z)$

在这样的逻辑理论中，所引入对象的含义由公理决定。特别要指出的是，它们与计算的概念毫不相关，这一点与现代类型论中使用归纳类型的描述截然不同。

---

① 有穷类型的归纳定义（式 (2.11) 和式 (2.12)）最早出现于文献 [155]。有穷类型的一般形式可以使用推理规则直接定义。例如，可使用如下的形成及引入规则（其消去及计算规则 略去），其中 Nat 是自然数类型（见 2.3.1节）：

$$\frac{\Gamma \vdash n : Nat}{\Gamma \vdash Fin(n)\ type} \qquad \frac{\Gamma \vdash n : Nat}{\Gamma \vdash fz(n) : Fin(n+1)} \qquad \frac{\Gamma \vdash n : Nat \quad \Gamma \vdash i : Fin(n)}{\Gamma \vdash fs(n,i) : Fin(n+1)}$$

然后便可定义 $\varnothing = Fin(0)$、$\mathbb{1} = Fin(1)$（定义 $* = fz(0)$）、$\mathbb{2} = Fin(2)$（定义 $\mathrm{tt} = fz(0)$、$\mathrm{ff} = fs(1,*)$）等。这样引入 $Fin(n)$ 的办法虽然直接并简洁（且无须使用类型空间的概念），但对初学者而言不易理解，故在此不做详细介绍。

② 除了本节介绍的归纳类型以外，还有许多其他理论可定义为归纳类型，如序数（ordinal）的类型等，在此不作介绍。有关形式化细节，可参见 6.3.1 节关于统一类型论中一般归纳类型 $\mathcal{M}[\bar{\Theta}]$ 的描述。

在现代类型论中，根据马丁–洛夫的想法，自然数理论可由自然数的归纳类型来描述，其形成和引入规则规定 Nat 是一个类型并包含 0 及后继 $succ(n)$ 为其对象：

$$\frac{}{Nat\ type} \qquad \frac{}{0 : Nat} \qquad \frac{n : Nat}{succ(n) : Nat}$$

它的消去规则 $(\mathcal{E}_{Nat})$ 引入递归算子 $\mathcal{E}_{Nat}$：

$$(\mathcal{E}_{Nat}) \quad \frac{\Gamma, z : Nat \vdash C(z)\ type \quad \Gamma \vdash n : Nat \quad \Gamma \vdash c : C(0) \quad \Gamma, x : Nat, y : C(x) \vdash f(x, y) : C(succ(x))}{\Gamma \vdash \mathcal{E}_{Nat}(c, f, n) : C(n)}$$

Nat 的计算规则给出算子 $\mathcal{E}_{Nat}$ 的含义，规定当它应用到自然数 0 及 $succ(n)$ 时计算如何进行（此处只列出相关等式，而略去计算规则的前提等，详见附录 B.5）：

$$\mathcal{E}_{Nat}(c, f, 0) = c$$
$$\mathcal{E}_{Nat}(c, f, succ(n)) = f(n, \mathcal{E}_{Nat}(c, f, n))$$

自然数类型的含义由上述诸规则所确定，其引入规则确定类型 Nat 所包含的对象，而其消去规则则说明如何使用 Nat 及自然数。这里，自然数的使用有两方面的含义。当 $C(n)$ 为命题时，消除规则 $(\mathcal{E}_{Nat})$ 是归纳证明法（上述佩亚诺第五公理 $(P5)$）的类型论版本，算子 $\mathcal{E}_{Nat}$ 给出了全称公式 $\forall x : Nat.C(x)$ 的证明。请注意，上述的 5 个佩亚诺公理 $(P1 \sim P5)$ 或者由上述诸规则直接给出（$(P1)$、$(P2)$、$(P5)$ 分别由 Nat 的两个引入规则和它的消去规则所描述），或者可被证明：关于 $(P3)$ 的证明，见例 2.1中的说明；关于 $(P4)$ 的证明，见例 2.7。

当 $C(n)$ 是非命题性的数据类型时，递归算子 $\mathcal{E}_{Nat}$ 给出了如何使用原始递归来定义论域为 Nat 的函数（或函数式程序）。$g = \mathcal{E}_{Nat}(c, f)$ 是以 Nat 为论域、$C(n)$ 为值域的函数，它通常用等式定义如下：

$$g(0) = c$$
$$g(succ(n)) = f(n, g(n))$$

下面以一个简单的例子加以说明。

例 2.1 (前驱函数)　自然数的前驱函数可定义如下：

$$pred : Nat \rightarrow Nat$$

$$pred(0) = 0$$
$$pred(succ(n)) = n$$

使用算子 $\mathcal{E}_{Nat}$，上述定义可表示为 $pred = \mathcal{E}_{Nat}(0,\ \lambda x : Nat \lambda y : Nat.x)$。

利用函数 $pred$，佩亚诺第三公理 $(P3)$ 可证明如下：对任意的 $x, y : Nat$，若 $succ(x) =_{Nat} succ(y)$，则 $x = pred(succ(x)) =_{Nat} pred(succ(y)) = y$，其中 $=$ 和 $=_{Nat}$ 分别为定义性等式和命题等式（即莱布尼茨等式），详见 2.1 节关于这两种不同等式的说明。

读者可能已经注意到，上一节关于有穷类型的一般性定义（式（2.11）和式（2.12））便使用了归纳规则。另外，有穷类型的消去算子（见附录 B.4）也可用来定义有关的函数。例 2.2 以关于布尔类型 2 的条件表达式加以说明。

例 2.2 (条件表达式) 使用布尔类型 2，函数式程序设计中常用的条件表达式（if-then-else）可定义为如下的函数（使用通常的写法，if(b, m, n) 可记为 <u>if</u> b <u>then</u> m <u>else</u> n）：

$$\text{if}\ :\ 2 \rightarrow Nat \rightarrow Nat \rightarrow Nat$$
$$\text{if}(tt, m, n) = m$$
$$\text{if}(ff, m, n) = n$$

使用算子 $\mathcal{E}_2$，上述定义可表示为 if$(b, m, n) = \mathcal{E}_2(m, n, b)$。

例 2.3 (比较运算 $\leqslant_2$) 使用对自然数的递归，可定义如下的比较函数：

$$\leqslant_2\ :\ Nat \rightarrow Nat \rightarrow 2$$
$$\leqslant_2 (0, n) = tt$$
$$\leqslant_2 (succ(m), 0) = ff$$
$$\leqslant_2 (succ(m), succ(n)) = \leqslant_2 (m, n)$$

上述定义可用算子 $\mathcal{E}_{Nat}$ 表示，在此略去。使用中缀形式 $\leqslant_2 (m, n)$ 可记为 $m \leqslant_2 n$。

2.3.2　列表类型和向量类型

下面引入列表类型 $List(A)$：它的对象是由有穷多个类型为 A 的对象所组成的列表。它的形成规则和引入规则为

$$\frac{A\ type}{List(A)\ type} \qquad \frac{A\ type}{nil(A) : List(A)} \qquad \frac{a : A \quad l : List(A)}{cons(A, a, l) : List(A)}$$

其消去规则为

$$\frac{\Gamma, y : List(A) \vdash C(y) \ type \ \ \Gamma \vdash l : List(A) \ \ \Gamma \vdash c : C(nil(A)) \\ \Gamma, x : A, y : List(A), z : C(y) \vdash f(x,y,z) : C(cons(A,x,y))}{\Gamma \vdash \mathcal{E}_L(A, c, f, l) : C(l)}$$

这一规则同样具有两方面的功能：它既是关于列表结构的归纳规则，同时也说明了如何使用原始递归来定义论域为列表类型的函数。以 $A = Nat$ 为例，$g = \mathcal{E}_L(c, f)$ 通常用等式定义如下（这里把 $nil(Nat)$、$cons(Nat)$ 和 $\mathcal{E}_L(Nat)$ 分别简记为 nil、$cons$ 和 $\mathcal{E}_L$）：

$$g(c, f, nil) = c$$
$$g(c, f, cons(n, l)) = f(n, l, g(c, f, l))$$

例 2.4 (连接运算及首元素函数) 给定两个自然数列表，其连接运算可定义为如下的函数：

$$append : List(Nat) \rightarrow List(Nat) \rightarrow List(Nat)$$
$$append(nil, l) = l$$
$$append(cons(n, k), l) = cons(n, append(k, l))$$

使用算子 $\mathcal{E}_L$，上述定义可表示为

$$append(k, l) = \mathcal{E}_L(l, \ \lambda x : Nat \lambda l_1, l_2 : List(Nat).cons(x, l_2), \ k)$$

也可以从如下定义得到列表的第一个元素（或称首元素）的函数：

$$head : List(Nat) \rightarrow Nat$$
$$head(nil) = 0$$
$$head(cons(n, l)) = n$$

请注意，当输入列表为空表时，上述函数的输出值为 0。

例 2.5 (插入排序) 使用关于列表的原始递归算子 $\mathcal{E}_L$ 可定义实现插入排序 (insertion sort) 的函数如下：

$$isort : List(Nat) \rightarrow List(Nat)$$

$$isort(nil) = nil$$

$$isort(cons(n, l)) = insert(n, isort(l))$$

其中函数 $insert$ 的如下定义使用了例 2.2 及例 2.3 所定义的条件表达式及比较函数：

$$insert : Nat \to List(Nat) \to List(Nat)$$

$$insert(n, nil) = cons(n, nil)$$

$$insert(n, cons(m, l))$$

$$= \text{if } n \leqslant_2 m \text{ then } cons(n, cons(m, l)) \text{ else } cons(m, insert(n, l))$$

上述函数可由消去算子 $\mathcal{E}_L$ 定义，在此略去。

下面讨论向量类型：$Vect(A, n)$ 是所有元素类型为 A 而长度为 n 的"向量"所组成的类型，其中 A 为任意类型。这与上述列表类型类似，只是列表的长度在类型中有了规定，而把这些"列表"称为向量。向量类型的形成规则如下：

$$\frac{A \ type \quad n : Nat}{Vect(A, n) \ type}$$

其引入规则为

$$\frac{A \ type}{nil_V(A) : Vect(A, 0)} \qquad \frac{A \ type \quad n : Nat \quad a : A \quad v : Vect(A, n)}{cons_V(A, n, a, v) : Vect(A, n+1)}$$

向量类型的消去算子为 $\mathcal{E}_V$：

$$\frac{\begin{array}{l} \Gamma \vdash A \ type \quad \Gamma, x : Nat, y : Vect(A, x) \vdash C(x, y) \ type \\ \Gamma \vdash n : Nat \quad \Gamma \vdash v : Vect(A, n) \\ \Gamma \vdash c : C(0, nil_V(A)) \\ \Gamma, a : A, x : Nat, y : Vect(A, x), z : C(x, y) \\ \qquad \vdash f(a, x, y, z) : C(x + 1, cons_V(A, x, a, y)) \end{array}}{\Gamma \vdash \mathcal{E}_V(A, c, f, n, v) : C(n, v)}$$

例 2.6 (安全的首元素函数) 关于向量的首元素函数定义如下，其中 A 为任意类型：

$$vhead_A : \Pi x : Nat. \ [Vect(A, x + 1) \to A]$$

$$vhead_A(n, cons_V(A, n, a, v)) = a$$

请注意，与例 2.4中列表的首元素函数 head 不同，对任何自然数 n，由于空向量 $nil_V(A)$ 的类型不可能是函数 $vhead_A(n)$ 的论域 $Vect(A, n+1)$，所以 $vhead_A$ $(n, nil_V(A))$ 无法通过类型检测。因此，有人将 $vhead_A$ 称为"安全的首元素函数"。

上述只是在程序设计中使用依赖类型的几个非常简单的例子，有兴趣的读者可以进一步参考有关"基于依赖类型的程序设计"（dependently-typed programming）的文献（如文献 [160] 和 [7] 等）。

2.4 类型空间

直观地讲，类型空间（universe）是类型的类型。换句话说，一个类型空间是个类型，而这个类型中的所有对象也都是类型。在现代类型论中可以引入不同种类的类型空间，它们有的是直谓性的，有的是非直谓性的。将某些（或全部）已经引入了的类型作为对象放在一起而组成的类型是一个直谓类型空间，其形成严格遵循有层次的构造原则。在现代类型论中，逻辑命题被视为类型，因此若将逻辑命题组合在一起也构成一个类型空间，并且这样的类型空间可以包括所有的逻辑命题，从而形成一个非直谓类型空间。

一个类型论是直谓的还是非直谓的便是指它是否含有非直谓类型空间。构造演算[55] 和统一类型论[125] 等含有由所有逻辑公式所组成的非直谓类型空间 Prop（见 2.4.1节），因此它们被称为非直谓类型论；而马丁–洛夫类型论[176, 157] 和同伦类型论[102] 等只含有直谓类型空间，而不含非直谓类型空间，因此它们被称为直谓类型论。

在下面诸小节中，首先介绍非直谓类型空间 Prop 及相关的高阶逻辑（2.4.1节），然后介绍两种引入直谓类型空间的方法（2.4.2节），并举例说明类型空间的应用（2.4.3节）。

2.4.1 *Prop*：逻辑命题的非直谓类型空间

根据"命题即类型"的原则[59, 103]，每个逻辑命题均是类型，因此由命题所组成的类型是类型的类型，即类型空间。在构造演算[55] 和统一类型论[125] 这样的非直谓类型论中，所有的逻辑命题组成类型空间 Prop，其引入规则（即逻辑公式的形成规则）为

$$(\forall) \quad \frac{\Gamma \vdash A\ type \quad \Gamma,\ x : A \vdash P(x) : Prop}{\Gamma \vdash \forall x : A.P(x) : Prop}$$

根据上述规则，如果 A 是一个类型而 P 是一个以 A 为论域的谓词，则 $\forall x : A.P(x)$ 是一个逻辑公式（表示全称量化）。同时，如下规则表明，$Prop$ 本身是类型，并且它所含的对象（所有的命题）也都是类型：[①]

$$\frac{}{Prop\ type} \qquad \frac{A : Prop}{A\ type}$$

因此，上述全称公式 $\forall x : A.P(x)$ 中的类型 A 有可能是一个命题（即 $A : Prop$）。在这种情况下，蕴涵公式成为全称公式的特例：若 $X, Y : Prop$，且变量 x 不在 Y 中自由出现时，公式 $\forall x : X.\ Y$ 表示 X 蕴涵 Y，记为 $X \Rightarrow Y$。另外，由于 $Prop$ 是类型，它可同别的类型一起构造其他类型。例如，若 A 为类型，则 $A \rightarrow Prop$ 是论域为 A 的谓词所组成的类型。

关于类型空间 $Prop$ 及全称量词的推理规则，见附录 C.1。

作为类型，一个逻辑命题所含的对象是该命题的证明。举一个简单的例子：式（2.13）中的逻辑命题 R 可由式（2.14）中的 r 来证明；换言之，指出 r 是 R 的证明对象这一判断（即式（2.15））是正确的，可由推导而得到。

$(2.13)\ R = \forall P : Nat \rightarrow Prop\ \forall x : Nat.\ P(x) \Rightarrow P(x)$

$(2.14)\ r = \lambda P : Nat \rightarrow Prop\ \lambda x : Nat\ \lambda y : P(x).\ y$

$(2.15)\ r : R$

一个逻辑公式为真当且仅当存在该公式的证明。在上例中，因为 R 有证明 r，所以 R 为真。

请注意，$Prop$ 是一个非直谓类型空间：根据规则 $(\forall)$，其对象（全称量化公式）$\forall x : A.P(x)$ 的形成允许引用具有任意复杂度的类型 A。由于 $Prop$ 是一个类型，A 可以是 $Prop$ 本身或更为复杂的类型，如 $D \rightarrow Prop$ 等。例如，$\forall X : Prop.\ X$

---

① 请注意，如此引入类型空间 $Prop$ 意味着它的对象同时也是类型：命题 $\forall x : A.P(x)$ 是 $Prop$ 的对象，但它也是类型，此类型由该命题的证明所组成（见附录 C.1 中的规则 (Abs)）。这虽然混淆了类型与对象之间的区别（见 1.2.2 节），但省去了不必要的符号细节。也可将命题 $\forall x : A.P(x)$ 仅仅视为 $Prop$ 的对象，并引入把命题转换为其证明类型的映射 PRF 以及相关的等式 $\mathrm{PRF}(\forall x : A.P(x)) = \Pi x : A.\mathrm{PRF}(P(x))$，从而将类型与对象仍旧严格区分开。这里对此不做详细描述，感兴趣的读者可参见有关文献（例如，可以使用逻辑框架来描述对 $Prop$ 的引入，见 6.2.2 节和 6.3.1 节）。

便是一个逻辑命题（*Prop* 为它的类型）。实际上，此公式代表一个假命题，它直观上是说所有的命题都是可证明的。[①]

由于 *Prop* 是非直谓性的，可以使用全称量词 $\forall$ 定义合取、析取、否定、存在量词等其他逻辑运算符（见附录 C.2）。例如，合取连接词和存在量词可定义如下：

$$(2.16)\ P \ \wedge \ Q = \forall X : Prop.\ (P \Rightarrow Q \Rightarrow X) \Rightarrow X$$

$$(2.17)\ \exists x : A.\ P(x) = \forall X : Prop.\ (\forall x : A.(P(x) \Rightarrow X)) \Rightarrow X$$

还可以定义表示两个同一类型的对象相等的命题（莱布尼茨等式）。对于任意类型 A 的任意对象 $a, b : A$，等式命题 $a =_A b$ 定义如下：

$$(2.18)\ (a =_A b) = \forall P : A \to Prop.\ P(a) \Rightarrow P(b).$$

读者可能已经注意到，上述 *Prop* 的引入规则（即全称量化命题 $\forall x : A.P(x)$ 的形成规则）和 2.2.1 节中 Π 类型的形成规则 (II) 相似，并且这些全称量化公式的证明也是 λ 表达式（见附录 C.1）。不同的是，公式 $\forall x : A.P(x)$ 的形成可以是非直谓的（如上所述）。在本书中 Π 类型的形成是直谓性的，Π 不能用来进行非直谓性量化。[②]

2.4.2 直谓类型空间及其描述方式

在引入一个类型空间时，如果它的对象的构成都是独立于该类型空间本身的话，那么它便是一个直谓类型空间。换言之，直谓类型空间的引入严格遵循有层次的构造原则，其对象在形成时不得引用该类型空间本身。本节讨论如何引入直谓类型空间。[③]

在类型论中引入直谓类型空间的想法是马丁–洛夫提出的[155]，他的初衷是赋予类型论更强的表达能力，在直谓类型论中表达那些不使用类型空间则无法表达的概念。使用自然数归纳法来定义以类型为值的函数便是这样的例子：见 2.2.4 节末尾关于有穷类型 $Fin(n)$ 的定义（见式（2.11）和式（2.12））。下面的函数 V 是与此相类似的另外一个例子：

$$(2.19)\ V(0) = \mathbb{1}$$

[①] 依据逻辑相容性，在上下文为空时命题 $\forall X : Prop.\ X$ 是不可证明的，见 6.1.2 节关于元理论定理 6.1.4(4) 的讨论。

[②] 在某些类型论中，Π 既表示直谓性 Π 类型，也表示非直谓性全称量词。例如，在类型论 ECC[123, 125] 或 pCIC[21] 之类的类型理论中，便把 $\forall x : A.P(x)$ 也记为 $\Pi x : A.P(x)$。

[③] 本节基于作者 2012 年在普林斯顿高等研究院（Institute for Advanced Study）访问时所做的报告及其笔记[137]。

$(2.20) V(n+1) = Nat \times \cdots \times Nat$ （其中 $\times$ 重复使用 n 次）

其实，$V(n)$ 实际上是向量类型 $Vect(Nat, n)$（见 2.3.2 节）的另一种定义方式，它的对象是自然数的 n 元组。然而，$V(n)$ 的上述定义（见式（2.19）和式（2.20））需要使用类型空间，原因是它要使用自然数类型的消去算子 $\mathcal{E}_{Nat}$，其值域须是一个包含 $\mathbb{1}$ 及 $Nat \times \cdots \times Nat$ 的类型。由于 $\mathbb{1}$ 和 $Nat \times \cdots \times Nat$ 本身是类型，该值域是一个类型空间。

马丁–洛夫[157] 提出了两种引入直谓性类型空间的方法，即所谓的塔斯基式类型空间（universe à la Tarski）和罗素式类型空间（universe à la Russell）。前者是对类型空间这一概念的确切描述，但其符号系统在使用中略显复杂；而后者虽然存在瑕疵不够完美，但符号简洁从而在实践中更易于使用。在此以马丁–洛夫类型论中的类型空间 U_i 为例对这两种描述方式做说明。

直谓类型空间 U_i（$i \in \omega$）具有如下性质：

（1）U_i 是 U_{i+1} 的对象；

（2）每个 U_i 的对象均是 U_{i+1} 的对象；

（3）除了类型空间 U_j（$j \geqslant i$）之外，U_i 对于所有其他的类型构造算子都是封闭的。

如果把类型视为集合，第（1）、（2）条使用集合论的符号可分别表示为：$U_0 \in U_1 \in U_2 \in \cdots$ 和 $U_0 \subseteq U_1 \subseteq U_2 \subseteq \cdots$。第（3）条中的类型构造算子包括 2.2 节和 2.3 节所引入的各种类型构造算子。例如，若 A 是 U_i 的对象，那么 $List(A)$ 也是 U_i 的对象。请注意，由于上述第（2）条，只要某类型是 U_0 的对象，它便是所有 U_i 的对象。另外，根据第（1）条和第（3）条，可以用 U_i 构造 U_{i+1} 中的类型：例如，类型 $Nat \to U_0$ 是 U_1 的对象等。

1. 罗素式类型空间

直谓类型空间 U_i 的如上描述可用下述规则（2.21）和（2.22）来形式化（这里省略了判断的上下文），形成所谓的罗素式类型空间。（2.21）的后两条规则直接描述了上述性质（1）和（2），而（2.22）的两条规则则以自然数类型 Nat 和 Π 类型为例描述了 U_i 对类型构造算子的封闭性（性质（3））。

(2.21)

$$\frac{}{U_i\ type} \qquad \frac{A : U_i}{A\ type} \qquad \frac{}{U_i : U_{i+1}} \qquad \frac{A : U_i}{A : U_{i+1}}$$

(2.22)
$$\frac{}{Nat : U_0} \qquad \frac{A : U_i \quad B : U_i \; [x : A]}{\Pi x : A.\, B : U_i}$$

请注意，上述罗素式类型空间的规则虽然在直观上简单易懂，但其混淆了类型与对象的区别，类型空间 U_i 的对象本身也是类型（(2.21) 中第二条规则）；换言之，一个类型同时也是另一类型（类型空间）的对象。[1] 然而，这实际上引入了复杂的因素，如果使用上述罗素式规则来引入类型空间的话，现代类型论将失去许多像规范性（canonicity）等重要的元理论性质[127, 149]（见第 6 章）。下述塔斯基式类型空间的符号系统虽略为复杂，但没有此类问题，是准确描述类型空间概念的适当方式。

2. 塔斯基式类型空间

描述塔斯基式类型空间的关键是引入类型名称的概念。在此，类型空间 U_i 的对象不再直接是类型本身，而是其名称，而这些名称所代表的类型则用解释函数 T_i 及相关的定义性等式加以描述。例如，U_0 包含自然数类型 Nat，但不直接说 Nat 是 U_0 的对象，而是引入其名称 $nat_0 : U_0$，并使用函数 T_0 来指出 $T_0(nat_0) = Nat$。

下面是塔斯基式类型空间 U_i（$i \in \omega$）的形式化规则。

(2.23)
$$\frac{}{U_i \; type} \qquad \frac{a : U_i}{T_i(a) \; type} \qquad \frac{}{u_i : U_{i+1}} \qquad \frac{}{T_{i+1}(u_i) = U_i}$$

(2.24)
$$\frac{}{nat_i : U_i} \qquad \frac{}{T_i(nat_i) = Nat}$$
$$\frac{a : U_i \quad b : U_i \; [x : T_i(a)]}{\pi_i(x : a).b : U_i} \qquad \frac{a : U_i \quad b : U_i \; [x : T_i(a)]}{T_i(\pi_i(x : a).b) = \Pi x : T_i(a).\, T_i(b)}$$

(2.25)
$$\frac{a : U_i}{t_{i+1}(a) : U_{i+1}} \qquad \frac{a : U_i}{T_{i+1}(t_{i+1}(a)) = T_i(a)}$$

对上述诸规则的说明如下。

---

[1] 这与 2.4.1 节命题空间 $Prop$ 的引入相类似（见 28 页脚注）。读者可能还意识到，这可以视为引入了类型空间之间的子类型关系（$U_i \leqslant U_{i+1}$），而这些子类型关系通过类型构造算子进一步传播；例如：若 $A \leqslant A'$ 且 $B \leqslant B'$，那么 $A \times B \leqslant A' \times B'$。在此不再赘述，见关于类型论 ECC 的描述[123]。

- （2.23）中的规则引入了名称解释函数 T_i 以及 U_i 的名称 $u_i : U_{i+1}$，并使用 T_i 来定义 $T_i(u_i) = U_i$，从而间接地描述了类型空间 U_i 的第（1）条性质：U_i 是 U_{i+1} 的对象（"$U_i \in U_{i+1}$"）。

- （2.24）以自然数类型 Nat 和 Π 类型为例说明如何描述各种类型的名称，并给出其定义等式，举例指出 U_i 对类型构造算子的封闭性。

- （2.25）引入了提升算子 t_{i+1}：若 $a : U_i$，那么它被提升为 U_{i+1} 中的对象 $t_{i+1}(a)$，并且这两个名称代表同一类型。[①] 以自然数类型为例，有：

$$T_1(nat_1) = T_1(t_1(nat_0)) = T_0(nat_0) = Nat$$

请注意，提升算子 t_{i+1} 间接地表达了 U_i 的第（2）个性质：U_i 的对象均是 U_{i+1} 的对象（"$U_i \subseteq U_{i+1}$"）。

塔斯基式类型空间准确地刻画了直谓类型空间的概念，但其符号系统相对来说比较复杂，使用起来不如罗素式类型空间方便。能否结合二者的优点，既描述准确又使用方便呢？答案是肯定的。作者在文献 [137] 中指出，尽管罗素式类型空间存在某些缺点，其便于理解且易于使用的长处可以在采用塔斯基式类型空间的基础上使用强制性子类型理论[149] 而得到：只要将提升算子 t_{i+1} 作为强制转换并采用相应的符号约定即可（见 2.5.2 节关于强制性子类型理论的介绍）。然而，这一课题超出了本书的讨论范围，在此不做赘述（有兴趣的读者可参见文献 [137]）。

3. 统一类型论的直谓类型空间 $Type_i$

统一类型论[125] 是马丁–洛夫类型论[155, 176] 和构造演算[55] 相结合的产物，前者的直谓类型空间 U_i 在统一类型论中被称为 $Type_i$（因此，$Type_i$ 有以上关于 U_i 的规则）。所不同的是，在统一类型论中还有非直谓类型空间 $Prop$（见 2.4.1 节），它与直谓类型空间 $Type_i$ 的关系为

（1）$Prop$ 是 $Type_0$ 的对象（"$Prop \in Type_0$"）。

（2）所有 $Prop$ 中的命题都是 $Type_0$ 的对象（"$Prop \subseteq Type_0$"）。

描述上述关系的罗素式规则为 [②]

$$\frac{}{Prop : Type_0} \qquad \frac{P : Prop}{P : Type_0}$$

[①] 也可以考虑名称的唯一性。例如，关于 Nat 和 Π 类型可增加如下的规则：

$$\frac{}{t_{i+1}(nat_i) = nat_{i+1} : U_{i+1}} \qquad \frac{a : U_i \quad b : U_i \ [x : T_i(a)]}{t_{i+1}(\pi_i(x : a).b) = \pi_{i+1}(x : t_{i+1}(a)).t_{i+1}(b) : U_{i+1}}$$

然而，这种唯一性规则的引入要慎重，以免带来不必要的副作用。这里对此不做详细讨论。

[②] 可将 $Prop$ 及 $Type_i$ 视为塔斯基式类型空间，引入 $Prop$ 及其命题的名称等进行描述，见 6.3.1 节。

请注意，上述第（2）条规则所描述的性质"$Prop \subseteq Type_0$"相当重要，它使得人们在类型的构造中能够使用逻辑命题来描述有关的性质。例如，若 $A : Type_0$（且 A 不是命题），想形成如下在 $Type_0$ 中的类型则必须使用上述第（2）条规则先推出命题 $x =_A x$ 是 $Type_0$ 的对象：

$$\Sigma x : A.(x =_A x) \ : \ Type_0$$

否则上述判断无法得到。

另外需要说明的是，由于 $Prop \subseteq Type_0$，类型空间 $Type_i$ 在表面上是"非直谓的"。例如，可以形成命题 $\forall A : Type_0 \ \forall x : A.(x =_A x) : Prop$，该命题因此也是 $Type_0$ 的对象，似乎可以对类型空间 $Type_0$ 进行量化而得到它自身的对象。然而这种非直谓性仅来自 $Prop$ 的非直谓性，而不来源于 $Type_0$ 本身的构造规则，因此 $Type_0$（以及 $Type_i$）本身本质上仍是直谓性的。因此仍把 $Type_i$ 称为统一类型论中的直谓类型空间。

2.4.3 类型空间应用举例

类型空间在许多应用中用途广泛，下面举例加以说明。

例 2.7（佩亚诺第四公理） 佩亚诺第四公理：对任意自然数 x，$0 \neq succ(x)$。当用类型 Nat 刻画自然数时，要证明如下命题：

$$(*) \qquad \forall x : Nat. \ 0 \neq_{Nat} succ(x)$$

其中 $=_{Nat}$ 是命题等式。上述佩亚诺第四公理 $(*)$ 的证明首先由马丁–洛夫给出（见文献 [157] 第 91 页），其中 $=_{Nat}$ 是马丁–洛夫类型论中的 Id 类型，它使用了直谓性类型空间 U_0。

这里在非直谓类型论中对 $(*)$ 加以证明：假设非直谓性类型空间 $Prop$，而 $=_{Nat}$ 则是 2.4.1 节所定义的莱布尼茨等式。定义如下的谓词 $IsZero : Nat \rightarrow Prop$。

$$IsZero(n) = \begin{cases} \textbf{true} & \text{若 } n = 0 \\ \textbf{false} & \text{否则} \end{cases}$$

如下便是佩亚诺第四公理 $(*)$ 的一个证明，其中 id 是命题 **true** 的证明：

$$\lambda x : Nat \ \lambda h : (0 \neq_{Nat} succ(x)). \ h(IsZero, id)$$

请注意，类型空间 *Prop* 的存在是定义函数 *IsZero* 的关键因素，因为它的值 **true** 和 **false** 本身是类型（命题即类型）。由于需要用类型来表示函数的值域，我们需要类型空间的存在。值得指出的是，倘若不使用类型空间，在现代类型论中佩亚诺第四公理 $(*)$ 是无法证明的[206]。

在例 2.7 中，类型空间是用来作为函数的值域，从而定义以类型为值的函数。在例 2.8 中，考虑如何使用类型空间作为函数的论域，而这样的函数可称为"Π多态函数"（Π-polymorphic function）。

例 2.8（通名的类型空间 CN） 在 MTT 语义学中（见第 3、4 章），Π 多态机制是语义构造的有效工具。由于通名在 MTT 语义学中被解释为类型，因此通名（的语义）在一起组成一个类型空间，称为 CN（这是通名的英文首字母）。CN 首先由作者引入，见文献 [134] 和 [136]，其对象是通名的语义，包括"人"的语义 *Human*、"猫"的语义 *Cat*、"黑猫"的语义 $\Sigma x : Cat.black(x)$ 等，而它的每一个对象本身也是一个类型（见图 2.1）。

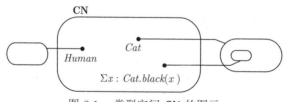

图 2.1 类型空间 CN 的图示

类型空间在语义构造时非常有用，在此仅举一例：基于 CN 的多态机制可用来给出修饰动词的副词的语义[134]。例如，副词"很快（地）"可解释如下：

$$(2.26) \quad quickly : \Pi A : \text{CN}. \, (A \to Prop) \to (A \to Prop)$$

因此，"猫跑得快""张三走得快"等均可用此语义解释。（还有许多使用 CN 及其相关的多态机制的例子，见 3.3、3.4 节。）

最后，我们再强调一个明显的事实：类型空间使得类型本身在类型论中成为对象，得到"一等公民"（first-class citizen）的待遇[209]。如例 2.9 所述，在现代类型论中描述抽象化程序开发时，类型空间可用于模块化程序的描述（有关细节见 5.2.3 节）。

例 2.9 在描述栈的规范时，栈的结构类型可用如下的 Σ 类型来表示（见 2.2.2 节有关 Σ 类型的符号约定）。

$$\text{Str}[\textbf{Stack}] = \sum \begin{bmatrix} Stack & : & Type_0 \\ SEq & : & Stack \to Stack \to Prop \\ empty & : & Stack \\ push & : & Nat \to Stack \to Stack \\ pop & : & Stack \to Stack \\ top & : & Stack \to Nat \end{bmatrix}$$

其中 $Type_0$ 是统一类型论中的类型空间，而类型 $Stack$ 则是它的对象。

2.5 子类型理论

在集合论中，集合之间有子集关系。同样，在类型论中，也可以考虑子类型关系，用 $A \leqslant B$ 表示类型 A 是类型 B 的子类型，其含义可由如下的子类型基本原理所描述。

子类型基本原理 $A \leqslant B$ 是指类型 A 的每个对象均可视为类型 B 的对象而加以使用。

换言之，如果 $A \leqslant B$，那么在需要类型为 B 的对象时，可以使用类型为 A 的对象来取代。

例如，如(2.27)所示，男人组成的类型 Man 可视为所有人组成的类型 $Human$ 的子类型。若张三是男的（$zhang : Man$）并且动词"说话"的语义表示为以 $Human$ 为论域的谓词（$speak : Human \to Prop$），那么（2.28）的语义可用（2.29）中的命题所表示：尽管 $speak$ 的论域是 $Human$ 而 $zhang$ 的类型为 Man，但由于子类型关系（2.27），$speak(zhang)$ 是一个合法的命题。

(2.27) $Man \leqslant Human$

(2.28) 张三说了话。（$Zhang\ spoke.$）

(2.29) $speak(zhang) : Prop$

另举一例，可将 2.4.2 节的类型空间 U_i 视为 U_{i+1} 的子类型（$U_i \leqslant U_{i+1}$），从而使得所有 U_i 的对象均可作为 U_{i+1} 的对象来使用。

上述子类型原理可用不同的方式来加以实现。本节介绍两种子类型理论：包含性子类型理论（$subsumptive\ subtyping$）和强制性子类型理论（$coercive\ subtyping$），并且指出，前者虽然直观简单但对现代类型论而言并不合适，而后者则相反。强制性子类型理论不仅适合于现代类型论并提供了对种种相当一般的子类型关系的描述，为各种应用打下了坚实的基础。

2.5.1 包含性子类型理论及其问题

什么是类型？什么是子类型？在已有文献中，有两种关于类型这一概念的不同观点，以它们为基础，也同样有两种不同的子类型概念。第一种观点可称为类型分派（type assignment），通常源于人们对程序设计语言的研究（参见关于 ML 或 Haskell 等函数式程序设计语言的类型分派系统的有关研究，以及 1.2 节结尾关于多态类型理论的讨论）。持此观点的人们认为，对象和类型相互独立存在，而类型分派系统则用以指定某对象具有什么样的类型。因此，持此观点便可相当自然地认为一个对象可以具有多个类型，而子类型关系便可描述为类型之间的包含关系：若 $A \leqslant B$，那么所有 A 的对象均是 B 的对象。这种包含关系可由如下的"包含规则"所刻画：

$$(\text{SUB}) \qquad \frac{a : A \quad A \leqslant B}{a : B}$$

有如上规则 (SUB) 的系统被称为包含性子类型理论。请注意，包含规则以非常直接的方式实现了子类型的基本原理：若 $A \leqslant B$，则 A 的对象不仅可用作 B 的对象，而其本身就是类型 B 的对象。

关于什么是类型，第二种观点则认为对象与类型并不独立存在。类型由规范对象（canonical object）组成，而这些对象的存在取决于其类型的存在。例如，自然数类型 Nat 由规范自然数 0 和 $succ(n)$ 组成，它们的引入是在引入类型 Nat 时发生，没有 Nat 它们就并不存在。这种基于规范对象的观点与上述类型分派的观点相当不同，被研究现代类型论的学者广为接受。现代类型论中的类型大多数是归纳定义的，其引入规则规定了有什么样的规范对象，而消去规则则给出了相应的归纳原理：要证明某性质对于一个归纳类型的所有对象为真，只需证明它对该类型的所有规范对象为真即可。在此基础上，现代类型论有如下性质。

规范性（canonicity） 一个归纳类型的任何封闭对象 [①] 均与该类型的某个规范对象定义性相等。换言之，若 $\langle \rangle \vdash I \ type$ 为归纳类型且 $\langle \rangle \vdash a : I$，那么存在 I 的规范对象 i 并有 $\langle \rangle \vdash a = i : I$。

---

① 一个表达式是封闭的（closed）是指它不含有任何自由变量。

上述规范性性质尤为重要，它是现代类型论里归纳原则（即消去规则）正确性的基础。

包含性子类型理论适合用于现代类型论吗？答案是否定的。在现代类型论中，如若使用包含规则（SUB），所得系统一般说来将不再具有规范性。直观地说，归纳类型的消去规则所表示的归纳原理并不包括那些根据子类型关系经由（SUB）所引入的对象，因此无法保证消去规则的正确性。另外，包含性子类型理论有其局限性，它不能表述像投射性子类型（projective subtyping）之类的更为一般的子类型关系。下面举两个例子来说明这些问题。

例 **2.10** (结构性子类型关系)   结构性子类型关系（structural subtyping）是根据类型结构而自然引出的子类型关系，但它与包含性子类型理论不兼容。以列表类型 $List(A)$ 为例（参见 2.3.2 节），其结构性子类型关系为，如果 A 是 B 的子类型，则 $List(A)$ 是 $List(B)$ 的子类型。这可由下述规则所描述：

$$\frac{A \leqslant B}{List(A) \leqslant List(B)}$$

在包含性子类型理论中增加上述规则将失去规范性。例如，假设 A 和 B 为不同的类型且 $A \leqslant B$，那么 $nil(A) : List(A)$，且根据 (SUB)，$nil(A) : List(B)$。然而，$nil(A)$ 同任何 $List(B)$ 的规范对象都不（定义性）相等：它既不等于 $nil(B)$，也不等于 $cons(B, b, l)$。这个问题看似简单，但是它却导致许多不良后果。例如，由于规范性不成立，等式反射性质（equality reflection）也不再成立。[①] 例如，使用 $List(B)$ 的消去规则可以证明如下命题：

$$\forall x : List(B). \quad (x =_{List(B)} nil(B))$$
$$\vee \ \exists b : B \exists l : List(B). \ (x =_{List(B)} cons(B, b, l))$$

令 x 为 $nil(A)$ 便得到

$$(nil(A) =_{List(B)} nil(B))$$
$$\vee \ \exists b : B \exists l : List(B). \ (nil(A) =_{List(B)} cons(B, b, l))$$

然而，就定义性等式而言，$nil(A)$ 既不等于 $nil(B)$（因为 A 与 B 不等），也不等于 $cons(B, b, l)$。

---

① 等式反射性质:在上下文为空的前提下,若命题等式 $a =_A b$ 为真,那么 a 和 b 定义性相等,即 $\vdash a = b : A$, 见 6.1.2 节之定理 6.1.4(6)。

例 2.11 (投射性子类型关系) 所谓投射性子类型关系 (projective subtyping) 源于 Σ 类型 (或记录类型) 的投射运算。例如，类型 $\Sigma x : Nat.P(x)$ 可被用来表示由满足谓词 $P(x)$ 的自然数所构成的 Nat 的子类型；这可以表示为：

$$\Sigma x : Nat.P(x) \leqslant Nat$$

若把上述关系视为包含性子类型关系，那么规范性不再成立。例如，对象 $(0, p) : \Sigma x : Nat.P(x)$ 同任何规范自然数均定义性不等，换言之，$\nvdash (0, p) = succ^n(0)$ ($succ$ 出现 $n \geqslant 0$ 次)。然而，同上例类似，可以证明 $(0, p) =_{Nat} 0 \vee \exists x : Nat. (0, p) =_{Nat} succ(x)$。

综合上述两例，假设 I 和 J 为不同的类型且 $I \leqslant J$。若 $\vdash i : I$，则根据包含规则（SUB）$i : J$，但是对于任何 J 的规范对象 $j : J$，$\nvdash i = j : J$。换言之，规范性在包含子类型理论中不成立。因此，需要发展另一种子类型理论，它不破坏现代类型论所具有的包括规范性在内的良好性质，这就是 2.5.2 节将要介绍的强制性子类型理论。

2.5.2 强制性子类型理论

强制性子类型理论[126, 127, 149] 为现代类型论提供了合适的子类型机制。① 其基本思想是将子类型关系作为一种特殊的缩写机制加以描述：$A \leqslant B$ 是指存在从类型 A 到类型 B 的强制转换 (coercion) c，记为 $A \leqslant_c B$。② 在此，从 A 到 B 的一个强制转换，就是从 A 到 B 的一个特殊函数，其特殊之处在于，当需要一个类型为 B 的对象时，使用类型为 A 的对象。若使用 $a : A$，那么实际上用的是 a 通过强制转换 c 所得到的映像 $c(a)$ (见图 2.2)。换言之，若 $A \leqslant_c B$，则强制转换 c 在使用时可以被省略。例如，若 (2.27) 中的 $Man \leqslant Human$ 是强制型子类型关系，那么 (2.29) 中的命题 $speak(zhang)$ 就是合法的，其中强制转换被省略了。需要指出，由所有的强制转换所组成的集合必须是合谐的 (coherent)，也就是说，在任意两个类型间最多存在一个强制转换：若 $A \leqslant_c B$ 且 $A \leqslant_{c'} B$，则 c 和 c' 定义性相等（关于合谐性的形式化定义，见 6.3.2 节）。

---

① 若干基于现代类型论的计算机辅助推理系统实现了强制性子类型理论，这包括 Coq[53, 205]、Lego[146, 12]、Matita[10] 和 Plastic[30] 等。

② 在英文文献中，coercion 一词在程序设计语言和语言学等不同领域被用来描述相关但不太相同的概念。例如，学者们研究了如何使用各种"强制转换"机制来刻画语言学中的"事件强迫"(linguistic coercion) 等概念；与此相关的研究包括作者使用强制性子类型机制的工作[9]（见 3.3.4节）以及雷托雷 (Retoré) 等研发某种强制转换概念的工作[17] 等。

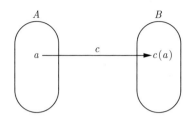

图 2.2   强制性子类型关系 $A \leqslant_c B$ 的图像解释

在强制性子类型理论中，上述想法可由如下规则（CA）和（CD）所描述，其中变量 y 不在 f 或 C 中自由出现：

(CA)
$$\frac{\Gamma, y : B \vdash f(y) : C(y) \quad \Gamma \vdash a : A \quad \Gamma \vdash A \leqslant_c B}{\Gamma \vdash f(a) : C(c(a))}$$

(CD)
$$\frac{\Gamma, y : B \vdash f(y) : C(y) \quad \Gamma \vdash a : A \quad \Gamma \vdash A \leqslant_c B}{\Gamma \vdash f(a) = f(c(a)) : C(c(a))}$$

强制转换的应用规则 (CA) 表明强制转换是隐式的，可以省略；而强制转换的定义规则 (CD) 则指出省略这些强制转换的含义，并表明略去的强制转换可得以恢复。例如，假设 $Man \leqslant_c Human$，那么根据 (CA) 语句（2.28）的语义 $speak(zhang)$ 是合法的命题，其中强制转换 c 就被略去了。而根据 (CD)，$speak(zhang)$ 同 $speak(c(zhang))$ 定义性相等。

强制性子类型理论满足上述的子类型基本原理：若 $A \leqslant_c B$，则以 A 为类型的对象 a 可视为以 B 为类型的 $c(a)$，只是强制转换 c 被省去了而已。与包含性子类型理论相比较，强制性子类型关系 $A \leqslant_c B$ 不在 B 中引入新的对象（对于 $a : A$，$c(a)$ 已经是 B 的对象了），若 B 是一个由规范对象组成的归纳类型，上述强制性子类型关系并不影响 B 的组成，因此由其消去规则所表示的归纳原理仍保持不变。这是强制性子类型理论适用于现代类型论并满足规范性等元理论性质的根本原因。已经证明[149]：将任何现代类型论扩充以强制性子类型理论所得的系统是原类型论的保守扩张（conservative extension）①；因此，该扩充仍具有原类型论的规范性及逻辑相容性等元理论性质（见 6.3.2 节关于其元理论的介绍。）

结构性子类型关系将子类型关系通过各种类型构造算子而"传播"。例如，关于列表类型和函数类型的结构性子类型关系可用如下规则来刻画，其中 $map(c)$

---

① 对于类型论而言，保守扩张的概念可定义如下：假设 T' 是 T 的扩充；T' 是 T 的保守扩张是指，对于任何一个 T 的判断（即它能在 T 中所表达），如果它可在 T' 中被导出，那么该判断便能在 T 中被导出。

是将列表 $[a_1, \cdots, a_n]$ 映射到 $[c(a_1), \cdots, c(a_n)]$ 的函数，而 $d(c, c')$ 则将函数 f 映射到 $\lambda x : A'.c'(f(c(x)))$：

(1)
$$\frac{A \leqslant_c B}{List(A) \leqslant_{map(c)} List(B)}$$

(2)
$$\frac{A' \leqslant_c A \quad B \leqslant_{c'} B'}{A \to B \leqslant_{d(c,c')} A' \to B'}$$

请注意，与包含性子类型关系相类似，由第（2）条规则所描述的函数类型的结构性子类型关系是所谓的"逆变关系"（contravariance）。

关于 Π 和 Σ 等依赖类型构造算子的结构性子类型关系也有相应的描述规则，有关此类结构性子类型关系在强制性子类型理论中的一般性研究，请参见文献 [127],[143] 及相关参考文献。例如，如下规则考虑关于 Σ 类型的一种特殊情形（当 P 是谓词时）：

(Σ_P)
$$\frac{A \leqslant_c B \quad P(y) : Prop \quad [y : B]}{\Sigma x : A.P(x) \leqslant_{d_{Prop}(c)} \Sigma y : B.P(y)}$$

其中 $d_{Prop}(c)$ 将 (a, p) 映射到 $(c(a), p)$，定义如下：对于任何 $z : \Sigma x : A.P(x)$，$d_{Prop}(c, z) = (c(\pi_1(z)), \pi_2(z))$。

强制性子类型理论可用来描述更为一般的子类型关系，很多这些关系使用包含性子类型理论是无法刻画的。例如，关于 Σ 类型的投射性子类型关系可由下述规则所描述：

(Σ_{π_1})
$$\frac{A\ type \quad B\ type\ [x : A]}{\Sigma x : A.B \leqslant_{\pi_1} A}$$

这一强制性子类型关系在证明开发及自然语言语义学中有着广泛的应用：前者见文献 [12]，现在对后者举一简例加以说明。在（2.27）中，由男人组成的类型 Man 可以不是基本类型（base type），而用（2.30）所定义的 Σ 类型来表示：一个男人是一个男性的人，其中 $male : Human \to Prop$ 是"男性的"的语义。类型 Man 应该是 $Human$ 的子类型，而这个子类型关系可表示为（2.31），其中强制转换便是 π_1。当然，这是上述规则 (Σ_{π_1}) 的特例。

(2.30)
$$Man = \Sigma x : Human.male(x)$$

(2.31)
$$Man \leqslant_{\pi_1} Human$$

请注意，子类型关系（2.31）在包含性子类型理论中是无法描述的。

上述规则 (Σ_{π_1}) 和 (Σ_P) 定义的强制转换 π_1 和 d_{Prop} 是相互合谐的,可同时使用。

2.5.3 子类型类型空间、类型的(不)相交性和依赖性记录类型

本节引入并讨论若干概念或类型结构:子类型类型空间、类型的(不)相交性以及依赖性记录类型。它们虽然相互没有直接的联系,但均与子类型有着某种关联。

1. 子类型类型空间与有界量化

子类型类型空间(subtype universe,或简称为子类型空间)是子类型所组成的类型空间:对于任意类型 H,类型空间 $U(H)$ 由 H 的所有子类型所组成。刻画子类型类型空间的规则如下[151]:

$$(U_F) \quad \frac{\Gamma \vdash H\ type}{\Gamma \vdash U(H)\ type} \qquad (U_I) \quad \frac{\Gamma \vdash A \leqslant_c H}{\Gamma \vdash A : U(H)}$$

如麦克莱恩(Maclean)和作者[151]最近指出的那样,若强制转换是合谐的(见 2.5.2 节,对此的形式化描述见 6.3.2 节),那么便可在现代类型论中引入子类型类型空间,它将保持原类型论所具有的逻辑一致性、可判定性和强正规化等良好性质。①

上述子类型类型空间的引入使有界量化(bounded quantification)成为可能:

(2.32) $\Pi X : U(H).\ B(X)$ 表示有界量化类型 $\Pi X \leqslant H.\ B(X)$

(2.33) $\forall X : U(H).\ P(X)$ 表示有界量化命题 $\forall X \leqslant H.\ P(X)$

例如,命题(2.33)的直观意义是对类型 H 的任意子类型 X,$P(X)$ 成立。

有界量化的概念首先由卡代利(Cardelli)和韦格纳(Wegner)在研究程序设计语言 Fun 时提出[32],并在以二阶 λ 演算为基础的子类型系统 $F_{\leqslant}$[28, 58] 中得到了广泛的研究。皮尔斯(Pierce)在文献 [183] 中证明:$F_{\leqslant}$ 的类型检测是不可判定的,这一结果对有界量化的进一步研究有着很大的影响(这一否定性研究结果也有某些意想不到的负面影响,例如,它也许误导了人们去(错误地)以为将有界量化引入现代类型论可能是有问题的。幸运的是,事实证明并非如此。)那么如

---

① 证明这一定理的关键是考虑如何将子类型类型空间层次化,从而把具有子类型类型空间的类型论映射到诸如统一类型论这样的具有直谓类型空间 U_i 的类型论上。例如,如果类型 H 被映射到 U_i 中的某个类型,则 $U(H)$ 被映射到 U_{i+1} 中的某个类型,$U(U(H))$ 被映射到 U_{i+2} 中的某个类型等。

何解释二者的不同呢？为什么 $F_{\leqslant}$ 是不可判定的，而在现代类型论中引入有界量化却是可判定的呢？根据分析可知，$F_{\leqslant}$ 的不可判定性源于该系统中的 Top 类型：对于 $F_{\leqslant}$ 中每个类型 A，$A \leqslant Top$。① Top 的存在实际上是允许对所有类型进行量化：有界量化 $\forall \alpha \leqslant Top.P(\alpha)$ 直观上就是说"对所有的类型 α，$P(\alpha)$"。这与"所有类型的类型"已经非常相似（请参考 3 页脚注①）；因此，若如此分析的话，$F_{\leqslant}$ 的不可判定性也就不足为奇了。

子类型类型空间及有界量化在计算机程序设计和自然语言语义等方面均有应用，有关例子见文献 [151] 和 3.4.2 节关于形容词"熟练（的）"的语义的讨论。

2. 类型的（不）相交性

可以通过子类型的概念来讨论两个类型是否"相交"。

定义 2.2 (类型的不相交性) 假设 A 和 B 是不含自由变量的类型。A 与 B 互不相交是指：不存在非空类型 C 同时满足 $C \leqslant A$ 和 $C \leqslant B$（即若 $\vdash c : C$，则 $\nvdash C \leqslant A$ 或 $\nvdash C \leqslant B$）。②

例如，在通常情况下，类型 $Human$（"人"的语义）与 $Table$（"桌子"的语义）互不相交，它们没有共同的子类型。然而，类型 $Student$（"学生"的语义）和 Man（"男人"的语义）则是相交的，因为它们有共同的子类型。例如，假设 $Student \leqslant Human$ 而 $Man = \Sigma x : Human.male(x)$，其中 $male : Human \to Prop$ 是"男性的"的语义，那么，根据 2.5.2 节的规则 (Σ_{π_1}) 和 (Σ_P)，"男生"的语义 $\Sigma x : Student.male(x)$ 既是 $Student$ 的子类型，又是 Man 的子类型。

虽然上述定义给出了讨论类型是否"相交"的一种方式，但并未（也无法）定义两个类型的"交类型"。如前所述（见 2.2.3 节及第 20 页脚注），与集合论不同，现代类型论中没有一般的"并类型"或"交类型"：只有不相交并类型（见 2.2.3 节）和如上用以讨论类型是否相交的概念。例如，人们可使用如上概念进行这样的讨论："若这两个类型互不相交，那么 $\cdots\cdots$"（有关的例子见 3.3.4 节和 4.3.3 节）。

3. 依赖性记录类型

依赖性记录类型（dependent record type）是带标签的多元组（labelled tuples）

---

① Top 由卡代利和韦格纳在语言 Fun 中引入，其主要目的是将二阶 λ 演算中的"无界量化"类型 $\forall X.P(X)$ 使用有界量化而定义为 $\forall X \leqslant Top.P(X)$，从而"恢复"无界量化，使之成为有界量化的特例。若从 $F_{\leqslant}$ 中删除类型 Top，所得演算便变成可判定的了[111]。

② 在强制性子类型机制下，$C \leqslant A/C \leqslant B$ 是指：存在强制转换 c/c'，$C \leqslant_c A/C \leqslant_{c'} B$。

所组成的类型。[①] 例如，$\langle l : Nat, \ v : Vect(l) \rangle$ 是一个依赖性记录类型，它的对象是被称为记录的多元组 $\langle l = 2, \ v = [5,6] \rangle$，其中 l 和 v 是标签，而 $[5,6]$ 则表示列表 $cons_V(Nat, 5, cons_V(Nat, 6, nil_V))$。

标签组成一个特殊的符号集。引入如下的判断形式：

- $\Gamma \vdash R \ rtype$：R 在 Γ 中是记录类型。
- $\Gamma \vdash R \ rtype \ [L]$：$R$ 在 Γ 中是记录类型，并且其（顶级）标签均属于有穷集合 L。

它们满足如下的规则：

$$\frac{\Gamma \vdash R \ rtype \ [L] \quad L \subseteq L'}{\Gamma \vdash R \ rtype \ [L']} \qquad \frac{\Gamma \vdash R \ rtype \ [L]}{\Gamma \vdash R \ rtype} \qquad \frac{\Gamma \vdash R \ rtype}{\Gamma \vdash R \ type}$$

记录类型和记录的文法是

$$R := \langle \rangle \mid \langle R, \ l : A \rangle$$
$$r := \langle \rangle \mid \langle r, \ l = a : A \rangle$$

其中，$\langle \rangle$ 表示空记录，但也用它来表示空的记录类型。关于记录有如下两个运算：

- 限制运算（restriction）$[r]$：它将记录 r 的最后一个元素去掉；
- 选择运算（field selection）$r.l$：它选择记录 r 中由标签 l 所标记的元素。

依赖性记录类型的规则列于图 2.3。请注意，记录类型 $\langle R, \ l : A \rangle$ 是一个依赖类型：这里，A 不是一个类型，而是一个类型族，当其作用到 R 的对象 x 或 r 时，$A(x)$ 和 $A(r)$ 是类型。[②] 然而，通常采用如下的符号约定，以达到简化的目的：

- 通常使用 $\langle l_1 : A_1, \cdots, l_n : A_n \rangle$ 来表示记录类型 $\langle \cdots \langle \langle \rangle, l_1 : A_1 \rangle, \cdots, l_n : A_n \rangle$，并利用标签的出现与否来表达依赖性。例如，记录类型 $\langle l_1 : Nat, l_2 : Vect(Nat, l_1) \rangle$ 的对象是二元组 $\langle l_1 = n, l_2 = v \rangle$，它的第二个元素 v 的类型是 $Vect(Nat, n)$。

---

① 本小节基于作者所著 [130] 和 [131] 等文献。本书后续章节中并不直接用到依赖性记录类型，一方面它们与 Σ 类型类似，都可视为多元组的类型，用以描述程序设计语言中模块的类型（见 5.2 节），但记录的元素都带有标签，使用起来更为灵活。然而在另一方面，由于需要引入新的判断形式等，系统略显复杂。如何取舍，请读者自行判断。另外请注意，这里研究的是记录类型（record type），而不是记录类别（record kind）。前者与其他类型（如自然数类型 Nat 和 Σ 类型等）处于同一级别，而后者则是逻辑框架中的类别，与所有类型的类别 TYPE 等一起处于同一级别（见 6.2 节）。使用我们采用的术语，大多数与此相关的工作所研究的是记录类别（如塔西斯特罗（Tasistro）和贝塔特（Betarte）的工作 [23] 和科昆德（Coquand）等的工作 [57] 等），而珀拉克的文章 [188] 是一个例外。引入记录类别比较简单，因为与类型相比，类别的结构要简单得多。然而，使用起来记录类型比记录类别要更为灵活有力，见文献 [130] 相关的讨论及说明。

② 这也可以用逻辑框架进行描述：例如，在逻辑框架 LF 中，可将类型族 A 描述为类别为 (R)TYPE 的对象（见 6.2.1 节）。

形成规则

$$\frac{\Gamma\ valid}{\Gamma\vdash\langle\rangle\ rtype\ [\emptyset]} \qquad \frac{\Gamma\vdash R\ rtype\ [L] \quad \Gamma, x:R\vdash A(x)\ type \quad x\notin FV(A) \quad l\notin L}{\Gamma\vdash\langle R,\ l:A\rangle\ rtype\ [L\cup\{l\}]}$$

引入规则

$$\frac{\Gamma\ valid}{\Gamma\vdash\langle\rangle:\langle\rangle} \qquad \frac{\Gamma\vdash\langle R,\ l:A\rangle\ rtype \quad \Gamma\vdash r:R \quad \Gamma\vdash a:A(r)}{\Gamma\vdash\langle r,\ l=a:A\rangle:\langle R,\ l:A\rangle}$$

消去规则

$$\frac{\Gamma\vdash r:\langle R,\ l:A\rangle}{\Gamma\vdash[r]:R} \qquad \frac{\Gamma\vdash r:\langle R,\ l:A\rangle}{\Gamma\vdash r.l:A([r])} \qquad \frac{\Gamma\vdash r:\langle R,\ l:A\rangle \quad \Gamma\vdash[r].l':B \quad l\neq l'}{\Gamma\vdash r.l':B}$$

计算规则

$$\frac{\Gamma\vdash\langle r,\ l=a:A\rangle:\langle R,\ l:A\rangle}{\Gamma\vdash[\langle r,\ l=a:A\rangle]=r:R} \qquad \frac{\Gamma\vdash\langle r,\ l=a:A\rangle:\langle R,\ l:A\rangle}{\Gamma\vdash\langle r,\ l=a:A\rangle.l=a:A(r)}$$

$$\frac{\Gamma\vdash\langle r,\ l=a:A\rangle:R \quad \Gamma\vdash r.l':B \quad l\neq l'}{\Gamma\vdash\langle r,\ l=a:A\rangle.l'=r.l':B}$$

图 2.3　依赖性记录类型的推理规则

- 在书写记录（即记录类型的对象）时，通常略去其类型信息（上面的二元组 $\langle l_1=n,\ l_2=v\rangle$ 便是例子）。[①]

- 为了阅读方便（尤其是举例时），有时还使用

$$\left\{\begin{array}{ccc} l_1 & : & A_1 \\ \cdots & & \\ l_n & : & A_n \end{array}\right\} \quad 和 \quad \left[\begin{array}{ccc} l_1 & = & a_1 \\ \cdots & & \\ l_n & = & a_n \end{array}\right]$$

分别来表示记录类型 $\langle l_1:A_1,\ \cdots,\ l_n:A_n\rangle$ 和记录 $\langle l_1=a_1,\ \cdots,\ l_n=a_n\rangle$。例如，记录类型 $\langle l_1:Nat,\ l_2:Vect(l_2)\rangle$ 及记录 $\langle l_1=3,\ l_2=[a,b,c]\rangle$ 可分别被记为

$$\left\{\begin{array}{ccl} l_1 & : & Nat \\ l_2 & : & Vect(l_1) \end{array}\right\} \quad 和 \quad \left[\begin{array}{ccl} l_1 & = & 3 \\ l_2 & = & [a,b,c] \end{array}\right]$$

还有，若 $\langle l_1:A_1,\ \cdots,\ l_n:A_n\rangle$ 是合法的记录类型，那么 $l_i\ (i=1,2,\cdots,n)$ 互不相同（若 $i\neq j$，则 $l_i\neq l_j$）。另外，特别要说明的是，有不同标签的记录类型互不相等；例如，若 $l\neq l'$，那么 $\langle l:Nat\rangle\neq\langle l':Nat\rangle$。

---

① 这样的简化得益于强制性子类型理论，在此不做讨论，详见文献 [131] 的附录 A。

由于类型空间的存在，依赖性记录类型可用于表示程序设计语言中模块的类型。例如，可以用记录类型来表示栈（stack）的结构类型如下：

$$
\left\{
\begin{array}{lll}
Stack & : & Type_0 \\
SEq & : & Stack \to Stack \to Prop \\
empty & : & Stack \\
push & : & Nat \to Stack \to Stack \\
pop & : & Stack \to Stack \\
top & : & Stack \to Nat
\end{array}
\right.
$$

其中，$Type_0$ 是统一类型论中的直谓类型空间（见 2.4.2 节）。

依赖性记录类型和 Σ 类型都可视为多元组的类型（由此可用于表示程序设计语言中模块的类型，见 5.2 节）。它们唯一的区别在于，作为记录类型的对象，记录的元素都带有标签，而标签的存在更便于对记录类型加以区分。因此，记录类型在某些时候使用起来较 Σ 类型更为恰当。例如，在表示结构性子类型关系时便是如此：表 2.1 对有关 Σ 类型和记录类型的 3 种结构性子类型关系做了粗略的概述，分别描述如下：

表 2.1　关于 Σ 类型和记录类型的结构性子类型关系

	Σ 类型	记录类型
左投射关系	$\Sigma x : A.B(x) \leqslant_{\pi_1} A$	$\langle R, l : A \rangle \leqslant_{[\_]} R$
右投射关系	$\Sigma x : A.B(x) \leqslant_{\pi_2} B(a)$	$\langle R, l : A \rangle \leqslant_{Snd} \langle l : A([r]) \rangle$
组成部分之子类型关系	$\Sigma x : A.B \leqslant_{d_\Sigma} \Sigma x : A'.B'$	$\langle R, l : A \rangle \leqslant_{d_R} \langle R', l : A' \rangle$

- 左投射关系。投射运算 π_1 和限制运算 $[\_]$ 可分别作为关于 Σ 类型和记录类型的强制转换。
- 右投射关系。投射运算 π_2 可作为关于 Σ 类型的强制转换（请注意，π_2 作为强制转换是所谓的依赖性强制转换（dependent coercion），见文献 [147]。）而如下定义的 Snd 则可作为关于记录类型的强制转换：

$$Snd(r) = \langle l = r.l \rangle$$

请注意，与 π_2 一样，这是一个依赖性强制转换：它的论域是 $\langle R, l : A \rangle$，而值域为 $\langle l : A([r]) \rangle$，依赖于输入值 $r : R$。另外，Snd 与选择运算 "$\_.l$" 不同，其值域是具有标签的记录类型 $\langle l : A([r]) \rangle$，而不仅是 $A([r])$。

- 组成部分之子类型关系。关于 Σ 类型有如下规则，规定 d_Σ 为强制转换：

$$(\Sigma_d) \qquad \frac{\Gamma \vdash A \leqslant_c A' \quad \Gamma, x : A \vdash B(x) \leqslant_{c'[x]} B'(c(x))}{\Gamma \vdash \Sigma x : A.B(x) \leqslant_{d_\Sigma(c,c')} \Sigma x' : A'.B'(x')}$$

其中 $d_\Sigma(c, c')$ 将 (a, b) 映射到 $(c(a), c[a](b))$，并正式定义为：对于任何 z，有 $\Sigma(A, B)$, $d_\Sigma(c, c', z) = (c(\pi_1(z)), c'[\pi_1(z)](\pi_2(z)))$。关于记录类型的强制转换 d_R 规则如下：

$$(R_d) \qquad \frac{\begin{array}{cc} \Gamma \vdash \langle R,\, l : A \rangle \; rtype & \Gamma \vdash \langle R',\, l : A' \rangle \; rtype \\ \Gamma \vdash R \leqslant_c R' \quad \Gamma, x : R \vdash A(x) \leqslant_{c'\{x\}} A'(c(x)) \end{array}}{\Gamma \vdash \langle R,\, l : A \rangle \leqslant_{d_R} \langle R',\, l : A' \rangle}$$

其中 d_R 将 $\langle r,\, l = a \rangle$ 映射到 $\langle c(r),\, l = c'\{r\}(a) \rangle$。

请注意，关于记录类型的结构性运算 $[\_]$、Snd 和 d_R 可同时用作强制转换，因为它们在一起是合谐的。与 Σ 类型相比，记录类型在这方面有优越性：在最一般的情况下，Σ 类型的结构性运算 π_1、π_2 和 d_Σ 不能同时用作强制转换，因为它们在一起可能是不合谐的（详见文献 [130]）。①

2.6 后记

虽然类型论起源于对数学基础的研究，但从技术层面而言，它们的基础是 λ 演算，尤其是带类型的 λ 演算（见文献 [14] 等综述文章）。相关的例子如下：丘奇的简单类型论[46] 是基于 λ 演算的高阶逻辑，科昆德和休特（Huet）的构造演算[55] 是在简单类型论中引入显式证明对象所得的系统，而巴伦德雷特（Barendregt）等所研究的纯类型系统（pure type systems）[14] 则以构造演算等系统为特例对基于 λ 演算和 Π 类型的类型系统进行系统性的研究。马丁–洛夫（内涵）类型论[155, 176] 以归纳为基本的技术工具，用以描述各种各样的类型（见 2.2 和 2.3 节）和直谓类型空间（见 2.4.2 节）。统一类型论[125] 则以马丁–洛夫类型论中的类型作为"数据类型"，而把构造演算里的类型作为逻辑命题（见 2.4.1 节），将二者相结合而形成。请注意，如此"结合"而形成统一类型论的基本观点之一是：在类型论中，代表逻辑命题的

---

① 以 π_1 和 π_2 为例，考虑积类型的情况（非依赖的 Σ 类型）：$\pi_1 : A \times B \to A$、$\pi_2 : A \times B \to B$。倘若二者均为强制转换的话，令 $A = B = Nat$，则 $Nat \times Nat \leqslant_{\pi_1} Nat$ 和 $Nat \times Nat \leqslant_{\pi_2} Nat$，且二者不等；换言之，它们是不合谐的。

类型与其他的类型不同，应当区分开来；这也就是为什么在统一类型论中既有直谓类型空间 $Type_i$ 里的类型也有非直谓类型空间 $Prop$ 里的逻辑命题的原因（对此，作者做过有关的论述，见文献 [125] 的 2.2.6 及 2.3.1 节）。

虽然本章对现代类型论进行描述时尽量做到准确无误，但也考虑到读者对内容的可读性要求等，因此选用了有些烦琐但较为易懂的描述方式。现代类型论的形式化描述及元理论的研究可采用更为简洁的方式，本书第 6 章将引入逻辑框架并使用它对现代类型论进行刻画（包括统一类型论以及强制性子类型理论等），并讨论这些类型论的元理论。以强制性子类型理论为例，2.5.2 节仅介绍了它的关键环节，其完整的形式化描述和元理论则在 6.3.2 节给出。

强制转换以及相应的子类型概念在程序设计语言类型系统的研究中受到了学者的关注（见雷诺兹的文章 [200] 和 [201] 等 [①]）。作者在现代类型论中引入了强制性子类型理论[126, 127]，并与同事一起对此进行了深入的研究。要特别提及的是，索洛维耶夫（Soloviev）在 1996 年加入了作者关于强制性子类型理论的一个研究项目，这也是两人长期合作的开端，其中包括强制性子类型理论的元理论研究[207, 149] 等。强制性子类型理论的有关研究还包括由作者指导的若干博士论文：罗勇（见文献 [122]）、薛涛（见文献 [223]）和伦古（Lungu）（见文献 [120]）。（与其元理论相关的研究见 6.3.2 节及其后记。）

如前文所指出（见第 2 页脚注③），现代类型论不包括外延类型论。例如，马丁–洛夫外延类型论[156, 157] 含有与等式判断等价的命题等式 $I(A, a, b)$，由如下的引入和消去规则所刻画：

$$\frac{\Gamma \vdash a = b : A}{\Gamma \vdash r : I(A, a, b)} \qquad \frac{\Gamma \vdash c : I(A, a, b)}{\Gamma \vdash a = b : A}$$

由于命题等式是否为真是不可判定的，在外延类型论中等式判断和类型检测也是不可判定的。换言之，这一类型论不具有良好的元理论性质。例如，强正规化定理（见第 6 章）不再成立：可在上下文中假设 $z : I(U, N, N \to N)$，其中 U 是类型空间，$N : U$ 是一个类型（如自然数类型 Nat），然后根据 I 的消去规则（和等式规则）便可推出 $z : I(U, N, N \to N) \vdash \Omega : N$，其中表达式 $\Omega = (\lambda x : N.x(x))(\lambda x : N.x(x))$。然而，$\Omega$ 的计算是不终止的，它的 β 归约结果是其自身：$\Omega \longrightarrow_1 \Omega$（有关 β 等式和 β 归约的概念，见 2.2.1节和 6.1.2 节）。另外，在现代类型论中，函数的 η 定义性等式（或 η 变换等式：若 $x \notin FV(f)$，那么 $\lambda x : A.f(x) \simeq_\eta f$）对 Π 类型中

---

① 有的读者可能会问：能在 1.2.2节讨论过的多态类型系统中引入强制转换以及相应的子类型概念吗？关于这方面的研究，见作者的文章（文献 [129]）及相关的研究（文献 [112, 212]）等，在此不做赘述。

的函数而言是不成立的；然而，在外延类型论中，函数的 η 等式成立，原因是它们作为命题等式一般是成立的（例如，文献 [125] 的 9.3.3 节），因此，由于在外延类型论中命题等式与判断等式是等价的，η 作为判断等式也成立。

　　类型论的研究在国内受到了学者的关注，其中包括介绍马丁–洛夫类型论的书籍 [176] 的中译本 [232] 和介绍交互式证明系统（证明助手）Coq 的书籍 [21] 的中译本 [241] 等。

基于现代类型论的自然语言语义学

自然语言语义学是分析语言表达式意义的学科。人们在研究语义学的悠久历史中提出了各种不同的意义理论：指称论（referential theory）沿袭柏拉图（Plato）的观点，认为表达式的意义就是其所指的客观事物或抽象实体本身；观念论（idea theory），包括乔姆斯基（Chomsky）提出的内在观念论（internalist theory），以笛卡儿（Descartes）学说为出发点，主张表达式的意义是其所代表的人脑中的主观概念；而使用论（use theory）则与维特根斯坦（Wittgenstein）所倡导的"意义即使用"的口号密切相关，认为表达式的意义体现于它的使用之中。这些哲学理论不仅本身颇为有趣，也对人们研究语义学时的思维方式有着很大的影响。例如，受指称论的影响，许多语义学家（如文献 [189]）普遍认为形式语义学就应该是像蒙太古语义学[168] 那样的以集合论为基础语言的模型论语义（model-theoretic semantics）。然而，越来越多的学者认为使用论颇具说服力，其本身的研究也在 20 世纪 70 年代以来取得了重大进展，代表性工作包括达米特（Dummett）和布兰多（Brandom）等哲学家关于意义理论的研究[68, 69, 26, 27] 以及根芩（Gentzen）、普拉维茨（Prawitz）和马丁–洛夫等逻辑学家关于逻辑系统的证明论语义（proof-theoretic semantics）的研究[80, 191, 192, 157, 158]。

本章及第 4 章研究基于现代类型论的自然语言语义学，简称为 MTT 语义学(MTT 是现代类型论的英文首字母缩写)。MTT 语义学是现代类型论的应用之一，以现代类型论作为基础语言构造形式语义，十几年来得到了长足的发展。MTT 语义学同时具有模型论语义及证明论语义的特征，兼二者之所长，颇具潜力。① 它之所以有模型论语义特征是由于它具有丰富的类型结构（见第 2 章）及强有力的

---

① 作者于 2014 年首先提出这一观点[138]（见作者在文献 [43]1.4.3 节中的有关讨论）。

上下文和标记机制（见 2.1节及 4.1节），因此它像集合论那样提供了有效的工具对各种形形色色的语言功能进行恰当的语义刻画。MTT 语义学之所以有证明论语义特征则是因为它的基础语言现代类型论具有良好的元理论性质以及潜在的证明论语义（见第 6 章），这不仅为 MTT 语义的理解奠定了基于使用论的哲学基础，而且使得人们可以使用当前的证明技术来进行基于 MTT 语义的计算机辅助推理（见第 5 章）。因此，同其他的自然语言语义学相比，MTT 语义学在理论上和实际运用上均具有前所未有的优势，值得进一步研究和发展，前景可观。

本章介绍 MTT 语义学的基本概念、主要特征以及语义构造方法，而下一章则进一步研究 MTT 语义学的若干较为高端的课题。3.1节和 3.2节分别阐述形式语义学之基础语言的概念并介绍蒙太古语义学，这一方面作为背景介绍，另一方面也引入某些符号约定。3.3节概述 MTT 语义学，介绍其发展历史、用例子说明其基本的语义构造、描述并解释其特征等。3.4节研究如何在现代类型论中描述形容词的修饰语义，这可视为一个经典案例，表明了现代类型论丰富的类型结构在描述各种语言学特征时所起的关键作用。本章最后一节（3.5节）讨论所谓的"证明无关性"及其在 MTT 语义学中所起的重要作用，并以此为基础就驴句中的回指现象进行研究。

3.1 形式语义学的基础语言

在形式语义学的研究中，人们选定一个基础语言，用以对自然语言的词汇及语句予以语义解释。此基础语言通常是一个无歧义的形式化数学语言，它具有如下特征。

（1）该语言具有丰富及强有力的描述机制，可用来对各种语言特性进行有效的描述。

（2）该语言含有一个丰富有用的逻辑系统，可用以进行语义的逻辑刻画。

（3）该语言的语句含义明确且易于理解（因此由其表达的语义亦是如此）。

公理化集合论是蒙太古语义学[168] 的基础语言，它显然满足上述前两个特征。首先，集合论有着强有力的描述机制，这已经在蒙太古语义学的研究发展的过程中得到证明。其次，集合论可对各种不同的逻辑系统做出解释，因此在这个意义上说集合论本身包含着逻辑系统（所谓的模型论逻辑）。这一点并非显而易见，这也是蒙太古引入被称为内涵逻辑的中间语言 IL[167] 的原因之一。使用 IL 做语义解释，自然语言的集合论语义便可通过 IL 的集合论语义而间接得到。在某种意义上，中间语言 IL 使得蒙太古语义学的语义解释更为简单明了。IL 文法的核心部分与丘奇的简单类型论[46] 基本相同：如加林（Gallin）关于公理化系统 TY_2 的工作[77] 所示，IL 实际上是简单类型论的另一个版本。① （见 3.2 节关于简单类型论及蒙太古语义学的简述。）

作为语义学的基础语言，集合论是否满足上述第（3）条特征（即它是否易于理解）似乎不甚明了，值得商榷。人们也许认为自己对朴素集合论有着相当不错的了解，但这不仅显然不够，而且有误导之嫌，因为蒙太古语义学的基础语言是公理化集合论而不是朴素集合论，而要想搞懂像 ZFC 之类的集合论系统实属不易（其复杂且极不直观的公理系统便是理解该语言的一大难题）。

现代类型论是 MTT 语义学的基础语言。它们有强有力的描述机制和丰富的类型结构（见第 2 章），因此满足上述第（1）个特征。例如，与集合论中的集合相类似，现代类型论中的类型可用以表示各种由个体所组成的整体。辅之以上下文、多态等机制，它为描述多种语言特性提供了有效工具。这也是为什么说 MTT 语义学有模型论语义特征的原因：模型论语义的最大长处就是它能够描述各种语言特性，而以现代类型论为基础的语义学亦是如此。因此，尽管现代类型论由证明论的规则所定义，但 MTT 语义学仍具有模型论语义特征，其类型就像集合一样，为形式语义的构造提供了有效工具。

在现代类型论中，判断 $a : A$ 的正确性是可判定的（decidable）。换言之，可以机械地判定语句 $a : A$ 是否正确（对计算机工作者而言，这意味着其正确性可由计算机自动判定）。正是由于这一可判定性，根据"命题即类型"的原则[59, 103]，现代类型论中含有相容的逻辑系统（见 2.4.1节），可用以进行对各种语义性质的描述，因此它们满足上述的第（2）条特征。

虽然类型与集合有相似之处（即二者都可用来表示由个体组成的整体），但有必要说明，类型论与集合论非常不同。最明显的不同之处在于，现代类型论本身是用证明论的规则所定义的自然演绎系统（见第 2 章及第 6 章），而集合论则是在一阶逻辑中用公理所定义的。因此，现代类型论有两个长处：首先，现代类型论具有良好的元理论性质（见第 6 章），这为其理解及应用打下了坚实的基础。在此基础上，其判断语句的理解可建立在以证明论为基础、被称为使用论的意义理论的基础之上（见本章开头部分关于意义理论的简单论述）。因此，要满足作为基础语言的上述易于理解的第（3）个特征，它们有着得天独厚的优势。另外，由于现代类型论是由证明论规则所定义的，它们和以其为基础的 MTT 语义学均

---

① 虽然使用 IL 可以描述许多语言现象，但这种逻辑刻画在不少情况下仍旧相当困难。因此，人们在很多情况下直接使用集合论进行语义研究（可将此称为"直接解释"，见文献 [220] 等）。这也是蒙太古语义学的基础语言是集合论（而非中间语言 IL）的原因之一。

可在计算机上直接实现，从而进行自然语言推理。当前，以现代类型论为基础的证明技术（即称为"证明助手"的计算机推理系统）对此提供了有效的工具（见第 5 章）。

3.2　蒙太古语义学

自 20 世纪 60 年代末 70 年代初以来，蒙太古语义学[168] 一直在形式语义学的研究中占有统治地位。如上所述，蒙太古引入了内涵逻辑（IL）作为其集合论语义的中间语言。例如，要解释句子（3.1），可先在 IL 中给出解释（3.2），其中 $zhang_M$ 是解释"张三"的实体，而 $talk_M$ 是解释"讲话"的谓词，它的论域为所有实体组成的类型，因此 $talk_M$ 可作用到实体 $zhang_M$ 上而形成语义（3.2）：[①]

（3.1）张三讲了话。（Zhang talked.）

（3.2）$talk_M(zhang_M)$

由此可得到语句（3.1）的集合论语义，即（3.2）在亨金模型[98] 中的解释。在该模型中，谓词 $talk_M$ 被解释为一个实体的集合，（3.2）为真当且仅当 $zhang_M$ 的解释是该集合的元素，这便间接给出了语句（3.1）的集合论语义。

可将蒙太古的内涵逻辑 IL 视为由两部分组成。一是其外延性（extensional）核心部分，这正是丘奇的简单类型论[46]，在本书中将之称为 $\mathcal{C}$（这里 $\mathcal{C}$ 是丘奇的英文首字母）。IL 的另一部分则旨在描述自然语言的内涵特性（intensionality）。下面先介绍前者，然后用例子说明蒙太古语义学中进行语义构造的基本方法，并对其关于内涵特性的描述方法做简单的介绍。

1. 简单类型论 $\mathcal{C}$

下面给出对丘奇的简单类型论 $\mathcal{C}$ 的描述。此描述基于文献 [148]，使用同第 2 章描述现代类型论相似的方法，给出 $\mathcal{C}$ 的自然演绎系统（这样亦便于将简单类型论同现代类型论相比较）。由于人们对简单类型论比较熟悉，下面仅做概述，而将其推理规则列于附录 D.1 中。

（1）上下文与判断。$\mathcal{C}$ 的上下文是由形为 $x:A$ 或 $P\ true$ 的假设所组成的有穷序列，其中 $x:A$ 假设变量 x 的类型为 A，而 $P\ true$ 假设公式 P 为真。$\mathcal{C}$ 的判断有如下 4 种形式。

---

　　① 在本书第 3、4 章中举例时，自然语言的文字通常使用引号标注（如"讲话"），而其语义则通常用相应的英文来表示（例如，用 $talk_M$ 和 $talk$ 分别表示"讲话"的蒙太古语义和 MTT 语义）。

- Γ *valid*，表示 Γ 是合法的上下文。
- $\Gamma \vdash A$ *type*，表示（在上下文 Γ 的假设下）A 是一个类型。
- $\Gamma \vdash a : A$，表示（在上下文 Γ 的假设下）对象 a 的类型为 A。
- $\Gamma \vdash P$ *true*，表示（在上下文 Γ 的假设下）公式 P 为真。

（2）类型与逻辑公式。$\mathcal{C}$ 包含如下类型及逻辑公式。

- 基本类型 **e** 和 **t**。前者为由所有实体所组成的类型，而后者是所有逻辑公式所组成的类型。[①] 例如，在（3.2）中，实体 $zhang_M$ 的类型为 **e**，即 $zhang_M :$ **e**。
- 函数类型。若 A 和 B 是类型，则 $A \to B$ 也是类型。$A \to B$ 的对象包括 λ 表达式 $\lambda x : A.b$。在上例中，$talk_M :$ **e** $\to$ **t**，而语义（3.2）则是一个逻辑公式，即 $talk_M(zhang_M) :$ **t**。
- 逻辑公式。通过蕴涵和全称量化可形成类型为 **t** 的逻辑公式 $A \Rightarrow B$ 和 $\forall x : A.P(x)$。请注意，若公式 P 为真并且 P 和 Q 相等，那么 Q 也为真。（关于公式的推演规则，见附录 D.1。）

其他常用的逻辑运算符可以用 $\Rightarrow$ 及 $\forall$ 来定义。这同非直谓类型论相似（见 2.4.1 节），因为逻辑公式的类型 **t** 是非直谓性的。例如，合取算子和存在量词可定义如下（其他运算符的定义，请见附录 D.2）：

(3.3) $P \wedge Q = \forall X : \mathbf{t}. (P \Rightarrow Q \Rightarrow X) \Rightarrow X$

(3.4) $\exists x : A.P(x) = \forall X : \mathbf{t}. (\forall x : A.(P(x) \Rightarrow X)) \Rightarrow X$

另外，如上引入的系统 $\mathcal{C}$ 的逻辑是直觉主义的。倘若要引入古典逻辑（如同丘奇的文章 [46] 那样），则需要增加关于否定词的古典规则，在此略去。此处同样不考虑外延性公理等，但如果需要，这些均可由额外的公理或规则来描述，在此略去。

2. 蒙太古语义学示例

表 3.1 给出了示例，简要说明在蒙太古语义学中如何对各类语言范畴作出解释，其中下标 "$-_M$" 表示该语义是简单类型论中的蒙太古语义。（在表 3.2 中以同样的自然语言例子说明在 MTT 语义学中对它们如何进行解释，以期比较，便于理解。）以下对表 3.1 所示的蒙太古语义作简要说明。

- 普通名词（也称为"通名"）和动词（表 3.1 前两行）在蒙太古语义学中解释为类型为 **e** $\to$ **t** 的谓词。[②]

[①] 在此对基本类型的命名遵循了蒙太古语义学的传统。丘奇在文献 [46] 中将 **e** 和 **t** 分别命名为 ι 和 o.

[②] 这是简化了的说法。更确切地说，一个通名或动词被解释为某谓词在简单类型论之标准模型中的集合论语义。下面对此不再重复介绍。

- 形容词和（修饰动词的）副词（表 3.1 第三行和第四行）在蒙太古语义学中解释为将性质映射为性质的函数，其类型为 $(\mathbf{e} \to \mathbf{t}) \to (\mathbf{e} \to \mathbf{t})$。
- 由形容词修饰通名而形成的通名词组（第五行）的语义在蒙太古语义学中由形容词语义作用到名词语义而得到。
- 广义量词（第六行）的类型为 $(\mathbf{e} \to \mathbf{t}) \to (\mathbf{e} \to \mathbf{t}) \to \mathbf{t}$，当它们作用到一个名词和一个动词上时，所得语义是类型为 $\mathbf{t}$ 的逻辑公式。
- 句子（表 3.1 最后一行）在蒙太古语义学中解释为类型为 $\mathbf{t}$ 的逻辑公式。

表 3.1　蒙太古语义的例子

	例子	蒙太古语义
普通名词	猫，学生，人	$cat_M,\ student_M,\ human_M : \mathbf{e} \to \mathbf{t}$
动词	讲话	$talk_M : \mathbf{e} \to \mathbf{t}$
形容词	黑（的）	$black_M : (\mathbf{e} \to \mathbf{t}) \to (\mathbf{e} \to \mathbf{t})$
副词	很快（地）	$quickly_M : (\mathbf{e} \to \mathbf{t}) \to (\mathbf{e} \to \mathbf{t})$
通名词组	黑猫	$black_M(cat_M) : \mathbf{e} \to \mathbf{t}$
广义量词	某些，多数	$some_M, most_M : (\mathbf{e} \to \mathbf{t}) \to (\mathbf{e} \to \mathbf{t}) \to \mathbf{t}$
句子	有的学生讲话	$some_M(student_M, talk_M) : \mathbf{t}$

例如，如表 3.1 最后一行所示，语句（3.5）的蒙太古语义为（3.6）。

(3.5) 有的学生讲话。（Some students talk.）

(3.6) $some_M(student_M, talk_M)$

请注意，表 3.1 和（3.6）中的量词 $some_M$ 可使用简单类型论的存在量词定义为（3.7）。因此，语句（3.5）的蒙太古语义便是（3.8）。

(3.7) $some_M(P, Q) = \exists x : \mathbf{e}.\ P(x) \land Q(x)$，其中 $P, Q : \mathbf{e} \to \mathbf{t}$。

(3.8) $\exists x : \mathbf{e}.\ student_M(x) \land talk_M(x)$

3. 蒙太古语义学对语言中内涵特性的处理

在蒙太古语义学中，语言的内涵特性（intensionality）是一个重点的研究课题。根据卡尔纳普[34]的建议，一个表达式的内涵可由一个函数来表示，其论域为可能的状态空间，其函数值则为该表达式在一个状态下的外延语义。在自然语言中，绝大多数语言构造均具有其内涵性表达形式，因此，蒙太古在 IL 中对此给予了特别的描述。如加林[77] 所述，可以在简单类型论的基础上增加一个新的基本类型 s（代表由状态所组成的类型），然后内涵特性则可表示为类型为 $s \to A$ 的函数。

上述这一关于内涵语义的处理方式在文献中有深入的研究，研究结果也表明它不无缺陷。例如，它将逻辑等价的语义等同起来，但实际上我们知道，在内涵性上下文中逻辑等价并不意味着语义相同。虽然内涵特性是自然语言语义研究的重要课题，但它同语义学的其他课题关联甚少，因此在本书讨论自然语言语义学时（本章下述诸节和下一章）对此不再做进一步的讨论。

3.3 MTT 语义学：概述及特征

本节概述 MTT 语义学，简述其发展历史，举例说明其语义构造方法，描述并解释其特征（包括丰富的类型结构及子类型机制等）。

3.3.1 MTT 语义学发展简史

依赖类型理论（dependent type theory）在自然语言语义学中的应用可追溯到 20 世纪 80 年代中期，当时莫尼奇（Mönnich）[165] 和桑德霍尔姆（Sundholm）[210] 使用马丁–洛夫的（外延）类型论来处理驴句（donkey sentence）[79] 的逻辑语义问题。此建议的新颖之处在于使用类型构造算子 Σ（见 2.2.2 节）来表示存在量词（并同时使用 Σ 类型来表示普通名词的修饰），从而对驴句中出现的回指现象可使用 Σ 类型的投影运算进行描述，以得到比较满意的语义。如何给出驴句以及相关的跨语句回指引用的语义一直是形式语义学研究的难题之一。学者们发展了动态语义学（dynamic semantics）[110, 97, 89] 对此进行研究，而上述使用类型论的方法则为回指引用的语义研究开辟了一个不同的途径，并具有优势。（请注意，莫尼奇和桑德霍尔姆提出的使用 Σ 来表示存在量词的方法也有不足之处，引入了新的语义学问题[211, 213, 142]，见 3.5 节关于驴句及回指引用的进一步讨论。）

兰塔（Ranta）在 20 世纪 90 年代用马丁–洛夫（内涵）类型论[155, 176] 对语义学进行了较为系统的研究（见文献 [197] 及相关文献）。虽然兰塔本人可能未将自己的工作视为研究逻辑语义学（见文献 [197] 的序言），学者们普遍认为他的工作第一次将一个现代类型论作为基础语言应用于自然语言语义学的系统性研究，贡献显著。例如，根据莫尼奇和桑德霍尔姆提出的使用 Σ 类型表示通名的建议，兰塔指出，这种"通名为类型"的建模方法所面临的一大障碍是如何解决动词语义类型的多样化问题（multiple categorization），见文献 [197]3.3 节。① 兰塔在 [197] 一书中所研究的另一课题是如何使用类型论中的上下文来表示语言中的语境。许多学者基于不同的类型理论对此作了进一步研究，它们包括博尔迪尼（Boldini）[25] 使用马丁–洛夫类型论[157]、安（Ahn）[6] 使用纯类型系统[14]、达波尼（Dapoigny）和巴拉捷（Barlatier）[61] 使用扩展的构造演算（extended calculus of constructions，ECC）[123,125] 所作的工作等。②

在过去的十几年中，基于现代类型论的自然语言语义学（MTT 语义学）的研究取得了重大进展。随着若干关键问题的圆满解决，现代类型论作为语义学基础语言的可行性和优势得以证实，MTT 语义学则逐渐成为一个完整且较为成熟的语义框架。"现代类型论"一词首先出现于作者 2009 年的一篇文章（见文献 [132]）。这样称呼的主要原因之一是把 MTT 语义学的基础语言（现代类型论）与蒙太古语义学中所使用的简单类型论及其集合论模型区分开来。另一个原因是指出 MTT 语义学的基础语言并非一个类型论系统，而是包括若干（内涵性）类型论（如统一类型论[125] 等非直谓类型论）。③

MTT 语义学迄今为止的主要发展可归纳为如下几方面。

（1）语义学基础。这方面的研究旨在进一步发展现代类型论，使其更适合作为语义学的基础语言。主要的研究课题及进展如下。

① 子类型（subtyping）[132, 136]。强制性子类型理论[126, 149] 对 MTT 语义学非常重要，是其可行性的关键保障之一（见 2.5.2节、3.3.4节和 6.3.2 节）。

② 标记（signature）[138, 121]。在现代类型论中引入标记机制为描述语义学中"情景"及"语境"等概念提供了必要的有效工具（见 4.1节和 6.3.3 节）。

③ 判断语义（judgemental interpretation）[226, 225, 41]。如何将判断语义转换为相应的命题语义是 MTT 语义学的重要课题之一（见 4.3节）。

（2）各种语言特性的语义构造。研究各种语义构造本身有着重要意义。除此之

① 关于动词语义类型的多样化问题，兰塔在文献 [197]3.3 节讨论了若干种可能的解决办法，但未能找到满意的答案。他没有意识到子类型机制是解决这一问题的关键（这也许同当时没有适合于依赖类型理论的子类型理论有关），而强制性子类型理论[127] 的发展为现代类型论在这方面的应用打下了坚实的基础（见 2.5节及 3.3.4节和 3.4.1节的讨论）。

② 在英文中，"上下文"和"语境"均称为 context，但这两者并非同一概念。请注意，用类型论中上下文的概念来描述语言的语境并不太合适，原因在于上下文引入的是变量，而非常量。作者在文献 [138] 引入了标记的概念，用以描述语言学的语境（见 4.1节和 6.3.3 节对标记及其元理论的讨论）。

③ 值得指出的是，不少学者认为（作者也同意这一观点）：同马丁–洛夫类型论等直谓类型论相比较，具有所有逻辑命题所组成的类型空间 Prop（见 2.4.1节）的非直谓类型论更适合用作语义学的基础语言。请注意，这并不是说直谓类型论就不能用作 MTT 语义学的基础语言，但为此需要对直谓类型论做必要的扩充，以引入恰当的逻辑系统，见 82 页脚注②及作者在文献 [141] 中对此的进一步讨论。

外，这方面的研究还旨在阐明现代类型论在语义构造中具有丰富的描述手段。作为语义学基础语言，它们提供了强有力的机制对语言特征做有效的语义刻画。主要的研究课题及进展如下。

① 形容词修饰（adjectival modification）[133, 39, 43]（见 3.4节）。

② 同谓现象（copredication）及点类型（dot-types）[132, 136, 42]（见 4.2节）。

③ 各种类型论机制在语义构造中的应用。例如，在众多的语义构造中，强制性子类型理论[126, 149] 提供了非常有效的描述工具（见 3.3.4节有关语义消歧以及事件强迫的语义刻画和 4.2节关于点类型的定义等）。

（3）自然语言推理[134, 37, 38]。现代类型论由证明论规则所定义，具有良好的元理论性质和潜在的证明论语义（见第 6 章）。因此，MTT 语义学为自然语言的计算机辅助推理打下了良好的基础，而目前在计算机科学领域中发展的证明技术（如 Coq[53] 等被称为"证明助手"的计算机辅助推理系统）可直接应用于自然语言推理（见第 5 章及其 5.3 节）。

近十几年来，许多学者认识到了丰富的类型结构在语义构造上的潜在优势，而 MTT 语义学的研究则是众多努力的一部分。例如，除了上面提到的 MTT 语义学方面的工作外，雷托雷（Retoré）[198] 研究了如何使用二阶 λ 演算（或称为系统 F[82, 199]）所提供的多态机制进行语义构造，而户次（Bekki）和峰岛（Mineshima）[18, 19] 则采用"依赖类型语义"（DTS）对如何使用依赖类型去刻画语言现象进行了深入的研究。另外，还有很多关于语义学的工作也与依赖类型密切相关，这包括亚瑟（Asher）[8]、库柏（Cooper）[51]、① 格鲁津斯卡（Grudzinska）和扎瓦多夫斯基（Zawadowski）[90] 等：这些学者使用的基础语言虽然不是现代类型论，但它们都受到依赖类型等丰富的类型结构的影响，使用类似的表示方法进行语义学研究。

3.3.2 MTT 语义学简例

在此介绍 MTT 语义学的一些简单例子。首先考虑 3.2节的（3.1），在此重复为（3.9），而（3.10）则给出其 MTT 语义：

(3.9) 张三讲了话。（Zhang talked.）

(3.10) *talk*(*zhang*)

---

① 值得澄清的是，被称为"带记录的类型理论"（type theory with records）的系统[51, 52] 并不是通常所说的类型论，而是一个基于集合论的符号系统，其中 $a : T$ 实际上是表示"a 是名称为 T 的集合的元素"的逻辑公式。但是，该系统的发展（尤其是其早期的发展）受到了塔西斯特罗[215]和贝塔特[22]在马丁–洛夫逻辑框架中关于记录类别的研究工作的影响。

语义（3.10）看上去似乎与蒙太古语义（3.2）很相似，但它们的不同之处如下。

（1）在 MTT 语义学中，句子（3.9）被解释为命题 $talk(zhang)$，其类型是逻辑命题所组成的类型空间 $Prop$（见 2.4.1 节）。[①]

（2）在 MTT 语义学中，"讲话"被解释为谓词 $talk : Human \rightarrow Prop$，其中 $Human$ 是所有人组成的类型，而"张三"被解释为 $Human$ 的一个对象 $zhang : Human$。因此，（3.10）中的 $talk(zhang)$ 是合法命题。请注意，与蒙太古语义学不同，$talk$ 的论域是 $Human$，而非简单类型论中由所有实体组成的类型 $\mathbf{e}$。

表 3.2 给出了示例，简要说明在 MTT 语义学中如何对各类语言范畴作出解释。该表中的自然语言例子与表 3.1 相同，以便和相应的蒙太古语义作比较。

表 3.2　MTT 语义的例子

	例子	MTT 语义
普通名词	猫，学生，人	$Cat,\ Student,\ Human\ :\ \mathsf{CN}$
动词	讲话	$talk : Human \rightarrow Prop$
形容词	黑（的）	$black : Object \rightarrow Prop$
副词	很快（地）	$quickly : \Pi A : \mathsf{CN}.\ (A \rightarrow Prop) \rightarrow (A \rightarrow Prop)$
通名词组	黑猫	$\Sigma x : Cat.\ black(x)$
广义量词	某些，多数	$some, most : \Pi A : \mathsf{CN}.\ (A \rightarrow Prop) \rightarrow Prop$
句子	有的学生讲话	$some(Student, talk) : Prop$

以下对表 3.2 中的 MTT 语义作简要说明。

- 普通名词（也称为"通名"，表 3.2 第一行）在 MTT 语义学中解释为类型，而所有通名的语义解释所组成的类型空间则称为 CN（见 2.4.3 节之例 2.8）。
- 动词和形容词（表 3.2 第二、三行）在 MTT 语义学中解释为论域为某类型 D 的谓词（即类型为 $D \rightarrow Prop$ 的函数）。
- （修饰动词的）副词（表 3.2 第四行）在 MTT 语义学中可解释为基于类型空间 CN 的多态函数：对给定的通名解释 $A : \mathsf{CN}$，该函数的类型为 $(A \rightarrow Prop) \rightarrow (A \rightarrow Prop)$。[②]

---

① $Prop$ 存在于统一类型论[125] 等非直谓类型论中。在马丁–洛夫类型论等直谓类型论中，所有的逻辑命题并不构成一个整体，人们只能使用并不包括所有逻辑命题的直谓类型空间（见 2.4.2 节），有关讨论见文献 [141]。另外，人们将 $Prop$ 同简单类型论中的类型 $\mathbf{t}$ 相比（它们都可视为所有逻辑命题所组成的类型），但现代类型论与简单类型论之间在这方面也有差异，这包括所含逻辑系统是古典的还是构造性的以及是否含有证明对象等，在此不做详细讨论。

② 如何在现代类型论中给出副词（和广义量词）的语义类型曾一度是 MTT 语义学的难题之一，而类型空间 CN 的引入[134, 136] 解决了这个问题。

- 由形容词修饰通名而形成的通名词组（表 3.2第五行）在 MTT 语义学中解释为 Σ 类型（见 2.2.2节）。
- 广义量词（表 3.2第六行）在 MTT 语义学中可解释为基于类型空间 CN 的多态函数：例如，像"某些"等二元量词，对给定的通名解释 $A : $ CN，该函数的类型为 $(A \rightarrow Prop) \rightarrow Prop$。
- 句子（表 3.2最后一行）可解释为类型为 $Prop$ 的命题。①

请注意，表 3.2仅给出了一些典型的例子，但在某些情况下，语义解释需要进一步阐述或完善，甚至采取完全不同的解释方式。例如，并非所有的形容词语义都可以使用简单谓词来表示，有的需要用多态谓词等进行描述（见 3.4节）。

对词汇的语义解释可以有不同的细化程度。如"男人"一词可解释为一个类型 Man，若没有进一步的定义，它仅仅是一个常量而已。然而也可将"男人"的语义 Man 定义为由类型 $Human$（"人"的语义，见表 3.2第一行）和谓词 $male : Human \rightarrow Prop$（形容词"男的"的语义）所组成的 Σ 类型（3.11）：男人就是性别为男性的人。

(3.11) $Man = \Sigma x : Human.\, male(x).$

表 3.2第六行仅给出了"某些"和"多数"等量词的语义类型，其实在现代类型论中可以给出更精确的定义。② 一些简单的量词可用现代类型论中的逻辑量词来定义：例如，在统一类型论中，量词"某些"的语义 $some$ 可用存在量词 $\exists$（见 2.4.1节及附录 C.2）定义为（3.12）：

(3.12) $some(A, P) = \exists x : A.P(x)$，其中 $A : $ CN 且 $P : A \rightarrow Prop.$

若如此定义 $some$，表 3.2最后一行的语句（3.13）的语义 $some(Student, talk)$ 则细化为（3.14）。

(3.13) 有的学生讲话。（Some students talk.）

(3.14) $\exists x : Student.\, talk(x)$

有人会问：语句（3.13）的语义（3.14）里的 $talk(x)$ 为什么是合法的呢？公式（3.14）中 $talk$ 的论域是 $Human$，而不是 x 的类型 $Student$ 啊？这是子类型机制在起作用（见 2.5节）：虽然 $talk$ 的论域是 $Human$，但因为 $Student \leqslant Human$，所以 $talk(x)$ 是合法的。关于子类型机制在语义学中的应用，见 3.3.4节的进一步讨论。

---

① 在 MTT 语义学中，还研究句子的判断解释以及如何将它们转换为命题形式等课题（见 4.3节）。

② 桑德霍尔姆[211] 在马丁–洛夫类型论中给出了许多广义量词的定义。在统一类型论中可给出类似的定义，见文献 [141] 和 [142] 及 3.5节关于 $most$ 的定义。

3.3.3　丰富的类型结构：通名的类型语义、选择限制及其他

同蒙太古语义学相比较，以现代类型论为基础语言的 MTT 语义学有其特有的优点，这主要是因为现代类型论既有丰富的类型结构，又是具有良好元理论性质的证明论系统，因此它们不仅为各种语言特性的语义刻画提供了有效的描述机制，也同时具有易于理解和便于计算机辅助推理系统的实现等长处。本节以及下一节（3.3.4节）对此进行阐述。

1. 通名的类型语义

在 MTT 语义学中，普通名词（简称为通名）被解释为类型，而不是谓词。换句话说，MTT 语义学采用"通名即类型"的解释模式，而不像蒙太古语义学那样采用"通名即谓词"的解释模式。例如，通名"书"的蒙太古语义是一个谓词 $book_M : \mathbf{e} \to \mathbf{t}$，而其 MTT 语义则是一个类型 $Book$。

通名与其他词汇范畴不同，具有其特有的等同标准（criterion of identity），这与"通名即类型"的解释模式密切相关。直观来说，一个通名表示一个概念，它不仅具有其应用标准（criterion of application），以确定一个对象是否满足该概念，而且具有其等同标准，用以确定两个满足该概念的对象是否相同，为同一对象。等同标准这一概念的起源可以追溯到弗雷格在 19 世纪关于数字或直线等抽象数学对象的研究[74]。例如，在几何中，两条直线的方向是否等同可通过检验它们是否平行来衡量。哲学家吉奇（Geach）[79] 对此作了深入的探讨，指出等同标准与通名密不可分，是计数（counting）的基础，而贝克（Baker）[13] 等语言学家则进一步认为，具有等同标准是通名特有的，其他词汇范畴（如动词或形容词等）都不具有这一特征。例如，若考虑以下两个句子，不难得出句子（3.15）并不蕴涵（3.16）的结论，因为有些人可能在上个月乘坐该航空公司的飞机旅行了不止一次。

(3.15) 该航空公司在上个月运送了五万乘客。（The air company has transported 50 thousand passengers in the last month.）

(3.16) 该航空公司在上个月运送了五万人。（The air company has transported 50 thousand persons in the last month.）

很多学者认为[79, 13, 91]，这是因为通名"乘客"和"人"具有不同的等同标准，作为计数的基础它们的不同导致了这种现象。①

---

① 也有学者不同意等同标准的想法：例如，巴克（Barker）[16] 认为这类语言现象最好在语用学中加以考虑。然而，作者认为使用等同标准的概念仍是对这种语言现象提供合理解释的最佳方式。

MTT 语义学之所以能够采用通名即类型的解释模式是因为现代类型论具有丰富的类型结构以及恰当的子类型理论（关于后者，见 3.3.4节）。例如，由形容词修饰通名所得词组的语义便可用 Σ 类型（2.2.2节）来描述：（3.17）所示"黑猫"的语义便是如此，其中类型 *Cat* 和谓词 *black* 分别是通名"猫"和形容词"黑（的）"的语义。

$$(3.17)\ black\ cat = \Sigma x : Cat.\ black(x)$$

请注意，在通名即类型的解释模式下，需要用一个类型作为"黑猫"的语义：（3.17）中的 Σ 类型就扮演了这个角色。那么，或许有读者要问：是否有足够的类型构造算子用以解释自然语言中各种各样的由个体组成的集合呢？作为案例，3.4节研究如何解释由各种不同种类的形容词修饰通名所形成的词组：除了使用 Σ 类型以表示形容词修饰以外，类型空间 **CN** 及其相关的多态机制可用以描述下属形容词（subsective adjective）的修饰语义，而不相交并类型可用来描述否定性形容词（privative adjective）等。这从一方面表明，现代类型论具有足够丰富的类型结构来合理地解释语言中包括通名词组在内的各种个体集合。

值得一提的是，通名的等同标准与语境有关，并非一成不变。由于通名的语义还取决于它的等同标准，其语义也随着语境的不同而发生变化。例如，与"学生"一词相关联的等同标准就可能发生这样的变化：在语句（3.18）和（3.19）中"学生"的等同标准便不尽相同。在（3.18）中，因为张老师可能教了好几个班级，而有的学生可能在不同的班级里听课，因此在这种情况下，这样的学生在计数时被记作两次或多次似乎是合理的。而在（3.19）中则不是如此：这里通名"学生"和"人"有着同样的等同标准。

(3.18) 张老师去年教了 500 名学生。（Zhang taught 500 students last year.）

(3.19) 去年有 1000 名学生申请了校园卡。（1000 students applied for campus cards last year.）

由此可见，如作者在文献 [135] 所指出的那样，一般来说，通名应被解释为集胚（setoid），即类型与描述等同标准的等价关系所组成的序对（见 4.2.3节）。但是，同时要说明的是，这种一般性的情形非常罕见，在绝大多数情况下，相关的通名都有着相同的等同标准（例（3.19）便是如此），可将通名视为类型而忽略其等同标准，这也是为什么通常只讨论"通名即类型"的解释模式的原因（见 4.2.3节关于子集胚概念的定义及讨论）。

"通名即类型"的解释模式与蒙太古语义学中"通名即谓词"的解释模式相比

较具有若干优点。下面所讨论的选择限制问题便是例子之一。①

2. 类型检测及选择限制问题

值得再次强调的是（见 1.2.2 节），现代类型论中的判断语句 $a : A$ 与集合论公式 $s \in S$ 有着本质的区别：前者是否正确在现代类型论中是可判定的，可通过类型检测来测试，而后者是一阶逻辑的公式，其真假是不可判定的。

现代类型论丰富的类型结构使得普通名词可被解释为类型，从而可以使用类型检测来处理语义学中的选择性限制问题（selectional restriction），并将无意义的语句和有意义但真值为假的语句在语义上合理地区分开来。请注意，这与蒙太古语义学不同：在蒙太古语义学中，无意义的语句通常被解释为真值为假的公式，而在 MTT 语义学中，类型检测可用来作为衡量一个语句或一个词组是否有意义的标准。例如，下述语句（3.20）在通常情况下被认为是无意义的，含有哲学家所说的范畴性错误（category error）。然而，在蒙太古语义学里，"桌子"和"讲话"分别被解释为谓词 $table_M$, $talk_M : \mathbf{e} \to \mathbf{t}$，而语句（3.20）的解释则是类型为 $\mathbf{t}$ 的合法公式（3.21），仅仅是它的真值通常为假而已。在 MTT 语义学里，"桌子"和"讲话"分别被解释为类型 $Table$ 和谓词 $talk : Human \to Prop$，而语句（3.20）会被解释为（3.22）。与蒙太古语义学不同，解释（3.22）不是合法的命题，在检测（3.22）的类型是否为 $Prop$ 时会出现错误。如果用语义的类型检测正确与否来衡量一句话或者一个词组是否有意义的话，那么这就表示（3.22）所解释的语句（3.20）是无意义的。

(3.20)(#) 桌子会讲话。（Tables talk.）

(3.21)(?) $\forall x : \mathbf{e}.\, table_M(x) \Rightarrow talk_M(x)$

(3.22)(#) $\forall t : Table.\, talk(t)$

我们认为，MTT 语义学对无意义语句之语义的处理方式比蒙太古语义学更为恰当。像（3.20）等通常被认为是无意义的语句，它们的 MTT 语义（如（3.22））是非法的，含有类型错误。换言之，在 MTT 语义学中，选择限制由类型检测来决定：假如只有人可以讲话，那么"讲话"的语义 $talk$ 便不能作用到桌子 t 上而

---

① 有些学者建议同时采用两种解释方法来表示通名的语义，以期灵活使用（见雷托雷（Retoré）的有关建议[198]）。例如，通名"男人"既解释为类型 Man，又解释为谓词 $man_M : \mathbf{e} \to \mathbf{t}$。这一想法很有吸引力，但需作进一步的可行性研究，因为，如若直接假设这两种语义等价的话（例如，假设对任意的 m，判断 $m : Man$ 是正确的当且仅当命题 $man_M(m)$ 为真），那么基础语言的良好性质将会被破坏。例如，若基础语言是简单类型论或现代类型论，那么，其类型检测的可判定性等性质便不再成立了。这无论是对简单类型论或现代类型论而言都是不可接受的。

形成 $talk(t)$，这一表达式无法通过类型检测。请注意，如上所述，类型检测是可判定的，而公式的真假是不可判定的，因此，类型检测在此的应用有着明显的优势。另外，类型检测的使用来源于将通名解释为类型：在上面的例子里，"人"和"桌子"被解释为类型 $Human$ 和 $Table$，并且它们不含有共享的对象，换言之，它们是互不相交的类型（见 2.5.3 节之定义 2.2）。

3. 丰富的类型结构在语义构造上的应用

现代类型论丰富的类型结构给语义构造提供了极为有力的工具，这种优越性将在本章下述各节及下一章中进一步讨论。这里就类型空间 CN（见 2.4.3 节之例 2.8）及其相关的多态机制在语义刻画上的应用举例说明。

在表 3.2 中，修饰动词的副词和广义量词的语义类型均用到了类型空间 CN 及其相关的多态机制。以副词"很快（地）"为例，它在蒙太古语义学中语义类型为（3.23），是将谓词映射到谓词的函数。

$$(3.23)\ quickly_M : (\mathbf{e} \to \mathbf{t}) \to (\mathbf{e} \to \mathbf{t})$$

请注意，在蒙太古语义学中，因为只有一个由所有实体组成的实体类型 $\mathbf{e}$，每个谓词都有相同的类型 $\mathbf{e} \to \mathbf{t}$。而 MTT 语义学则不同：通名被解释为类型，它不仅有一个实体类型，而是有很多实体类型，如 $Table$、$Student$、Man 等。在这种情况下，像"很快（地）"这样的副词的语义类型是什么呢？在这里，类型空间及多态机制颇为有用："很快（地）"的语义 $quickly$ 的类型为（3.24），当其作用到一个通名的语义 $A : \mathrm{CN}$ 时，$quickly(A)$ 的类型为（3.25），它将论域为 A 的谓词映射为同一论域的谓词。例如，假如动词"跑"的语义是 $run : Human \to Prop$，那么"跑得很快"将被解释为谓词（3.26）。

$$(3.24)\ quickly : \Pi A : \mathrm{CN}.\ (A \to Prop) \to (A \to Prop)$$

$$(3.25)\ quickly(A) : (A \to Prop) \to (A \to Prop)$$

$$(3.26)\ quickly(Human, run) : Human \to Prop$$

同样地，量词的语义类型也可以如此定义，3.3.2 节末尾关于量词"某些"的语义 $some$ 的类型便是一例：如表 3.2 所示，$some$ 的类型为（3.27）。

$$(3.27)\ some : \Pi A : \mathrm{CN}.\ (A \to Prop) \to Prop.$$

请注意，虽然 $some$ 可以作用到解释通名的类型和以该类型为论域的动词上而形成句子的解释（例如，（3.28）可被解释为命题（3.29）），但它不能作用到那些不是通名语义的类型上：例如，（3.30）不是一个合法命题，因为类型 $Prop \to Student$ 不是任何通名的语义（因此不是 CN 的对象）。

(3.28) 有的学生讲话。（Some students talked.）

(3.29) $some(Student, talk) = \exists x : Student. \, talk(x)$

(3.30) $(\#) \, some(Prop \to Student, ...)$

    Π 多态机制提供了一个非常有用的语义表达工具，使用它可以处理语义研究中的很多现象。倘若不使用 Π 多态机制的话，很难想象如何在 MTT 语义学中处理如上所述的副词或量词的语义问题。Π 多态机制的应用还在其他许多语义构造中体现出来，这包括对下属形容词的修饰语义的研究（见 3.4.2 节）。

3.3.4 子类型理论在 MTT 语义学中的应用

    子类型理论在语义学中起着重要的作用。如 2.5 节所述，强制性子类型理论[126, 149] 为现代类型论提供了适当的子类型理论，它一方面为 MTT 语义学奠定了坚实的基础，是其可行性的重要保证，而另一方面也为描述各种语言特征提供了非常有效的工具。下面就这两方面举例说明。

1. 子类型理论是 MTT 语义学必不可少的基础

    由于采用"通名即类型"的解释模式，子类型理论是 MTT 语义学不可缺少的基础之一。例如，假设张三是个男人并且《战争与和平》是一本很重的书，这二者的 MTT 语义可分别表示为（3.31）和（3.32），其中 $zhang$ 和 $W\&P$ 分别是"张三"和"《战争与和平》"的语义，类型 Man 和 $Book$ 分别是通名"男人"和"书"的语义，而谓词 $heavy$ 是形容词"很重（的）"的语义。

(3.31) $zhang : Man$

(3.32) $W\&P : \Sigma x : Book. \, heavy(x)$

那么，如何解释（3.33）～（3.35）这 3 个句子呢？若"读"的语义 $read$ 的类型为 $Human \to Book \to Prop$，通常的解释应该分别是式（3.36）～（3.38）：

(3.33) 张三读了一本书。（Zhang read a book.）

(3.34) 有人读了《战争与和平》。（Somebody read *War and Peace*.）

(3.35) 张三读了《战争与和平》。（Zhang read *War and Peace*.）

(3.36) $\exists b : Book. \, read(zhang, b).$

(3.37) $\exists h : Human.\, read(h, W\&P).$

(3.38) $read(zhang, W\&P).$

可是，这 3 个公式（3.36）～（3.38）乍一看似乎都有问题！二元谓词 $read$ 的第一个参数的类型应该是 $Human$，但在（3.36）和（3.38）里 $zhang$ 的类型是 Man，而非 $Human$；它的第二个参数的类型应该是 $Book$，而在（3.37）和（3.38）里 $W\&P$ 的类型是 $\Sigma x : Book.\, heavy(x)$，而非 $Book$。难道解释（3.36）～（3.38）是非法公式吗？事实上不是，原因是还没有考虑类型间的子类型关系。如果意识到存在子类型关系（3.39）和（3.40），则不难看出公式（3.36）～（3.38）都是合法的。

(3.39) $Man \leqslant Human$ （每个男人都是人。）

(3.40) $\Sigma x : Book.\, heavy(x) \leqslant Book$ （每本很重的书都是书。）

上述子类型关系（3.39）和（3.40）可以用强制性子类型机制来表示。如果 Man 是一个常量类型，可以假设存在一个常量强制转换 mh 使得 $Man \leqslant_{mh} Human$。如果 Man 被定义为 Σ 类型 $\Sigma x : Human.\, male(x)$，它仍是 $Human$ 的子类型，因为通常有子类型关系（3.41）；也就是说，对于任意类型 A 和任意谓词 $P : A \to Prop$，投射运算 π_1 是 $\Sigma x : A.P(x)$ 到 A 的强制转换（这是强制转换规则 (Σ_{π_1}) 的特例，见 2.5.2 节）：

(3.41) $\Sigma x : A.P(x) \leqslant_{\pi_1} A$

因此，子类型关系（3.39）成立。同样，作为（3.41）的特例，（3.40）也成立。请注意，上述由（3.41）表示的子类型关系是投射性子类型关系，它可用强制性子类型机制来描述，但在传统的包含性子类型理论中则无法描述（见 2.5 节）。

2. 强制性子类型理论在语义构造上的应用举例

除了应用于 MTT 语义的基本构造之外，强制性子类型机制在描述各种更为复杂的语义时也非常有用，这包括它在刻画否定性形容词修饰语义中的应用（见 3.4.3 节）以及在定义用于描述同谓现象的点类型中的运用（见 4.2 节）等。在此举另外两个例子加以说明。

第一个例子同如何描述（同音同形）异义词（homonym）的语义有关，讨论如何刻画语义的自动选择模型。如作者在 [134] 一文中指出，这可以通过使用强制性子类型机制以实现超载机制（overloading）[209] 来进行描述，从而进行恰当的语义自动选择，去除由异义词引入的歧义性。[①] 例如，在中文里，"花" 在句子 (3.42) 和 (3.43) 中的意思完全不同，前者用来表示某种花朵（是一个通名），而后者则用来表示花钱这一行为（是一个动词）。在英文里，单词 run 在句子 (3.44) 和 (3.45) 中的意思也完全不同，前者表示不及物动词 "跑"，而后者则表示及物动词 "经营"。

(3.42) 这花真漂亮。（The flower is so beautiful.）

(3.43) 张三花了很多钱买家具。（Zhang spent a lot of money on furniture.）

(3.44) John runs quickly.（约翰跑得很快。）

(3.45) John runs a bank.（约翰经营了一家银行。）

异义词 "花" 和 run 在不同的语境下有着不同的含义。例如，run 在句子 (3.44) 和 (3.45) 中的语义不同，分别为 run_1（"跑"）和 run_2（"经营"），其类型为 (3.46) 和 (3.47)：

(3.46) $run_1 : Human \to Prop$

(3.47) $run_2 : Human \to Institution \to Prop$

我们要建立一个词汇的语义选择模型，使得在给定的语境中，正确语义的自动选择成为可能。例如在语句 (3.45) 中，run 的语义 run_2 应被自动选择，而不是 run_1。

假设 w 是任意异义词，具有 n 个不同的含义 $w_i : A_i$，其中类型 A_i（$i = 1, \cdots, n$）互不相交（见 2.5.3 节之定义 2.9），而 $\mathbb{1}_w$ 为以 w 为唯一对象的单点类型 [②]。异义词 w 的语义可用如下的强制转换 c_i 来表示（$i = 1, \cdots, n$）：

$$c_i(w) = w_i$$

例如，在此模型下，run 的两个含义可由如下两个强制转换来描述（见图 3.1）：[③]

$$c_1(run) = run_1, \quad c_2(run) = run_2$$

---

① 有关词汇语义的选择模型，请参见普斯特约夫斯基（Pustejovsky）的有关工作[193]。强制子类型机制支持超载的实现[127]，并有效地应用于交互式证明的开发等[12]，而在此描述的则是它如何应用于词汇语义的刻画，从而实现正确语义的自动选择。

② 关于单点类型的推理规则，见附录 B.4：唯一的不同是将 $*$ 更换为 w。

③ 如果 run 有其他的含义，则可用更多的强制转换来进行描述。

c_1 ⟶ run_1: $Human \rightarrow Prop$

run: $\mathbb{1}_{run}$

c_2 ⟶ run_2: $Human \rightarrow Institution \rightarrow Prop$

图 3.1　用强制性子类型机制实现异义词语义的自动选择（以 run 为例）

这样的话，若 run 在句子（3.44）之类的语境 $C_1[run]$ 中出现，要求其语义类型为 $Human \rightarrow Prop$，那么强制转换 c_1 会自动被选中（见 2.5.2 节）：

$$C_1[run] = C_1[c_1(run)] = C_1[run_1]$$

也就是说，语义 run_1（"跑"）会自动被选为 run 在 $C_1[run]$ 中的语义。与此相似，若 run 在句子（3.45）之类的语境 $C_2[run]$ 中出现，要求其语义类型为 $Human \rightarrow Institution \rightarrow Prop$，则语义 run_2（"经营"）会自动被选为 run 在 $C_2[run]$ 中的语义。由此，在这样的模型下，若 $j : Human$ 为 John 的语义而 "很快（地）" 的语义 $quickly$ 的类型如表 3.2 所示，句子（3.44）和（3.45）会被分别解释为（3.48）和（3.49），由 run 产生的歧义性得以解决：

(3.48) ⟦John runs quickly⟧
$$= quickly(Human, run, j) = quickly(Human, run_1, j)$$

(3.49) ⟦John runs a bank⟧
$$= \exists b : Bank.\, run(j, b) = \exists b : Bank.\, run_2(j, b)$$

上述关于 run 的例子已在交互定理证明系统 Coq[53] 中实现（见 5.3.1 节）。

[备注]　某些异义词的不同含义可能具有相同的类型，因此无法通过类型检测来区分。例如，中文里的 "杜鹃" 作为通名既可以解释为一种花又可以解释为一种鸟，而英文里的通名 bank 或解释为银行或解释为河岸。它们都是异义词，但其歧义的消除取决于其他语境信息。为此，可以诉诸 "局部性强制转换"（local coercion），有关信息参见文献 [136]。

本节下一个例子取自亚瑟与作者的文章（见文献 [9]），讨论如何使用强制性子类型机制来描述语言学中的 "事件强迫" 等概念。① 该例不仅说明强制性子类型机制可用来描述语言中的强迫现象，而且是首次将基于依赖类型的（称为 "参数化强制转换" 的）子类型机制应用于语义刻画的例子。另外，在描述此例时还

---

① 在语言学文献中有大量关于 "强迫"（linguistic coercion）的研究（见普斯特约夫斯基所著文献 [193] 等）。请注意，在英文中，强制性子类型理论中的 "强制转换" 和语言学中的 "强迫" 都使用 coercion 来表达。这是两个相关但不同的概念，本书采用不同的中文译法将它们区分开来。

用到了戴维森（Davidson）提出的事件语义学[62]以及作者和索洛维耶夫关于依赖事件类型的研究[148]（见 4.4 节）。还要说明的是，虽然在中、英文中均存在事件强迫现象，但它们在英语里更为普遍，而汉语中较为缺乏（参见文献 [231] 等）。因此，下面用英语句子举例。

先来考虑下面关于英语动词 enjoy 的例子。① 直观来说，（3.50）的语义与（3.51）应该是一样的：

(3.50) Julie enjoyed a book.

(3.51) Julie enjoyed doing something with (e.g., reading, writing, ...) a book.

这说明及物动词 enjoy 的直接宾语应该是一个事件（其中 $Event$ 是所有事件组成的类型）：

$$enjoy : Human \rightarrow Event \rightarrow Prop$$

句子（3.50）的 MTT 语义应该是（3.52），其中 $j : Human$ 是 Julie 的语义：

(3.52) $\exists x : Book.\ enjoy(j, x)$

但是，公式（3.52）似乎并不是合法的：$enjoy(j)$ 的论域应是 $Event$，而不是 x 的类型 $Book$。这样的话，$enjoy(j, x)$ 便无法通过类型检测。怎样才能使（3.52）成为合法公式呢？强制性子类型理论提供了答案：只需表明子类型关系（3.53）成立即可（函数 $reading : Book \rightarrow Event$ 是一个强制转换）。这样的话，$enjoy(j, x)$ 便是一个合法公式，它等于 $enjoy(j, reading(x))$。用非形式的说法，句子（3.50）被转换为下面的（3.54），而其语义（3.55）与（3.52）是一样的（二者相等）。

(3.53) $Book \leqslant_{reading} Event,$

(3.54) Julie enjoyed reading a book.

(3.55) $\exists x : Book.\ enjoy(j, reading(x))$

请注意，上面只考虑了从 enjoy a book 到 enjoy reading a book 这一个事件强迫，并将其描述为强制性子类型关系（3.53）。然而，在一般情况下可能有多个事件强迫同时存在。例如，句子（3.50）的含义也可以是 Julie enjoyed writing a book。并且，这些事件强迫的适用范围也可能不同。请看如下与时间相关的动词（体动词，aspectual verbs）start、finish 和 last 的例子（3.56），其中相应于

---

① 动词 enjoy 可译为"很喜欢"，但它与"喜欢"不同，具有更强的事件强迫能力。

reading 和 writing 的两个事件强迫的适用范围不仅不同，还相互重叠。[①]

(3.56) Julie just started *War and Peace*, which Tolstoy finished after many years of hard work. But that won't last because she never gets through long novels.

接下来描述（3.56）的 MTT 语义。这里使用依赖事件类型的符号系统，它不光有所有事件所组成的类型 $Event$，而且有 $Evt_A(h)$ 等"依赖事件类型"（见4.4节）。例如，若 $h : Human$，则 $Evt_A(h)$ 是所有由 h 执行的事件所组成的类型。假设（3.56）中的各个动词具有如下类型：

$$start, \; finish, \; last : \Pi h : Human. \, (Evt_A(h) \to Prop)$$
$$read, \; write : \Pi h : Human. \, (Book \to Evt_A(h))$$

然后便可以考虑子类型关系（3.57）：

(3.57) $Book \leqslant_{c(h)} Evt_A(h)$

其中 $h : Human$ 且强制转换 $c(h) : Book \to Evt_A(h)$ 定义为

$$c(h, b) = \begin{cases} write(h, b) & \text{如果 } h \text{ 是 } b \text{ 的作者,} \\ read(h, b) & \text{否则} \end{cases}$$

换句话说，如果 h 是书籍 b 的作者，那么 b 就会被转换为 writing b，否则，它就被转换为 reading b。（这里做了简化：假设只有读和写两种行为，否则只需增加更多的情况即可。）

现在可以将（3.56）解释为命题（3.58），其中 j 和 t 分别解释 Julie 和 Tolstoy，而 $\Sigma b : Book. \, long(b)$ 则是 long book 的解释。

(3.58) $start(j, W\&P)$
$\quad \wedge \; finish(t, W\&P)$
$\quad \wedge \; \neg last(j, W\&P)$
$\quad \wedge \; \forall lb : (\Sigma b : Book. \, long(b)). \, \neg finish(j, lb)$

[①] （3.56）可翻译如下：
朱丽叶刚刚开始看托尔斯泰经过多年努力才写完的《战争与和平》。但这持久不了，因为她从来读不完篇幅很长的小说。

请注意，与英文不同，在中文里，"看""写""读"等动词更倾向于出现在句子表面，在多数情况下并不被省略。（请参见文献 [231]。）

由于有子类型关系（3.57），根据强制转换定义规则 (CD)（见 2.5.2 节），命题（3.58）等于（3.59），它们的不同仅仅是在（3.59）里插入了被省略了的强制转换 $c(j)$ 和 $c(t)$。

(3.59) $start(j, c(j, W\&P))$

$\quad \wedge\ finish(t, c(t, W\&P))$

$\quad \wedge\ \neg last(j, c(j, W\&P))$

$\quad \wedge\ \forall lb : (\Sigma b : Book.\ long(b)).\ \neg finish(j, c(j, lb))$

当强制转换 $c(j)$ 和 $c(t)$ 根据其上述定义被展开后便得到（3.60），因为 Tolstoy 是《战争与和平》（$W\&P$）的作者，而 Julie 不是。

(3.60) $start(j, read(j, W\&P))$

$\quad \wedge\ finish(t, write(t, W\&P))$

$\quad \wedge\ \neg last(j, read(j, W\&P))$

$\quad \wedge\ \forall lb : (\Sigma b : Book.\ long(b)).\ \neg finish(j, c(j, lb))$

请注意，（3.60）正是将（3.56）中因为事件强迫而隐去的动词添加到语句表面而得到的句子的语义。①

如若对上述变换过程不太明了，请参见下述等式：

$$start(j, W\&P) = start(j, c(j, W\&P)) = start(j, read(j, W\&P)).$$

上面这些公式分别是命题（3.58）、（3.59）和（3.60）的第一行：由于 $start(j)$: $Evt_A(j) \rightarrow Prop$ 并且 $W\&P : Book \leqslant_{c(j)} Evt_A(j)$，第一个等式成立；因为 Julie 不是《战争与和平》的作者，所以 $c(j, W\&P) = read(j, W\&P)$，第二个等式成立。上述公式的第 2～4 行的转换，与此相似。

上述例子（略为简化后）已在交互定理证明系统 Coq[53] 中实现（见 5.3.4 节）。

3.4　形容词修饰语义的研究

本节研究如何在现代类型论中描述形容词的修饰语义。② 在 MTT 语义学中，通名被解释为类型（而非谓词），因此由形容词修饰通名所得到的词组也要被解释

---

① 式（3.60）最后一行中的 $c(j, lb)$ 无法被进一步展开并简化的原因是由于 lb 是一个变量，因此无法得知它是什么书籍。另外要说明的是，$c(j, lb)$ 之所以是合法公式是因为子类型关系（3.41），即 $c(j) : Book \rightarrow Evt_A(j)$ 而 $lb : \Sigma b : Book.long(b) \leqslant Book$，因此 $c(j, lb) = c(j, \pi_1(lb))$ 是合法的。

② 本节基于作者与同事查齐基里亚基迪斯（Chatzikyriakidis）的工作[133, 36, 39] 等，但纠正了有关否定性形容词及非承诺形容词的不完全正确的处理方式，并做了若干其他改进。

为类型。换言之，作为从通名到通名的映射，形容词的修饰语义应描述为从类型到类型的映射（而不是像在蒙太古语义学那样是谓词到谓词的映射）。因此，本节关于形容词修饰语义的研究可视为一个经典案例，它从一方面表明了现代类型论丰富的类型结构在描述各种各样的语言特性时所起的关键作用。

根据逻辑语义学对形容词的传统分类[109, 179, 48, 166]，形容词可划分为 4 个主要种类（见表 3.3）：相交（intersective）形容词、下属（subsective）形容词、否定性（privative）形容词及非承诺（non-committal）形容词。[①] 表 3.3第二、三栏给出各类形容词及其修饰通名的例子，而第四栏则给出当各类形容词 A 在修饰名词 N 时所形成的"形-名组合"(A,N) 应有的推理模式。相交形容词的例子有"黑（的）""漂亮（的）"和"法国（的）"等。以"黑猫"为例，相关推理为："黑猫"既是黑色的又是猫。从某种意义上说，相交形容词"黑（的）"作为物体的属性与该物体是什么并无关系。但下属形容词则与此不同，其语义取决于所修饰名词代表的种类。例如，熟练的外科医生作为外科医生是熟练的，但这并不意味着此人做什么都熟练。诸如大/小、高/矮等有关尺寸的形容词也是如此。小象作为象类动物体积较小，但和鱼虾之类动物相比就并不小了。换言之，下属形容词的语义依赖于所修饰的名词，而相交形容词则不然。当使用否定性形容词修饰通名时，所得词组的属性和原名词相反（表 3.3中用否定符将此表示为"¬N"）。例如，通常来说，"假枪"并不是枪。非承诺形容词是我们考虑的最后一类，使用它们所得的词组既可能具有被修饰名词的属性，但也可能没有。例如，"被指控的"就是这样一个非承诺形容词：被指控的贼可能是贼也可能不是。[②]

表 3.3　形容词分类

分类	举例	修饰通名的例子	推理模式
相交形容词	黑（的）	黑猫	$(A,N) \Rightarrow N \wedge A$
下属形容词	小（的）	小象	$(A,N) \Rightarrow N$
否定性形容词	假（的）	假枪	$(A,N) \Rightarrow \neg N$
非承诺形容词	被指控（的）	被指控的凶手	$(A,N) \Rightarrow ?$

使用形容词修饰通名这一过程可建模为从通名到通名的映射。在传统的蒙太

---

① 术语"下属形容词"意味着该形容词不是相交形容词，但人们通常不再对此作说明。另外，在一些文献中，否定性形容词及非承诺形容词亦统称为非下属（non-subsective）形容词，而且学者们对是否存在否定性形容词存有争议（见文献 [182] 和 [181] 及 3.4.3节）。请注意，如上分类着重考虑推理性质，这与其他分类原则的着眼点不同。例如，汉语形容词有朱德熙[233] 等各种分类方法，其用途亦不同。

② 也有这样的形容词（如某些时态形容词），不同人对其分类持不同的观点。例如，有人认为"以前（的）"是否定性形容词，而有的人则不然，认为它是一个非承诺形容词，见 3.4.4节对此的进一步讨论。

古语义学[168] 中，通名的语义是表示"属性"（property）的谓词，其类型为 $e \to t$。因此可以将形容词对通名的修饰过程描述为从属性到属性的映射。以"黑猫"为例，形容词"黑（的）"的语义类型为 $(e \to t) \to (e \to t)$（或 $e \to t$），而"猫"的类型为 $e \to t$，将这两者组合而得到"黑猫"的语义，它也是一个表示属性的谓词，其类型仍为 $e \to t$。在蒙太古语义学中，如上所述的形容词分类可刻画如下[109]。假设某形容词的语义为谓词 $A : e \to t$，某通名的语义为 $N : e \to t$，则使用该形容词修饰该通名的语义 $[AN]$ 具有如下性质。

- 相交形容词：$\forall x : e.\ [AN](x) \Rightarrow A(x) \land N(x)$；
- 下属形容词：$\forall x : e.\ [AN](x) \Rightarrow N(x)$；
- 否定性形容词：$\forall x : e.\ [AN](x) \Rightarrow \neg N(x)$；
- 非承诺形容词：对非承诺形容词而言，$[AN]$ 没有约束条件。

在蒙太古语义学中，人们不得不采用所谓的"意义公设"（meaning postulate）作为额外条件对语义加以限制，以保证上述性质对下属形容词和否定性形容词成立。例如，"假（的）"是否定性形容词，其有关的意义公设则包括"假枪不是枪"等。需要指出的是，采用意义公设是人们的无奈之举，原因是，在蒙太古语义学使用的简单类型论中，定义形容词修饰语义时无法用语义类型来直接表达这些性质。在 MTT 语义学中，则不再使用这些额外的意义公设，而直接描述各类形容词修饰的语义类型。

与蒙太古语义学不同，在 MTT 语义学中通名被解释为类型，因此形容词对通名的修饰过程可描述为从类型到类型的映射。如表 3.4所示，该映射将形容词的语义（建模为简单谓词、多态谓词等）和通名的语义（建模为类型）相组合，其结果为一个新的类型（在大多数情况下，此类型可由 Σ 类型来表示）。如前所述（3.3.1节），用 Σ 类型描述形容词修饰语义的想法最初由莫尼奇[165] 及桑德霍尔姆[210] 提出，然后兰塔[197] 做了进一步研究并指出动词语义类型的多样化问题。然而，由于没有恰当的子类型机制，所提出的建模方法并不理想。① 将强制性子类型理论引入 MTT 语义学，解决了这一问题[132, 136]。另外，作者在文献 [135] 和 [141] 中指出，要想用 Σ 类型来恰当地描述形容词修饰语义还必须解决另一问

---

① 兰塔在文献 [197] 的 3.3 节讨论了动词语义类型的多样化问题，并提出了 3 个可能的解决方案。第一个建议是放弃使用 Σ 类型的提议及"通名即类型"的语义模式，回到原来的蒙太古语义学"通名即谓词"的解释方式（这显然不可取，它不仅违背了使用依赖类型论的初衷，而且将失去使用现代类型论的种种优势）。第二个建议是使用诺德斯特龙（Nordström）等在文献 [176] 第 18 章提出的子集类型的概念（但这一概念不适合用于现代类型论，它使现代类型论丧失正规化（normalisation）性质并且类型检测（type-checking）也是不可判定的）。兰塔的第三个建议是使用关于 Σ 类型的投射演算 π_1；这与我们使用子类型机制的提议[132] 相当接近，仅一步之遥：所不同的是当我们采用子类型关系（3.41）时，π_1 是隐式的强制转换，在语义中得以省略。

表 3.4　形容词及其修饰的 MTT 语义

分类	形容词及其修饰语义的现代类型论描述机制
相交形容词	简单谓词和 Σ 类型
下属形容词	多态谓词和 Σ 类型
否定性形容词	多态谓词、不相交并类型和 Σ 类型
非承诺形容词	特有谓词等

题，即作为基础语言的现代类型论要具有称为"证明无关性"（proof irrelevance）的性质，才能保证这一方法是正确可行的。证明无关性是说，对类型论中任一逻辑命题，它的证明都是相等的。例如，在统一类型论等非直谓类型论中，证明无关性可刻画为如下规则：

$$(PI) \qquad \frac{P:Prop \quad p:P \quad q:P}{p = q:P}$$

如果不满足证明无关性，则使用 Σ 类型的建模方法存在所谓的"计数问题"，是不正确的。这点略显微妙，虽然重要但很少被人们意识到，见 3.4.1 节以"黑猫"为例的解释以及 3.5 节的进一步讨论。

综上所述，在 MTT 语义学中，当类型论辅以强制性子类型机制并具有证明无关性这一性质时，其 Σ 类型可用来描述形容词的修饰语义。以下诸小节针对各类形容词研究其语义类型并讨论如何设计从类型到类型的映射，从而描述它们的修饰语义。

3.4.1　相交形容词

在 MTT 语义学中，类型为 $A \to Prop$ 的简单谓词可用来描述相交形容词的语义，而现代类型论的 Σ 类型可同强制性子类型理论一起用来描述相交形容词修饰通名的语义。例如，"黑（的）"的语义 $black$ 是以所有物体的类型 $Object$ 为论域的谓词，其类型为（3.61）。因此，若"猫"被解释为类型 Cat，则"黑猫"的语义为（3.62）中的 Σ 类型。请注意，虽然 $black$ 的论域并不是 x 的类型 Cat，但由于子类型关系（3.63），$black(x)$ 以及 Σ 类型（3.62）是合法的。并且，子类型关系通过 Σ 类型的构造算子所传播（见 2.5.2 节的规则 (Σ_P)）：由于子类型关系（3.63），因此（3.64）成立：所有黑猫都是黑色的物体。

$(3.61)\, black : Object \to Prop$

(3.62) $\Sigma x : Cat.\ black(x)$

(3.63) $Cat \leqslant Object$

(3.64) $\Sigma x : Cat.\ black(x) \leqslant \Sigma x : Object.\ black(x)$

上述建模方法满足关于相交形容词修饰语义的推理性质（如表 3.3所示）：

(3.65) $(A, N) \Rightarrow N$

(3.66) $(A, N) \Rightarrow A$

假设 $[N]$ 和 $[A]$ 分别是通名 N 和形容词 A 的语义，关于（3.65）和（3.66）的推理如下：

- 因为子类型关系 (Σ_{π_1}) 或者它的特例（3.41）（见 2.5.2节或 3.3.4节），$\Sigma x : [N].[A](x) \leqslant [N]$。因此，性质（3.65）成立。
- 根据 Σ 类型的投射运算 π_2，如果 $(n, p) : \Sigma x : [N].[A](x)$，那么 $[A](n)$ 为真（$\pi_2(p)$ 是它的证明）。因此，性质（3.66）成立。

以"黑猫"为例，下述（3.67）和（3.68）均成立：

(3.67) 黑猫是猫。（$\Sigma x : Cat.\ black(x) \leqslant Cat$）

(3.68) 黑猫是黑色的。（若 $(c, b) : \Sigma x : Cat.black(x)$，则 $b : black(c)$。）

值得指出的是，上述方法必须满足证明无关性才是正确可行的。以"黑猫"为例：根据直觉，两只黑猫是同一只黑猫当且仅当它们是同一只猫，至于如何证明它们是黑色的无关紧要。若以 Σ 类型（3.62）表示黑猫的语义，假如 $c : Cat$ 且 p 和 q 均为 $black(c)$ 的证明，那么 (c, p) 和 (c, q) 应该相等：换言之，应有 $p = q$。这就是证明无关性（见上述规则 (PI) 以及 3.5节的进一步讨论）。

3.4.2 下属形容词

首先说明，像描述相交形容词那样使用简单谓词来描述下属形容词的语义是错误的。例如，如果"大象"和"动物"分别解释为类型 $Elephant$ 和 $Animal$（$Elephant \leqslant Animal \leqslant Object$），形容词"小"的语义用简单谓词 $SMALL : Object \rightarrow Prop$ 来描述，并使用 Σ 类型（3.69）和（3.70）分别解释"小象"和"小动物"，那么由于子类型关系 $Elephant \leqslant Animal$ 通过 Σ 而传播（见 2.5.2节的规则 (Σ_P)），有（3.71），从而错误地得出结论说"小象是小动物"。

(3.69) (#) $[小象] = \Sigma x : Elephant.\ SMALL(x)$

(3.70) (#) [小动物] $= \Sigma x : Animal.\ SMALL(x)$

(3.71) $\Sigma x : Elephant.\ SMALL(x) \leqslant \Sigma x : Animal.\ SMALL(x)$

因此可知，把"小象"和"小动物"解释成（3.69）和（3.70）是错误的。

在 MTT 语义学中，下属形容词的语义可使用"多态谓词"来描述[36, 39]，这些多态谓词有如下的多态类型：

$$\Pi A : \mathsf{CN}.\ (A \to Prop)$$

它们采用与类型空间 CN 相关的多态机制（见 2.4.3节中例 2.8），以描述该谓词的论域 A 随着被修饰通名的不同而变化，从而恰当地刻画了下属形容词的语义。例如，"小"的语义为具有类型（3.72）的多态谓词 $small$。若某通名的语义为 $A : \mathsf{CN}$，那么 $small(A)$ 是论域为 A 的谓词（类型为 $A \to Prop$），而且对不同的通名语义 A 和 B，$small(A)$ 和 $small(B)$ 很可能不同。例如，假如 $Cubby : Elephant$ 是一头小象，那么就很可能有：$small(Elephant, Cubby) = \mathbf{true}$，而 $small(Animal, Cubby) = \mathbf{false}$。当"小"的语义用多态谓词 $small$ 来解释时，"小象"和"小动物"便可分别解释为（3.73）和（3.74）。

(3.72) $small : \Pi A : \mathsf{CN}.\ (A \to Prop)$

(3.73) [小象] $= \Sigma x : Elephant.\ small(Elephant, x)$

(3.74) [小动物] $= \Sigma x : Animal.\ small(Animal, x)$

如上例所示，对下属形容词而言，可使用多态谓词刻画它的语义并使用 Σ 类型描述其修饰语义。这一建模方案是正确可取的。一方面，这一语义显然满足有关下属形容词修饰的推理要求 (A,N)⇒N。例如，有（3.75），即每个小动物都是动物。

(3.75) $\Sigma x : Animal.\ small(Animal, x) \leqslant Animal$

而且，在另一方面，作为下属形容词的语义，多态谓词取代了简单谓词，因此 $small(Elephant)$ 和 $small(Animal)$ 是不同的谓词，无法再得到像"小象是小动物"等错误结论。

下面考虑如何解释下属形容词"熟练（的）"（skilful）。上文解释了如何使用类型空间 CN 来解释"小（的）"等下属形容词（见（3.72）），那么，可以同样地解释"熟练（的）"吗？

(3.76) (#) $skilful : \Pi A : \mathsf{CN}.\ (A \to Prop)$

不幸的是，（3.76）并不合适。尽管仍有"熟练的医生"（3.77）、"熟练的音乐家"（3.78）等不同的谓词，但也产生了"熟练的楼房"（3.79）等显然不合理的词组，它们应该被排除在外。

(3.77) $skilful(Doctor) : Doctor \to Prop$

(3.78) $skilful(Musician) : Musician \to Prop$

(3.79) $(\#)\ skilful(Building) : Building \to Prop$

如何才能排除像（3.79）这样不合理的组合呢？在这里，可以使用子类型类型空间（见 2.5.3 节）来达到这一目的：引入子类型类型空间 CN_H，它由类型 $Human$（"人"的语义）的子类型所组成（CN_H 之下标 H 是 $Human$ 的首字母）。换句话说，子类型类型空间 CN_H 有以下引入规则：

$$\frac{A : \mathsf{CN} \quad A \leqslant Human}{A : \mathsf{CN}_H}$$

然后，"熟练（的）"便可以被赋予如下的语义类型：

(3.80) $skilful : \Pi A : \mathsf{CN}_H.\ (A \to Prop)$

这样的话，仍有像 $skilful(Doctor)$ 这样的谓词（因为 $Doctor \leqslant Human$），但排除了诸如 $skilful(Building)$ 这样的词组：因为 $Building \not\leqslant Human$，因此 $skilful(Building)$ 无法通过类型检测。

3.4.3 否定性形容词

否定性形容词的例子有"假（的）""假想（的）"和"虚构（的）"等。通常，人们认为它们表达某种否定性质（3.81），由它们修饰所形成的名词词组同被修饰名词的性质相反，如例（3.82）所示。

(3.81) $(A, N) \Rightarrow \neg N$

(3.82) 假枪不是（真）枪。（A fake gun is not a (real) gun.）

值得指出的是，人们对这类形容词是否确实具有像（3.81）所示的否定性并无普遍共识。例如，帕蒂（Partee）[182, 181] 认为，"假（的）"这类形容词并没有（3.81）意义下的否定性，它们实际上同下属形容词类似，其解释应和下属形容词相似并同时使用类型转换（type-shifting）和语义强迫（linguistic coercion）加以完善。如在例（3.83）和例（3.84）中，帕蒂认为名词"皮子"的语义应该同时包括真毛皮和假毛皮。

(3.83) 我不在乎那个皮子是假皮子还是真皮子。

（I don't care whether that fur is fake fur or real fur.）

(3.84) 我不在乎那皮子是假的还是真的。

（I don't care whether that fur is fake or real.）

在 MTT 语义学中，作者在文献 [133] 中提出了在描述否定性形容词的修饰语义时采用不相交并类型的想法，并在文献 [43]3.3.3 节中做了进一步发展。① 下面以"假枪"为例进行说明。首先，直观地讲，所有枪支组成的类型可以认为是由真枪和假枪共同组成的。使用不相交并类型可将此形式化如下（所有枪支的类型 G 可定义为 $G_R + G_F$，其中 G_R 和 G_F 分别是真枪和假枪所组成的类型）：

(3.85) $G = G_R + G_F$

如此给出了枪支的类型，则可定义如下描述"枪是否为假"及"枪是否为真"的谓词 $fake_g$ 和 $real_g$：

(3.86) $fake_g : G \rightarrow Prop$

$fake_g(inl(r)) = \textbf{false}$ 且 $fake_g(inr(f)) = \textbf{true}$

(3.87) $real_g : G \rightarrow Prop$

$real_g(inl(r)) = \textbf{true}$ 且 $real_g(inr(f)) = \textbf{false}$

然后可以使用 Π 类型和基于类型空间 CN 的多态机制给出诸如"假（的）"等否定性形容词的类型（3.88）。如（3.89）和（3.90）所示，就枪支而言，"假（的）"和"真（的）"的语义正是上面所定义的 $fake_g$ 和 $real_g$，而"假枪"和"真枪"的语义则可分别被定义为（3.91）和（3.92）。

(3.88) $fake, real : \Pi A : \textsf{CN}. (A \rightarrow Prop)$

(3.89) $fake(G) = fake_g : G \rightarrow Prop$

(3.90) $real(G) = real_g : G \rightarrow Prop$

(3.91) $[假枪] = \Sigma g : G. fake(G, g)$

(3.92) $[真枪] = \Sigma g : G. real(G, g).$

---

① 关于不相交并类型，见 2.2.3节。

如此建立否定性形容词的语义模型，便可得到如期的推理。例如，下述句子（3.93）
和（3.94）的语义分别为（3.95）和（3.96），二者均为真。

(3.93) 那把枪不是真枪就是假枪。（That gun is either real or fake.）

(3.94) 假枪不是（真）枪。（A fake gun is not a (real) gun.）

(3.95) $real(G, g) \lor fake(G, g)$，其中 $g : G$ 是"那把枪"的解释。

(3.96) $\forall f : [\Sigma g : G.\ fake(G, g)].\ \neg real(G, f)$.

在（3.96）中，$real(G, f)$ 之所以合法是因为子类型关系 $\Sigma g : G.\ fake(G, g) \leqslant G$
成立。

请注意，上述在 MTT 语义学中定义否定性形容词修饰语义的方法符合帕蒂
的观点，即否定性形容词实际上是从属形容词，像处理从属形容词那样，使用 Π
多态机制来给出否定性形容词的类型。虽然作者产生此想法的背景与帕蒂截然不
同，但仔细推敲，二者在非形式层面有相似之处。

3.4.4　非承诺形容词

非承诺形容词的例子包括"被指控（的）""潜在（的）""有争议（的）"等，
其修饰语义没有任何推理性质的要求。例如，被指控的罪犯可能是罪犯，但也可
能不是。对这类形容词的语义，人们通常不作一般性刻画，而是对每一个这样的
形容词 Adj 用一特有谓词 H_{Adj} 进行描述，其中 $Human$ 为所有人组成的类型：

(3.97) $H_{Adj} : Human \rightarrow Prop \rightarrow Prop$

以"被指控（的）"为例：被指控的杀人凶手是被某人指控为杀人凶手的人，而其语
义则由如下（3.98）中的函数 H_A 所描述（H_A 的下角标 A 是"被指控（的）"（al-
leged）一词的英文首字母）：

(3.98) $H_A : Human \rightarrow Prop \rightarrow Prop$

直观来说，$H_A(h, P)$ 表示"h 声称 P 为真"。例如，句子（3.99）和（3.100）可分
别解释为（3.101）和（3.102），其中命题 $murder(y)$ 是"y 是杀人凶手"的语义。

(3.99) 张三是被指控的杀人凶手。（Zhang is an alleged murderer.）

(3.100) 李四讨厌所有被指控的杀人凶手。（Li hates every alleged murderer.）

(3.101) $\exists h : Human.\ H_A(h, murder(zhang))$

(3.102) $\forall x : Human. [\exists h : Human.H_A(h, murder(x))] \Rightarrow hate(li, x)$

另外，由于"被指控的杀人凶手"就是"被某人指控为杀人凶手的人"，因此其语义可使用 Σ 类型描述如下：

(3.103) $\Sigma h : Human. \exists x : Human.H_A(x, murder(h))$

3.4.5 关于时态形容词的讨论 [①]

诸如"以前（的）""未来（的）"等时态形容词可以用来修饰通名，如下面的例子所示：

(3.104) 他是以前的总统。（He is a former president.）

(3.105) 她是我以前的老师。（She is my former teacher.）

如道蒂（Dowty）等人[67] 所建议的那样，"以前（的）"（former）是一个否定性形容词，由它修饰通名所构成的"形-名"结构短语具有如下所示的推理性质：

(3.106) (former,N) $\Rightarrow \neg$N

因此，（3.104）蕴涵（3.107），（3.105）蕴涵（3.108）。

(3.107) 他不是现在的总统。（He is not the current president.）

(3.108) 她目前不是我的老师。（She is not my current teacher.）

道蒂等人在文献 [67] 中使用了时间模型来刻画"以前（的）"等作为否定性形容词的语义。

如果同意道蒂等人的观点，将"以前（的）"等视为否定性形容词，那么在 MTT 语义学中，它们的语义与"假（的）"相似，可使用不相交并类型及 Π 多态来描述（见 3.4.3节）。例如，若 $PR_{current}$、PR_{former} 和 PR_{future} 分别是由"当前的总统""以前的总统"和"未来的总统"的语义类型，则可定义"总统"的语义为

(3.109) $PR = PR_{current} + (PR_{former} + PR_{future})$

而"以前（的）"的语义类型为 [②]

(3.110) $former : \Pi A : \mathsf{CN}. (A \rightarrow Prop)$

---

① 作者与同事石运宝和薛涛在撰写文献 [236] 时，审稿人提出了一个关于时态形容词的问题，本节的讨论基于对该问题的回答。

② 简单起见，这里允许 former 作用于任何一个通名。有人可能认为这不太合适，觉得 former 应该只用于某些通名。对此，可以使用 CN 的一个子类型 $\mathsf{CN}_s \leqslant \mathsf{CN}$ 作为 former 的论域，其中下角标 s 表示 CN_s 中的通名是所谓的 stage level common nouns，有关讨论请参见文献 [39]。

关于通名"总统"（语义为（3.109）中定义的 PR），多态谓词 $former$ 定义为

$$former(PR, x) = \begin{cases} \textbf{false} & \text{若 } x = inl(p), \text{ 其中 } p : PR_{current} \\ \textbf{true} & \text{若 } x = inl(inr(p)), \text{ 其中 } p : PR_{former} \\ \textbf{false} & \text{若 } x = inr(inr(p)), \text{ 其中 } p : PR_{future} \end{cases}$$

从而，"以前的总统"的语义如下：

(3.111) [以前的总统] $= \Sigma x : PR.\ former(PR, x)$

这样的话，与 3.4.3 节的例子（3.94）相类似，可以得到（3.104）的语义蕴涵（3.107）的语义以及（3.105）的语义蕴涵（3.108）的语义等推理结果。

请注意，也可能出现以下这些例子所描述的微妙情形：

(3.112) 他是以前的总统，碰巧也是这一届的总统。

(3.113) 她是我以前的（初中）老师，碰巧是我现在的（大学）老师。

如果将上述例子所示的种种情况考虑进来的话，那么在描述"以前（的）"等时态形容词的语义时就需要考虑其他的因素，较仔细地描述时间等概念（就像道蒂等人使用的时间模型那样）。并且，这样的话，形容词"以前（的）"等严格说来便不再是否定性形容词了（见 71 页脚注②）。在 MTT 语义学的框架下，亦可考虑时间参数，将通名的语义参数化，从而给出相应的语义，在此不作详细讨论。

3.5　证明无关性及关于回指语义的说明

3.4 节描述了如何使用 Σ 等类型算子对形容词修饰语义进行刻画，并指出这一方法的正确性取决于作为基础语言的类型论是否满足证明无关性（proof irrelevance）的性质。本节首先进一步阐述证明无关性及其在 MTT 语义学中所起的重要作用，然后以此为基础就驴句中的回指现象（anaphora in donkey sentence）在类型论中如何表达进行研究。

3.5.1　证明无关性及其在 MTT 语义学中的重要性

在现代类型论中，根据命题即类型的原则，每个逻辑命题均是类型，一个逻辑公式为真当且仅当存在该公式的证明，即表示该公式的类型非空（见 2.4.1 节）。

请注意，如果一个逻辑公式为真，那么它的证明并不一定是唯一的，可能有很多个，各不相等。在 MTT 语义学中，通名的语义为类型，而这种证明的不唯一性给描述通名的等同标准带来了困难，表示通名语义的类型的大小与所期望的不符，从而导致错误的语义。例如，在使用 Σ 类型来刻画形容词的修饰意义时便碰到了这样的问题（见 3.4.1 节末尾关于"黑猫"的例子）。因此，作者在文献 [135] 中提出，应在作为基础语言的类型论中引入"证明无关性"原则，从而保证语义描述的正确性。

下面举例对此做进一步说明。但在此之前，首先引入有穷类型及其势的概念。直观来说，一个类型 A 是有穷的是说它含有有穷多个对象，因此可将它的大小，或称为"势"（cardinality），定义为它所含对象的数目。例如，若一个 Σ 类型是有穷的，那么它的势就是属于它的序对的数目。2.2.4 节定义的类型 $Fin(n)$ 是含有 n 个对象的类型，因此一个类型 A 是有穷的当且仅当它和某个 $Fin(n)$ 同构，而这时 n 便是它的势，记为 $|A|$，定义如下。

定义 3.1 (有穷类型的势)

- 令 A 和 B 为类型。若在类型论中存在双射函数 $f : A \to B$，[①] 则称 A 和 B 是同构的，记为 $A \cong B$。
- 令 A 为类型。若存在 $n : Nat$ 使得 $A \cong Fin(n)$，则称 A 是有穷的，并定义 n 为 A 的势，记为 $|A| = n$。

现在举例说明为何需要保证证明无关性的成立。假设在一个院子里有几只猫，其中就一只是黑的。考虑例句 (3.114)，其语义可表示为 (3.115)，其中 $C \leqslant Cat$ 是该院子里的猫所组成的类型。

(3.114) 院子里只有一只黑猫。（There is only one black cat in the courtyard.）

(3.115) $|\Sigma x : C. \, black(x)| = 1$

尽管 (3.114) 应该为真，但其语义 (3.115) 的真假却取决于命题 $black(x)$ 有多少证明。如果 $b : C$ 是黑的，而且 $black(b)$ 的证明方式不止一个，那么 $|\Sigma x : C. \, black(x)|$ 就大于 1 了，(3.115) 便不再为真。换言之，一只黑猫只能算作一只猫，而如何证明它是黑的则与计数无关。这一例子表明，若想保证语义的正确性，需要保证证明无关性，即同一命题的证明都是相等的。这样，命题证明的多少便与计数无关了，从而保证了语义的正确性。

---

① $f : A \to B$ 是双射函数当且仅当如下条件成立（即在类型论中存在它们的证明）：
· $\forall x, y : A. \, f(x) =_B f(y) \Rightarrow x =_A y$ （f 是内射函数）；
· $\forall z : B \exists x : A. \, f(x) =_B z$ （f 是满射函数）。

作者在 [135]、[141] 等文中指出，证明无关性对 MTT 语义的正确性至关重要。在统一类型论等非直谓类型论中，逻辑命题与其他的类型可严格区分开来（前者的类型为 $Prop$），因此可直接引入如下的规则来刻画证明无关性[217, 135]：①

$$(PI) \qquad \frac{P:Prop \quad p:P \quad q:P}{p=q:P}$$

也就是说，若 p 和 q 均是同一逻辑命题的证明，那么二者相等。根据上述规则，任何一个逻辑命题要么是空类型（当该命题不真时），要么是仅有一个对象的类型（当该命题为真时）。换言之，（3.116）成立。以 Σ 类型为例，如下（3.117）所述为真。对例句（3.114）及其语义（3.115），有（3.115）为真。

(3.116) 若 $P:Prop$，则 $|P| \leqslant 1$。

(3.117) 若 A 是有穷类型且 Q 是以 A 为论域的谓词，则 $|\Sigma x:A. \, Q(x)| \leqslant |A|$。

如作者在文献 [135] 中指出，能否在现代类型论中引入证明无关性原则取决于在该类型论中可否明确区分逻辑类型和其他类型。在统一类型论中，这相当简单：一个类型是逻辑类型当且仅当它是 $Prop$ 的对象（如上述规则所示）。而这在马丁–洛夫类型论等直谓类型论中则不然。例如，在马丁–洛夫类型论中，逻辑命题和类型不加区分，因此证明无关性就意味着所有类型要么是空的要么就是单点类型，这显然是荒谬的。若有人希望使用直谓类型论研究 MTT 语义学，这也是可行的，但需要寻求新的途径。②

3.5.2　关于驴句及回指语义的讨论

本节关于驴句（donkey sentence）及回指语义的讨论基于文献 [142] 等文章。所谓驴句，是指一类特殊的句子，它们使用的不定名词词组在句子的其他部分被

---

① 这里需要说明的是，倘若在非直谓类型论中的命题等式具有所谓的"强消去规则"（large elimination），那么引入证明无关性是不可行的，所得到的类型论不满足强正规化性质，详见文献 [1]。在维沃纳（Werner）所描述的系统中[217]，命题等式具有强消去规则，因此不能直接引入证明无关性。然而，并非所有的非直谓类型论都含有等式的强消去规则。在统一类型论[125] 中，如 2.4.1 节中（2.18）所定义的莱布尼茨等式便不具有强消去规则（它只有通常的消去规则），因此在统一类型论中引入证明无关性是可行的。

② 直谓类型论可用作 MTT 语义学的基础语言。然而，如上所述，不能直接把马丁–洛夫类型论（MLTT）之类的直谓类型论用于 MTT 语义学，需要进行适当的扩充。例如，作者在文献 [141] 中提出不再使用 MLTT 的 PaT 逻辑（它将类型和命题等同起来，见第 3 页脚注①），而增加同伦类型论的逻辑系统（即沃沃茨基的"h-逻辑"）[102]，从而将 MLTT 扩展为 $MLTT_h$，用以研究 MTT 语义学。（若用 $HoTT$ 代表文献 [102] 中所描述的同伦类型论系统，那么 $MLTT_h = HoTT - (UA + HIT)$，其中 UA 表示"univalence 公理"，而 HIT 是指（所有的）高等归纳类型（higher inductive type）。）由于（命题性）证明无关性是 h-逻辑所具有的性质，$MLTT_h$ 可对驴句的回指语义等同样给予恰当的描述（见 3.5.2 节）。有关详情及进一步讨论参见文献 [141]。

回指引用。驴句的例子包括（3.118）和（3.119），其中代词 it 和"它"分别引用句中的不定名词词组 a donkey 和"信用卡"。

(3.118) Every farmer who owns a donkey beats it.

（每个有毛驴的农夫都会揍它。）

(3.119) 每个有信用卡的人买了电视机都会用它来付账。

（Every person who has a credit card and buys a TV uses it to pay the bill.）

不定名词词组的逻辑语义通常用存在量词来描述，这一描述方法最初由罗素提出[203]，在形式语义学研究中被广为接受。然而，对驴句而言，进行回指引用的代词往往出现在该存在量词的辖域之外，因而给相关的语义研究带来了挑战[79]。在通常的逻辑系统中，给定 $\exists x.P(x)$ 的一个证明，尽管我们知道存在某个对象使得谓词 P 成立，但是并不知道该对象是哪一个。正是因为这一点，人们无法在存在量词的辖域之外进行回指引用。例如，在蒙太古语义学里，（3.118）的组合语义应该是（3.120）：

(3.120) (#) $\forall x. [farmer(x) \& \exists y.(donkey(y) \& own(x,y))] \Rightarrow beat(x,y)$

但（3.120）并不表达（3.118）的真正语义，因为其中 $beat(x,y)$ 里的自由变量 y 出现在存在量词 $\exists$ 的辖域之外，与其绑定变量并不相同。

语义学界对驴句（及一般性回指语义）的研究非常重视，研究并发展了动态语义学，其代表性理论包括话语表达理论（discourse representation theory）[110]、文档变换语义学（file change semantics）[97] 和动态谓词逻辑（dynamic predicate logic）[89] 等。尽管很多研究语义学的学者认为这些动态语义系统为研究回指语义提供了恰当的描述机制，但必须强调的是，如果采用动态语义学来进行形式语义研究的话，那就意味着人们需要对形式语义学的基础语言及其逻辑系统作很大的变动，原因是这些动态语义学都以非标准的逻辑系统作为其逻辑基础，它们与传统逻辑有很大的区别（例如，动态谓词逻辑是非单调逻辑系统，其动态蕴涵关系（dynamic entailment）不具有自反性和可传递性[89, 81]）。因此，人们是否应当由于回指语义研究的困难而对形式语义的逻辑基础做如此大的变动，这一问题值得商榷。

如 3.3.1 节所述，莫尼奇和桑德霍尔姆在 20 世纪 80 年代提出了使用马丁–洛夫类型论来研究驴句语义的想法，其中 Σ 扮演着双重角色，同时用于两个用途：

既用来表示子集概念，又用来表示存在量词。[①] 例如，假设通名"农夫"和"毛驴"的语义分别是类型 $Farmer$ 和 $Donkey$，那么在马丁–洛夫类型论中驴句（3.118）便可被解释为（3.121），其中 F_Σ 如（3.122）所定义，用以表示"拥有毛驴的农夫"的语义（至少这是使用 F_Σ 的初衷，见下文）：

(3.121) $\forall z : F_\Sigma. beat(\pi_1(z), \pi_1(\pi_2(z)))$

(3.122) $F_\Sigma = \Sigma x : Farmer\ \Sigma y : Donkey. own(x, y)$

由于 Σ 类型具有投影运算，因此其绑定变量所代表的实体可在其辖域之外被引用：（3.121）中的 $\pi_1(z)$ 和 $\pi_1(\pi_2(z))$ 就是这样的引用例子。

在（3.122）中，类型 F_Σ 中含有两个 Σ，它们分别扮演不同的角色，用途不同：第一个 Σ 用于描述"拥有毛驴的农夫"这一子集，而第二个 Σ 则用作存在量词来表示"存在毛驴 y 被农夫 x 所拥有"。正是由于 Σ 扮演这样的双重角色，如上的建模方法并不恰当。例如，类型 F_Σ 并不表示"拥有毛驴的农夫"，实际上，该类型的大小（即它的势 $|F_\Sigma|$）与拥有毛驴的农夫的数目并不相同，因为 $|F_\Sigma|$ 是三元组 (x, y, p) 的数目，其中 p 是农夫 x 拥有毛驴 y 的证明。举例来说，假设一共有十个农夫，他们都拥有毛驴，其中一人有十匹毛驴并且揍打其每一匹，而另外九人每人只有一匹毛驴，并且都不揍它们。这样有：$|F_\Sigma| \geqslant 19$（这是不等式的原因是，对农夫 x 及毛驴 y 而言，命题 $own(x, y)$ 的证明可能多于一个），远远大于 10（拥有毛驴的农夫的人数）。

有的读者可能会问，这种关于计数的差别会有什么问题吗？是的，这会导致语义错误，现在用如下的例句（3.123）加以说明，[②] 该语句可视为将（3.118）中的 Every 换成广义量词 Most 即可，它在马丁–洛夫类型论中的语义使用 Σ 类型可表示为（3.124），其中 F_Σ 如（3.122）所定义，而 $Most_S$ 由桑德霍尔姆所定义[211]（S 是其英文姓名的首字母）：对任意有穷类型 A，$Most_S\ x : A.P(x)$ 为真当且仅当 A 中多于半数的对象满足谓词 P。

(3.123) Most farmers who own a donkey beat it.

（多数有毛驴的农夫们都会揍毛驴。）

(3.124) $Most_S\ z : F_\Sigma. beat(\pi_1(z), \pi_1(\pi_2(z)))$

---

① 在马丁–洛夫类型论中，$\Sigma x : A.P(x)$ 被用来表示"存在 A 的对象 x 使得 $P(x)$ 成立"。使用算子 Σ 表示存在量词与直觉主义哲学思想有关；较为激进的直觉主义者认为，在逻辑演算中应该能够从一个存在性语句的证明中得到使其谓词为真的实体，而使用 Σ 来表示存在量词便满足了这一要求：若 $p : \Sigma x : A.P(x)$，则 $\pi_1(p) : A$ 正是使 P 为真的实体。因此，将 Σ 与 $\exists$ 相比较，Σ 类型具有 π_1 这样的投射运算，是一种较强形式的"求和算子"（strong sum），而通常的存在量词 $\exists$ 则没有这样的投射运算，形式较弱（weak sum）。

② 在此特别感谢贾斯蒂娜·格鲁津斯卡（Justyna Grudzińska）关于此例所进行的讨论。

在上一段所描述的情形下，语句（3.123）应该为假（十个拥有毛驴的农夫中只有一个揍他的毛驴），但其"语义"（3.124）却可能是真的，因此该语义显然是错误的。导致这种错误的原因是用来表示存在量词的 Σ 比通常的存在量词 $\exists$ 更强，是具有像 π_1 这样的投影运算的类型算子，由其表达的命题的证明本不该在计数中起任何作用，但也被算了进去（在上述关于驴句的语义解释里，F_Σ 中的第二个 Σ 代表存在量词，因此 $\Sigma y : Donkey.\, own(x, y)$ 的证明本不该算到计数之中）。

上述"计数问题"之所以存在是由于 Σ 被同时用来表示子集概念和存在量词，而这两者实际上应该用不同的算子来描述，使用较强的 Σ 来描述前者，而较弱的 $\exists$ 用来描述后者。在马丁–洛夫类型论中没有描述后者的算子，而使用 Σ 则导致了计数问题。[①] 而统一类型论等类型论同时具有 Σ 和 $\exists$，因此可对驴句的语义作恰当的刻画。下面仍以（3.123）为例对此加以说明。（3.124）中使用了在马丁–洛夫类型论中定义的 $Most_S$，而在统一类型论中，使用 $Most$，定义如下。请注意，$Most$ 与 $Most_S$ 的区别是：$Most\, x : A.\, P(x)$ 是类型为 $Prop$ 的逻辑命题，而 $Most_S\, x : A.\, P(x)$ 则是非命题类型。

定义 3.2（$Most$）　假设 A 是有穷类型，其势为 $|A| = n_A$，并且 $P : A \to Prop$ 是以 A 为论域的谓词。那么，在统一类型论中，命题 $Most\, x : A.\, P(x) : Prop$ 定义如下，其中 $inj(f) : Prop$ 表示 f 是内射函数（其定义见 81 页脚注）：

$$
\begin{aligned}
Most\, x : A&.P(x) \\
= \quad &\exists k : Nat.\ k \geqslant \lfloor n_A/2 \rfloor + 1 \\
&\wedge \exists f : Fin(k) \to A.\ inj(f) \wedge \forall x : Fin(k).P(f(x))
\end{aligned}
$$

如上定义的命题 $Most\, x : A.\, P(x)$ 表示有穷类型 A 中半数以上的对象满足 P。[②]

定义了广义谓词 most 的语义 $Most$，并假设证明无关性，驴句（3.123）便可在统一类型论中解释为（3.125），其中 $F_\exists$ 是（3.126）所定义的类型：

(3.125) $Most\, z : F_\exists.\ \forall y' : [\Sigma y : Donkey.own(\pi_1(z), y)].\ beat(\pi_1(z), \pi_1(y'))$

(3.126) $F_\exists = \Sigma x : Farmer.\ \exists y : Donkey.\ own(x, y)$

请注意，由于 $|\exists y : Donkey.\, own(x, y)| \leqslant 1$，类型 $F_\exists$ 正确地刻画了"拥有毛驴的农夫"这一通名的语义，圆满解决了与此相关的计数问题。

---

① 见作者在文献 [141] 中关于如何在直谓类型论中引入较弱形式的求和算子的讨论。

② 在 5.3.3 节，使用 Coq 定义了广义量词 $Most$ 以及驴句（3.123）的下述语义（3.125）。

　　学者们经过研究认为，某些驴句根据不同的观点有着不同的含义，如"全称含义"和"存在含义"等[44, 45]。例如，驴句（3.123）的全称含义和存在含义分别为（3.127）和（3.128）：

(3.127) Most farmers who own a donkey beat *the donkeys they own.*
　　　　（多数有毛驴的农夫都揍他们拥有的**每一匹**毛驴。）

(3.128) Most farmers who own a donkey beat *some donkeys they own.*
　　　　（多数有毛驴的农夫都揍他们拥有的**一些**毛驴。）

上述在统一类型论中的解释（3.125）是（3.127）的语义，刻画了（3.123）的全称含义，而其存在含义（3.128）的语义可由（3.129）来刻画，它同（3.125）的区别仅在于全称量词 ∀ 变成了存在量词 ∃：

(3.129) $Most\ z : F_\exists.\ \exists y' : [\Sigma y : Donkey.\ own(\pi_1(z), y)].\ beat(\pi_1(z), \pi_1(y'))$

　　在有些驴句中，引用不定名词词组的代词并没有上例所示的多种含义，它们要么有全称含义，要么有存在含义，而被解释为具有两种含义则非常困难。例如，如下的驴句（3.130）（即例句（3.119））就是这样的例子，其中引用"信用卡"的代词"它"似乎只能理解为具有存在含义。

(3.130) 每个有信用卡的人买了电视机都会用它来付账。
　　　　（Every person who has a credit card and buys a TV uses it to pay the bill.）

同时使用 Σ 和 ∃，（3.130）可解释为（3.131），其中类型 *Person*、*TV* 和 *Card* 分别是"人""电视机"和"信用卡"的语义，而谓词 *buy*、*own* 和 *pay* 则分别是"买""拥有"和"付账"的语义。例如，命题 $pay(x, y, z)$ 表示"x 买了 y 用 z 来付账"。

(3.131) $\forall z : \Sigma x : Person\ \exists y_1 : TV.\ buy(x, y_1) \wedge \exists y_2 : Card.\ own(x, y_2)$
　　　　$\forall y : \Sigma y_1 : TV.\ buy(\pi_1(z), y_1)$
　　　　$\exists y' : \Sigma y_2 : Card.\ own(\pi_1(z), y_2).$
　　　　　　$pay(\pi_1(z), \pi_1(y), \pi_1(y'))$

　　可以把上述驴句（3.130）中的量词"每个"换成"多数"，这样便得到句子（3.132），其语义可表示为（3.133），它与（3.131）的唯一差别是将第一个全称量词 ∀ 换成了由定义 3.2 所定义的量词 *Most*：

(3.132) 多数有信用卡的人买了电视机都会用它来付账。
　　　　（Most persons who have a credit card and buy a TV use it to pay the bill.）

(3.133) $Most \ z : \Sigma x : Person \ \exists y_1 : TV. \ buy(x, y_1) \wedge \exists y_2 : Card. \ own(x, y_2)$
$\qquad \forall y : \Sigma y_1 : TV. \ buy(\pi_1(z), y_1)$
$\qquad \exists y' : \Sigma y_2 : Card. \ own(\pi_1(z), y_2).$
$\qquad\qquad pay(\pi_1(z), \pi_1(y), \pi_1(y'))$

请注意，上面讨论的所谓计数问题在语义（3.133）中同样得到了合理的解决。

对上述同时使用 Σ 和 $\exists$ 对驴句语义的描述方法，有两点需要说明。一是这一方法亦可用于刻画所谓的 E 类回指问题（E-type anaphora）[71, 72]。另外，上述的语义建模方法要求在类型论中同时具有 Σ 和 $\exists$ 两种求和算子，这一点相当微妙；在统一类型论里有这两种算子，而在马丁–洛夫类型论等直谓类型论中则不然（详见作者在文献 [141] 中的有关讨论）。

3.6 后记

20 世纪 90 年代，作者在阅读普斯特约夫斯基所著的 [193] 一书时就萌发了使用现代类型论（及强制性子类型理论）进行形式语义学研究的想法[144]，但由于各种原因，关于 MTT 语义学的研究在十余年后才得以进一步展开[132]。在相关研究中，作者还意识到了 MTT 语义学同时具有"模型论语义"和"证明论语义"的长处[138]，从而与传统的形式语义学相比颇具优势。语言学家查齐基里亚基迪斯的加盟 ① 给 MTT 语义学的研究注入了新鲜血液，在与其颇有成效的合作中作者还学到了不少语言学知识，合作过程非常愉快。

要特别提及的是，作者受邀在若干"欧洲逻辑、语言及信息暑期学校"（ESS-LLI，2011 年、2014 年、2017 年、2019 年和 2023 年。该暑期学校办得相当成功，每届均有数百名学者和学生参加）做关于 MTT 语义学的讲座，这对有关 MTT 语义学的交流、研究和发展大有裨益。作者在这里要特别感谢一起合作共同授课的学者：亚瑟（2011 年）和查齐基里亚基迪斯（2014 年及 2019 年），并感谢听课的学者及学生，他们提出了各种各样的问题，相关的讨论使作者获益匪浅。

在国内也有许多关于蒙太古语义学的研究（如文献 [237, 228] 等），这也包括有关形容词修饰语义的研究（如文献 [235] 等）。关于下属形容词的语义研究，刘壮虎[227] 提出了性质谓词有别于类谓词的想法，构造了专门的逻辑系统针对下属

---

① 2011 年，查齐基里亚基迪斯博士成为作者关于 MTT 语义学的某科研项目的研究助理，这也是他和作者长期合作的开端。

形容词进行刻画，颇有新意（当然，由于可以附加意义公设，人们通常不必为描述某类词汇的语义而改变基础的逻辑语言）。国内关于 MTT 语义学的研究正在起步，有关文章在逐步问世（如文献 [236] 等）。2022 年 6 月，皖西学院举办了由中外学者共同参与的"国际类型论语义学论坛"，为期两天，共同讨论现代类型论在自然语言语义学方面的发展和应用。

第4章

现代类型论的扩充及语义学研究

现代类型论的发展（尤其是早期的研究）主要以数学基础为出发点，当其应用到自然语言语义学时，需要考虑对它们做必要的扩充。本章研究 MTT 语义学的若干课题，它们大多涉及对类型论的扩充（4.5节例外），用以恰当地描述语言现象的语义、论证 MTT 语义的恰当性并研究 MTT 事件语义学等。

- 4.1节介绍如何在现代类型论中引入标记（signature）的概念及机制，用以刻画常量的引入，从而使现代类型论得以对语境进行恰当的描述。

- 4.2节考虑如何在现代类型论中引入点类型来描述同谓现象（copredication，又称为联合述谓结构）的语义，并讨论"通名即集胚"的语义构造方法，以处理当同谓现象与量化同时出现并相互作用时的复杂语义。

- 在现代类型论中，语言中的语句既可被解释为命题，也可被解释为判断。4.3节研究判断语义的命题形式，给出其形式化并证明其引入的合法性。

- 4.4节讨论依赖事件类型（dependent event type）的引入以及它们在戴维森事件语义学和 MTT 事件语义学中的应用。

- 本章最后一节（4.5节）与前述诸节不同，考虑的不是现代类型论的扩充，而是讨论如何在范畴语法（categorial grammar）中引入依赖类型，研究依赖性子结构类型论和依赖性范畴语法。

与第 3 章一起，本章的研究从几方面进一步说明了 MTT 语义学的可行性和潜在的优越性。另外，若仅从技术层面上考虑，本章各节的内容相对独立，读者可根据对各专题的兴趣进行选择性阅读。

4.1 标记：类型论的语境描述机制

标记是类型论中用以描述常量的机制。本节首先介绍标记的概念，并讨论它与上下文的区别（4.1.1节），然后介绍如何在现代类型论中引入标记的概念，并用实例说明如何用标记来刻画语境（4.1.2节）。4.1.3节则讨论如何在标记中引入两种新的条目，以表示子类型关系或进行新的定义，从而进一步加强标记的表达能力。

本节基于作者所著 [138] 一文及其进一步进展[121, 43]。在现代类型论中引入标记（包括子类型等新的条目形式）保持了原来的良好性质，如强正规化及逻辑相容性等（关于标记类型论的元理论研究，请见 6.3.3 节）。

4.1.1 标记：常量的描述机制

在形式语义学中，人们需要对各种各样的语境加以描述，从而在此基础上给出语义。在基于集合论的语义学里，这种对语境的描述被称为"可能世界"（possible world），而在 MTT 语义学里，可以在类型论中引入称为标记的机制用以对语境进行描述。标记与类型论中的上下文相似，有人也使用上下文来描述语境，先从此说起。①

如 2.1节所述，类型论的语句是形为 $\Gamma \vdash J$（如 $\Gamma \vdash a : A$）的判断，其上下文 Γ 是变量与类型所组成的序对的有穷序列：

$$x_1 : A_1, \cdots, x_n : A_n$$

它假设变量 x_i 的类型为 A_i（$i = 1, 2, \cdots, n$）。例如，若类型 Cat 和谓词 $black : Cat \to Prop$ 分别是"猫"和"黑（的）"的语义，那么上下文（4.1）则假设 x 是任意一只猫，并假设 y 是命题"x 是黑的"的任意一个证明：

(4.1) $x : Cat, y : black(x)$

根据规则 ($\forall$)（见 2.4.1节），由判断（4.2）便可推出判断（4.3），其中谓词 $ugly$ 是"丑（的）"的语义：

(4.2) $x : Cat, y : black(x) \vdash \neg ugly(x) : Prop$

---

① 如 3.3.1节 56 页脚注②所指出，在英文里，语言学里的语境和类型论里的上下文均被称为 context，但它们并非同一概念。

(4.3) $\vdash \forall x : Cat \forall y : black(x). \neg ugly(x) : Prop$

换言之，可对变量 x 和 y 做全称抽象从而得到（4.3）中的全称命题。

有的学者建议使用上下文来描述自然语言的语境（有关文献包括 [197]、[25]、[6] 和 [61] 等，见 3.3.1节），然而如作者在 [138] 一文中所指出的，这样做并不恰当，原因是语境应该是用常量来刻画的，而不应使用变量。例如，假设在某情景中有只叫"萌萌"的猫，但如果用上下文 $Meng : Cat$ 来描述的话，那么"萌萌"的语义 $Meng$ 就是一个变量，可以对其进行抽象运算而形成像 $\forall Meng : Cat.P(Meng)$ 这样的命题，这显然是不恰当的："萌萌"并不是一只任意的猫，而是一只具体的猫。由此可见，需要在类型论中引入描述常量的机制，这就是所谓的标记。

类型论中标记的概念首次出现于"爱丁堡逻辑框架"（Edinburgh Logical Framework，ELF）[94] 的研究中。① 在 ELF 中，标记是由假设属于关系的条目（形如 $c : A$）所组成的有穷序列，它们被用来描述各种逻辑系统。例如，描述一阶逻辑的 ELF 标记可包含如下的条目，用以描述其语法（其中 ι 和 o 分别是项和公式的类型）：

$$=\,: \iota \rightarrow \iota \rightarrow o$$

$$\neg\,: o \rightarrow o$$

$$\vee\,: o \rightarrow o \rightarrow o$$

$$\forall\,: (\iota \rightarrow o) \rightarrow o$$

请注意，上述这些逻辑算符均表示为常量，而非变量。这也是使用标记（而非上下文）的关键所在。

与上下文相比，标记有类似之处，但也相当不同。其类似之处在于，与上下文一样，标记也是由各种条目组成的有穷序列，而其不同之处在于：首先，在标记中，表示属于关系的条目 $c : A$ 假设 c 是类型为 A 的常量，而非变量；再者，标记还有两种其他形式的条目：子类型条目 $A \leqslant_\kappa B$ 假设 A 是 B 的子类型（强制转换为 $\kappa : A \rightarrow B$），而定义性条目 $c \sim a : A$ 则将类型为 A 的对象 a 命名为 c。4.1.2节首先引入只包含描述属于关系的条目的标记，而后两种条目将在 4.1.3节中介绍。

---

① 学者也使用"标记"一词来描述代数结构的语法等（例如，关于代数规范的研究[86]）。请注意，这些概念与类型论中的标记虽有某些相似之处，但相当不同。

4.1.2 标记的引入及语境的描述

现在说明如何在现代类型论中引入标记。在这里先引入只包含描述属于关系的条目的标记，其一般形式为

$$c_1 : A_1, \ c_2 : A_2, \ \cdots, \ c_n : A_n$$

引入标记后，类型论的判断形式需作如下变化：

（1）增加新的判断形式 Δ **sign**，表示"Δ 是合法的标记"。

（2）原判断 $\vdash \Gamma$ 变为 $\vdash_\Delta \Gamma$，表示"在标记 Δ 下，Γ 是合法的上下文"。

（3）原判断 $\Gamma \vdash J$ 变为 $\Gamma \vdash_\Delta J$，表示"在标记 Δ 及上下文 Γ 下，J 成立"，其中 J 有如下 4 种形式：

$$A \ type, \quad a : A, \quad A = B, \quad a = b : A$$

例如，判断 $\Gamma \vdash_\Delta a : A$ 表示"在标记 Δ 及上下文 Γ 下，对象 a 的类型为 A"。所得系统的推理规则为

（1）图 4.1中关于标记合法性的规则及相关的假设规则，其中 $\langle\rangle$ 为空序列，$dom(c_1 : A_1, \ \cdots \ c_n : A_n) = \{c_1, \cdots, c_n\}$。

$$\frac{}{\langle\rangle \ \textbf{sign}} \qquad \frac{\langle\rangle \vdash_\Delta A \ type \ c \notin dom(\Delta)}{\Delta, \ c{:}A \ \textbf{sign}} \qquad \frac{\vdash_{\Delta, \ c{:}A, \ \Delta'} \Gamma}{\Gamma \vdash_{\Delta, \ c{:}A, \ \Delta'} c{:}A}$$

图 4.1　标记的合法性规则及相关的假设规则

（2）原类型论中关于空序列 $\langle\rangle$ 是合法上下文的规则变为如下规则：

$$\frac{\Delta \ \textbf{sign}}{\vdash_\Delta \langle\rangle}$$

（3）原类型论的所有其他规则（见第 2 章和附录 A、B 及 C）在将 $\vdash$ 变为 $\vdash_\Delta$ 后均成为标记类型论的规则。

对第（3）条规则的解释如下：例如，如下关于 Π 类型的引入规则（见 2.2.1节）：

$$\frac{\Gamma, \ x : A \vdash b : B}{\Gamma \vdash \lambda x : A.b : \Pi x : A.B}$$

则在增加标记后变为

$$\frac{\Gamma, \ x : A \vdash_\Delta b : B}{\Gamma \vdash_\Delta \lambda x : A.b : \Pi x : A.B}$$

再次说明，标记中的属于条目 $c : A$ 假设常量 c 的类型为 A，这与上下文中的属于项目 $x : A$ 不同，因为变量 x 可以被抽象。例如，根据如下的规则，变量可被量化抽象：

$$\frac{\Gamma,\ x : A \vdash_\Delta P : Prop}{\Gamma \vdash_\Delta \forall x : A.P : Prop}$$

而标记中的常量则不能这样被抽象（这也是它们为何是常量的原因）。另外，由于常量无法被抽象，这还给在标记中增加新形式的条目带来了便利（见 4.1.3节）。

语言中的语境在以集合论为基础的语义学中被描述为"可能世界"。在 MTT 语义学中，它们可用标记来进行描述。下面举例对此加以说明（选自作者 [138] 一文）。

例 4.1 此例源于文献 [204] 第 10 章,所要描述的语境是被称为披头士（$Beatles$）的摇滚乐队在利物浦某俱乐部排练的（假想）情景。

（1）该情景的论域 D 由若干人物组成：乐队成员约翰（$John$）、保罗（$Paul$）、乔治（$George$）和林戈（$Ringo$）以及乐队管理人员布赖恩（$Brian$）和鲍勃（Bob）。此论域可用标记 Δ_1 来刻画：

$$\Delta_1 = D : Type,$$
$$John : D,\ Paul : D,\ George : D,\ Ringo : D,$$
$$Brian : D,\ Bob : D$$

（2）用谓词对若干情形加以描述，它们包括 $B : D \to Prop$ 和 $G : D \to Prop$ 等（这里 $B(x)$ 和 $G(x)$ 分别表示"x 是披头士"和"x 弹吉他"）。这样的话，便可在标记中用类似于如下的 Δ_2 对该情景加以描述：

$$\Delta_2 = b_J : B(John),\ \cdots,\ b_B : \neg B(Brian),\ b'_B : \neg B(Bob),$$
$$g_J : G(John),\ \cdots,\ g_G : \neg G(Ringo),\ \cdots$$

整个情景可由包括 Δ_1 和 Δ_2 的标记 $\Delta = \Delta_1, \Delta_2, \cdots$ 来刻画并且在 Δ 中可推出各种各样的断言（如"约翰弹吉他"等）。

4.1.3 标记中的子类型条目及定义性条目

本节引入两种新的标记条目：子类型条目（$A \leqslant_\kappa B$）和定义性条目（$c \sim a : A$）。这些新形式的条目将增强标记的表达能力，以描述更加复杂的实际情景。关于子类型条目和定义性条目的推理规则如图 4.2所示，具体解释如下。

$$\boxed{\begin{array}{l}
\text{标记的子类型条目} \\[4pt]
\dfrac{\langle\rangle \vdash_\Delta A\ type\quad \langle\rangle \vdash_\Delta B\ type\quad \langle\rangle \vdash_\Delta \kappa:A\to B}{\Delta,\ A\leqslant_\kappa B\ \mathbf{sign}} \qquad \dfrac{\vdash_{\Delta,\ A\leqslant_\kappa B,\ \Delta'}\Gamma}{\Gamma\vdash_{\Delta,\ A\leqslant_\kappa B,\ \Delta'} A\leqslant_\kappa B} \\[14pt]
\text{标记的定义性条目} \\[4pt]
\dfrac{\langle\rangle \vdash_\Delta a:A\quad c\notin dom(\Delta)}{\Delta,\ c\sim a:A\ \mathbf{sign}} \qquad \dfrac{\vdash_{\Delta,\ c\sim a:A,\ \Delta'}\Gamma}{\Gamma\vdash_{\Delta,\ c\sim a:A,\ \Delta'} c:\mathbb{1}(A,a)}
\end{array}}$$

图 4.2 关于子类型条目和定义性条目的推理规则

　　首先考虑子类型条目。在强制性子类型机制的研究中（见 2.5.2 节），强制转换的引入是对整个类型系统作全局性扩充，[①] 而在标记中引入子类型条目则是对子类型机制的局部化，这些条目所假设的子类型关系只在该标记下起作用。如何在标记中引入子类型关系，由图 4.2 中两条关于标记的子类型条目的规则所刻画：若 κ 是从类型 A 到类型 B 的函数，那么可以在标记中引入子类型条目 $A\leqslant_\kappa B$，并且在含有这一条目的标记下便可推出该子类型关系。

　　在特殊环境下，可以假设具有特殊意义的子类型关系，此时局部化的子类型关系描述非常有用。例如，在一个餐馆里的服务员可能会说像（4.4）这样的话，在这里"三明治"指的是某个买了三明治的顾客。[②] 在这种情形下，可以假设子类型关系（4.5），其中 $Sandwich$ 和 $Human$ 分别是"三明治"和"人"的语义，而强制转换 κ 则把任意一个三明治映射到购买该三明治的人。这样的话，若假设 $s:Sandwich$ 为该顾客所购买的三明治，而 $pay, leave:Human\to Prop$ 是"付账"及"离开"的语义，那么，在含有（4.5）的标记 Δ_0 下就可以用命题（4.6）来表示（4.4）的语义，因为根据强制转换的定义规则 (CD)（见 2.5.2 节），等式（4.7）在 Δ_0 下成立。

(4.4) 那个三明治还没付账就走了。

　　　（The sandwich left without paying the bill.）

(4.5) $Sandwich\leqslant_\kappa Human$

(4.6) $\neg pay(s)\wedge leave(s)$

(4.7) $\vdash_{\Delta_0}\neg pay(s)\wedge leave(s)=\neg pay(\kappa(s))\wedge leave(\kappa(s)):Prop$

---

　　① 例如，在 [127], [149] 等文章中所研究的系统 $T[\mathcal{C}]$ 由根据 $\mathcal{C}$ 中的子类型关系扩充类型论 T 而得到。这是在类型系统这个级别上考虑如何引入强制性子类型机制：$T[\mathcal{C}]$ 是 T 的全局性扩充，根据 $\mathcal{C}$ 引入的子类型关系在整个系统推理中都是有效的。有关的形式化细节见 6.3.2 节。

　　② 关于此例所示的指称变迁（reference transfer），见纽伯格（Nunberg）的有关研究[177]。另外，若读者对如何使用强制性子类型机制对此进行描述的其他例子感兴趣，可参考文献 [9] 等。

请注意，在上例中，子类型关系（4.5）仅仅在所述的特殊环境下成立，而在其他的通常情况下并不成立。换言之，在大多数标记下，无法推出（4.5），或者说它根本就不该成立。倘若没有子类型关系的局部化，便不能用上述方法来进行语义解释了。

当引入了子类型条目之后，标记的合法性还要满足子类型关系的合谐性（coherence）；直观来说就是在合法标记下类型间强制转换的唯一性。6.3.3 节对此做进一步的形式化讨论。

除了属于性条目 $c : A$ 和子类型条目 $A \leqslant_{\kappa} B$ 之外，还可以在标记中引入另一种条目：定义性条目，其形式为 $c \sim a : A$，它将 A 的对象 a 命名为 c（见图 4.2 中后两条关于标记的定义性条目的规则）。这个条目假设 c 是一个常量，其作用与 a 完全相同；换言之，c 可以代替 a 用于表达式中，它代表对象 a。

实际上，定义性条目是特殊的属于性条目。假设 $a : A$ 并令 $\mathbb{1}(A, a)$ 为以 A 和 a 为参数的单点类型（见 6.3.1 节），其唯一对象为 $*(A, a)$。那么，定义性条目 $c \sim a : A$ 便是属于条目 $c : \mathbb{1}(A, a)$ 的另一种表达形式而已。[①] 这也是图 4.2 的最后一条规则说在含有 $c \sim a : A$ 的标记下可推出 $c : \mathbb{1}(A, a)$ 的原因。引入由如下规则所刻画的全局性子类型关系：

$$(\xi) \qquad \frac{\Gamma \vdash_{\Delta} A \ type \quad \Gamma \vdash_{\Delta} a : A}{\Gamma \vdash_{\Delta} \mathbb{1}(A, a) \leqslant_{\xi_{A, a}} A}$$

其中，对任意的 $x : \mathbb{1}(A, a)$，$\xi_{A, a}(x) = a$。因此，若 f 是论域为 A 的函数，那么，根据强制转换的定义规则 (CD)，$f(c) = f(\xi_{A, a}(c)) = f(a)$；也就是说，$c$ 可以代表 a。

使用标记的定义性条目，对情景的语义描述可以更灵活、更简洁。例 4.2 指出如何用定义性条目以更简洁的方式来描述例 4.1 中的语境。

例 4.2 使用定义性条目，例 4.1 用 Δ 所描述的情景可以用如下的标记来描述：

(4.8) $D \sim a_D : Type, \ B \sim a_B : D \rightarrow Prop, \ G \sim a_G : D \rightarrow Prop, \cdots$

其中

- $a_D = \{John, \ Paul, \ George, \ Ringo, \ Brian, \ Bob\}$ 是含有 6 个对象的有穷类型；[②]

[①] 这一想法首先由作者在文献 [131] 中提出，并在文献 [138] 中用于引入标记的定义性条目。

[②] $\{John, \ Paul, \ George, \ Ringo, \ Brian, \ Bob\}$ 是有穷类型（不是有穷集）。它可被定义为 $Fin(6)$，而 $John = fz(5)$，$Paul = fs(5, fz(4))$ 等（见 22 页脚注①）。

- $a_B : D \to Prop$（$a_B(x)$ 表示 "x 是披头士"）被归纳定义为

$$a_B(John) = a_B(Paul) = a_B(George) = a_B(Ringo) = \textbf{true}$$
$$a_B(Brian) = a_B(Bob) = \textbf{false}$$

- $a_G : D \to Prop$（$a_G(x)$ 表示 "x 弹吉它"）被归纳定义为

$$a_G(John) = a_G(Paul) = a_G(George) = \textbf{true}$$
$$a_G(Ringo) = a_G(Brian) = a_G(Bob) = \textbf{false}$$

与例 4.1 中的 $\Delta = \Delta_1, \Delta_2, \cdots$ 相比，上述标记（4.8）更为简洁：Δ_1 表示为它的第一个条目，而 Δ_2 则表示为它的第二、三个条目。

请注意，尽管标记的长度总是有穷的，但可以使用与例 4.2 类似的方法用定义性条目来刻画无穷概念（这一点不难看出，只需将 a_D 换成无穷类型即可）。

4.2　同谓现象及其点类型语义

同谓现象（copredication）又称为联合述谓结构，它的语义研究源于普斯特约夫斯基的工作[193]，他不仅用实例说明了同谓现象在语言中普遍存在，并且提出了使用点类型（dot-type）对同谓现象的语义进行研究的设想。这在西方语义学界引起了广泛的关注，学者们从各种不同角度对同谓现象的语义进行了分析探讨（包括亚瑟的文献 [8] 等）。

作者在文献 [132] 和 [136] 中将有关点类型的想法加以形式化，提出了如何在现代类型论中定义点类型以用于描述同谓现象的语义，并与查齐基里亚基迪斯一起研究了当同谓现象与量词的使用相互作用时的语义问题[42, 43]。本节对此做简单介绍。

4.2.1　同谓现象

语言中的同谓现象是逻辑多义性（logical polysemy）的一种特殊形式，它指的是，尽管用于表示动词或形容词语义的两个或多个谓词有着互不相交的论域，它们却可以在一个语句中用来修饰同一个名词。例如，在语句（4.9）中，形容词 "可口" 和动词 "花很长时间" 的语义可分别表示为（4.10）中的两个谓词，它们的论域 "食品"（$Food$）和 "过程"（$Process$）是完全不同的类型，直观上没有任何共享的对象。然而，在语句（4.9）的语义（4.11）中，它们似乎却可以同时作用于（4.9）中那个"午餐"的语义 $l : Lunch$，这是为什么呢？换言之，命题（4.11）是合法的吗？

(4.9) 午餐挺可口，但花了很长时间。

（The lunch was delicious but took long time.）

(4.10) $delicious : Food \rightarrow Prop$ 和 $take\_long\_time : Process \rightarrow Prop$

(4.11) $delicious(l) \wedge take\_long\_time(l)$

同谓现象的出现相当普遍。下面的（4.12）是另一个例子，其中，如（4.13）所示，表示动词"拿"和"读"的语义谓词 $take$ 和 $read$ 的论域分别为所有物体的类型 PHY[①] 和所有信息的类型 INFO，二者直观上没有任何共享的对象。因此，语句（4.12）中的"书"既是一个物体（作为被拿取的对象）又含有信息内容（作为阅读的对象），在该句的语义（4.14）中，它的语义 $b : Book$ 被同时用来形成命题 $take(zhang, b)$ 和 $read(zhang, b)$，这就是所谓的同谓现象。

(4.12) 张三拿了本书来读。（Zhang took and read a book.）

(4.13) $take : Human \rightarrow PHY \rightarrow Prop$ 和 $read : Human \rightarrow INFO \rightarrow Prop$

(4.14) $\exists b : Book. \, take(zhang, b) \wedge read(zhang, b)$

可以用上面这些例子来说明普斯特约夫斯基使用点类型来描述同谓语义的想法[193]。例如，点类型 $Food \bullet Process$ 可用来描述上面所提到的午餐的类型，而 PHY$\bullet$INFO 可用来描述所提到的书的类型，它们的语义都同时具有两方面的含义，因此，（4.11）和（4.14）等描述同谓现象的语义的合法性便可以得到合理的解释了。

然而，普斯特约夫斯基的工作[193, 195] 仅对点类型做了非形式的描述，并未对其做出形式化的刻画（例如，什么是 $A \bullet B$ 的引入及消去规则、为何该点类型应是 A 与 B 的子类型等）。4.2.2 节就点类型的形式化进行讨论。

4.2.2 点类型的形式化及同谓现象的 MTT 语义

作者在文献 [132] 和 [136] 中提出了如何对点类型做恰当的形式化描述，从而在 MTT 语义学中用以刻画同谓现象的语义。点类型的推理规则如图 4.3所示。[②] 若仅从其引入规则、消去规则及计算规则来看，点类型 $A \bullet B$ 与积类型

---

① 在 3.3.2节和 3.4节中用 $Object$ 来表示类型 PHY，它们是同一类型。

② 在此也可以考虑带标记的类型论（如 4.1 节所述），若如此仅需在图 4.3各规则中将 $\vdash$ 变为 $\vdash_\triangle$ 即可。

$A \times B$（见 2.2.2节）有些类似：它们都由序对所组成并且都有两个投射运算。然而，请读者不要被这种表面上的类似之处所迷惑，事实上它们很不同，这些由图 4.3中其他的规则体现出来，现解释如下。

形成规则

$$\frac{\vdash \Gamma \quad \vdash A\ type \quad \vdash B\ type}{\Gamma \vdash A \bullet B\ type} \quad (\mathcal{C}(A) \cap \mathcal{C}(B) = \varnothing)$$

引入规则

$$\frac{\Gamma \vdash a:A \quad \Gamma \vdash b:B \quad \Gamma \vdash A \bullet B\ type}{\Gamma \vdash \langle a,b \rangle : A \bullet B}$$

消去规则

$$\frac{\Gamma \vdash c:A \bullet B}{\Gamma \vdash p_1(c):A} \qquad \frac{\Gamma \vdash c:A \bullet B}{\Gamma \vdash p_2(c):B}$$

计算规则

$$\frac{\Gamma \vdash a:A \quad \Gamma \vdash b:B \quad \Gamma \vdash A \bullet B\ type}{\Gamma \vdash p_1(\langle a,b \rangle) = a:A} \qquad \frac{\Gamma \vdash a:A \quad \Gamma \vdash b:B \quad \Gamma \vdash A \bullet B\ type}{\Gamma \vdash p_2(\langle a,b \rangle) = b:B}$$

强制转换及其传播

$$\frac{\Gamma \vdash A \bullet B\ type}{\Gamma \vdash A \bullet B \leqslant_{p_1} A} \qquad \frac{\Gamma \vdash A \bullet B\ type}{\Gamma \vdash A \bullet B \leqslant_{p_2} B}$$

$$\frac{\Gamma \vdash A \bullet B\ type \quad \Gamma \vdash A' \bullet B'\ type \quad \Gamma \vdash A \leqslant_{c_1} A' \quad \Gamma \vdash B \leqslant_{c_2} B'}{\Gamma \vdash A \bullet B \leqslant_{d[c_1,c_2]} A' \bullet B'}$$

其中强制转换 $d[c_1,c_2]$ 定义如下： $d[c_1,c_2](x) = \langle c_1(p_1(x)), c_2(p_2(x)) \rangle$

图 4.3 点类型的推理规则

首先，在点类型 $A \bullet B$ 的形成规则中，A 与 B 均是不含变量的类型（该规则中后两个前提的上下文为空），并且二者没有共享的组成部分（$\mathcal{C}(A) \cap \mathcal{C}(B) = \varnothing$）。后面这一点尤为重要，它刻画了形成点类型时的必要条件，其中"组成部分"的概念定义如下。

定义 4.1 (组成部分) 假设 T 是封闭类型（T 不含有自由变量），其范式 (normal form) 为 nf(T)。[①] T 的组成部分的集合 $\mathcal{C}(T)$ 定义如下：

---

① 有关范式的定义见 6.1.2 节。

$$\mathcal{C}(T) = \begin{cases} \{T' \mid T \leqslant T'\} & \text{若 } \mathrm{nf}(T) \neq X \bullet Y \\ \mathcal{C}(T_1) \cup \mathcal{C}(T_2) & \text{若 } \mathrm{nf}(T) = T_1 \bullet T_2 \end{cases}$$

普斯特约夫斯基曾经写道[194]:

Dot objects have a property that I will refer to as inherent polysemy. This is the ability to appear in selectional contexts that are contradictory in type specification.

（点对象具有可称为固有多义性的性质，它们能在由互相矛盾的类型所规定的上下文中出现。）

这就是说，在形成点类型 $A \bullet B$ 时，A 与 B 所描述的性质相互矛盾；换言之，若可形成 $A \bullet B$，那么 A 与 B 不应该有共享的组成部分。例如：

- PHY $\bullet$ PHY 不应是点类型，因为 PHY 与 PHY 是同一类型。
- PHY $\bullet$ (PHY $\bullet$ INFO) 不应是点类型，因为 PHY 与 PHY $\bullet$ INFO 共享组成部分 PHY。

上述组成部分的定义 4.1对此做了成功的刻画。请注意，点类型 $A \bullet B$ 与积类型 $A \times B$ 的第一个不同点就是：要形成点类型 $A \bullet B$，A 与 B 不能有相同的组成部分，而要形成积类型 $A \times B$ 则无此限制。

根据图 4.3中的强制转换规则，$A \bullet B \leqslant_{p_1} A$ 并且 $A \bullet B \leqslant_{p_2} B$；即投射运算 p_1 和 p_2 都是强制转换。请注意，这与积类型不同：π_1 和 π_2 不能同时作为强制转换，因为它们在一起是不合谐的（见 2.5.3节 46 页脚注）。但这对点类型 $A \bullet B$ 则不同：A 与 B 没有相同的组成部分（更不会是同一个类型了）。因此，p_1 和 p_2 可以同时是强制转换。事实上，由于在点类型 $A \bullet B$ 中 A 与 B 没有共享的组成部分，可证明如下命题成立。

定理 4.1 (点类型之强制转换的合谐性) 强制转换 p_1、p_2 和 d 在一起是合谐的。

倘若取消点类型 $A \bullet B$ 形成规则中 A 与 B 不可共享组成部分的限制，那么上述合谐性将不再为真。例如，PHY 与 PHY $\bullet$ INFO 共享 PHY。要是 PHY $\bullet$ (PHY$\bullet$INFO) 是一个点类型的话，在相同的类型 PHY$\bullet$(PHY$\bullet$INFO) 及 PHY 之间就会存在两个不同的强制转换 p_1 和 $p_1 \circ p_2$，合谐性将不再为真：

$$\text{PHY} \bullet (\text{PHY} \bullet \text{INFO}) \leqslant_{p_1} \text{PHY}$$

$$\text{PHY} \bullet (\text{PHY} \bullet \text{INFO}) \leqslant_{p_1 \circ p_2} \text{PHY}$$

下面使用点类型来描述同谓现象的 MTT 语义。以语句（4.9）和（4.12）为例：一顿"午餐"（$Lunch$ 的对象）可同时被视为"食品"（$Food$）和"过程"（$Process$），而一本"书"（$Book$ 的对象）则既是"物体"（类型为 PHY）但也含有信息内容（类型为 INFO）。这种固有多义性可用如下的子类型关系来刻画：

$$Lunch \leqslant Food \bullet Process$$
$$Book \leqslant \mathrm{PHY} \bullet \mathrm{INFO}$$

由此，根据有关点类型的子类型关系以及函数类型在子类型关系下的逆变关系（关于后者见 2.5.2 节），有：

$$delicious : Food \to Prop$$
$$\leqslant Food \bullet Process \to Prop$$
$$\leqslant Lunch \to Prop$$
$$take\_long\_time : Process \to Prop$$
$$\leqslant Food \bullet Process \to Prop$$
$$\leqslant Lunch \to Prop$$

并且

$$take(zhang) : \mathrm{PHY} \to Prop$$
$$\leqslant \mathrm{PHY} \bullet \mathrm{INFO} \to Prop$$
$$\leqslant Book \to Prop$$
$$read(zhang) : \mathrm{INFO} \to Prop$$
$$\leqslant \mathrm{PHY} \bullet \mathrm{INFO} \to Prop$$
$$\leqslant Book \to Prop$$

因此，语义（4.11）及（4.14）是合法的，同时也就不难说明例子（4.9）和（4.12）所展示的同谓现象了。

4.2.3　通名的集胚语义：以涉及同谓及量词的复杂语境为例

当同谓现象与量词同时出现并相互作用时，所形成的语句相当复杂。例如，在语句（4.15）和（4.16）中，同谓现象与数字量词"三"相互作用，其语义描述也变得相当复杂，这主要是因为这些语句的语义与通名的等同标准密切相关。

(4.15) 张三拿了三本（不同的）书来读。

（Zhang took and read three different books.）

(4.16) 这三本书都很重，也都很无趣。

（All three books are heavy and boring.）

　　如前所述（见 3.3.3 节），通名有其自身的等同标准，因此在有的时候，即使类型相同，但不同的等同标准仍旧描述不同的通名。从这个意义上说，通名的语义在最一般的情况下应该用类型及其等同标准所组成的序对来描述，这就是所谓的"通名即集胚"（CNs-as-setoids）的解释模式[135]。本节以同谓现象与量词在语句中的相互作用为例对此做简要说明[42]。①

　　首先引入集胚（setoid）和准集胚（pre-setoid）的概念，前者用于通名的一般性解释，而后者则用于定义关于准集胚的点运算以及数字量词的一般性语义（见定义 4.4 和 4.5）。

　　定义 4.2 (集胚与准集胚)　若 A 是一个类型，而 $\varphi: A \to A \to Prop$ 是 A 上的一个自反且对称的关系，那么序对 (A, φ) 是一个准集胚。若 φ 还是传递的（即 φ 是等价关系），那么 (A, φ) 是一个集胚。

　　一般来说，一个通名的语义可用一个集胚 $\mathbf{A} = (A, =_A)$ 来表示，其中等价关系 $=_A: A \to A \to Prop$ 表示该通名的等同标准。例如，通名"人"和"男人"的语义可分别用集胚 $\mathbf{Human} = (Human, =_H)$ 和 $\mathbf{Man} = (Man, =_M)$ 来表示。由于子类型关系 $Man \leqslant Human$，很容易证明（4.17）蕴涵（4.18）：

(4.17) $\exists m: Man.\, talk(m)$　（"一个男人讲了话"的语义）

(4.18) $\exists h: Human.\, talk(h)$　（"一个人讲了话"的语义）

然而，当考虑大于一的数字量词时，情况有所变化。例如，似乎不再有（4.19）蕴涵（4.20）了，因为二者所使用的等同标准 $=_M$ 与 $=_H$ 不同。我们需要考虑这两个等同标准之间的联系。

(4.19) $\exists x,y,z: Man.\, x \neq_M y \wedge y \neq_M z \wedge x \neq_M z \wedge talk(x) \wedge talk(y) \wedge talk(z)$
　　（"三个男人讲了话"的语义）

(4.20) $\exists x,y,z: Human.\, x \neq_H y \wedge y \neq_H z \wedge x \neq_H z \wedge talk(x) \wedge talk(y) \wedge talk(z)$
　　（"三个人讲了话"的语义）

① 请注意，这并不是说通名的集胚语义仅与同谓现象有关，这里只是以此作为例子。

稍作分析便可发现，集胚 **Man** 和 **Human** 之间的关系不仅是 $Man \leqslant Human$，而且它们的等同标准也基本相同：**Man** 的等同标准继承了 **Human** 的等同标准——两个男人是同一个男人当且仅当他们是同一个人。这一点用符号表示就是

$$(4.21) \quad (=_M) = (=_H)|_{Man}$$

即将 **Human** 的等同标准 $=_H$ 限制到 Man 这个论域上所得到的便是 **Man** 的等同标准 $=_M$。[①] 由于（4.21），因此（4.19）蕴涵（4.20）。

相关通名之间的关系多数都与"男人"与"人"的关系类似：二者论域之间具有子类型关系（如 $Man \leqslant Human$），并且前者的等同标准继承了后者的等同标准（如 $(=_M) = (=_H)|_{Man}$）。这种关系由下述的"子集胚"关系所刻画。

定义 4.3（子集胚（subsetoid））　令 $\mathbf{A} = (A, =_\mathbf{A})$ 和 $\mathbf{B} = (B, =_\mathbf{B})$ 为集胚。$\mathbf{A}$ 是 $\mathbf{B}$ 的子集胚，记为 $\mathbf{A} \sqsubseteq \mathbf{B}$，是指：存在 κ 使得 $A \leqslant_\kappa B$ 并且 $(=_\mathbf{A}) = (=_\mathbf{B})|_A$，即对任意 $x, x' : A$，$x =_\mathbf{A} x'$ 当且仅当 $\kappa(x) =_\mathbf{B} \kappa(x')$。

例如，有 **Man** $\sqsubseteq$ **Human** 等。在这些情况下，可以忽略通名的等同标准。这也是通常只讲"通名即类型"（而非"通名即集胚"）的原因。

下面考虑当同谓现象与量词在语句中相互作用时的语义，见本节开始时的例子（4.15）和（4.16）。首先定义准集胚的点运算（见定义 4.4），它与数字量词的语义结合在一起将给出恰当的语义。另外，为了方便起见，还对数字量词的语义进行了抽象，以数字量词"三"为例给出其一般性定义（定义 4.5），以简化语义的描述。

定义 4.4（准集胚之点运算）　假设 $\mathbf{A} = (A, \varphi_A)$ 和 $\mathbf{B} = (B, \varphi_B)$ 为准集胚，并且类型 A 和 B 满足形成点类型 $A \bullet B$ 的条件。定义准集胚 $\mathbf{A} \bullet \mathbf{B}$ 如下：

$$\mathbf{A} \bullet \mathbf{B} = (A \bullet B, \ \varphi)$$

其中 $\varphi : A \bullet B \to A \bullet B \to Prop$ 定义为 $\varphi(\langle a_1, b_1 \rangle, \langle a_2, b_2 \rangle) = \varphi_A(a_1, a_2) \vee \varphi_B(b_1, b_2)$。

定义 4.5（量词"三"的一般性语义）　假设 $\mathbf{B} = (B, \varphi_\mathbf{B})$ 是一个准集胚，A 是 B 的子类型，而 $P : B \to Prop$ 是以 B 为论域的谓词。数字量词"三"的一

---

① 有人要问：如何定义 $=_M$ 和 $=_H$ 才能使得（4.21）为真呢？有如下两种可能：

- Man 和 $Human$ 均是基本类型，使得 $Man \leqslant_c Human$ 的强制转换 c 是一个常量。在此情况下，定义：$m =_M m'$ 当且仅当 $c(m) =_H c(m')$，则（4.21）成立。
- 另一种可能是：$Man = \Sigma x : Human. \, male(x)$（见 2.5.2 节结尾部分）。在此情况下，定义：$m =_M m'$ 当且仅当 $\pi_1(m) =_H \pi_1(m')$，则（4.21）成立。

般性语义 THREE 定义如下：

$$\text{THREE}(A, \mathbf{B}, P) = \exists x, y, z : A.\ D[\mathbf{B}](x, y, z)\ \wedge P(x)\ \wedge P(y)\ \wedge P(z)$$

其中 $D[\mathbf{B}](x, y, z) = \neg\varphi_{\mathbf{B}}(x, y)\ \wedge \neg\varphi_{\mathbf{B}}(y, z)\ \wedge \neg\varphi_{\mathbf{B}}(x, z)$。

现在对上述定义给予解释，它包括如下两种典型的情况。

（1）$\mathbf{B} = (B, =_{\mathbf{B}})$ 是一个集胚（即 $=_{\mathbf{B}}$ 是一个等价关系），但 B 不是点类型。那么，直观来说，$\text{THREE}(A, \mathbf{B}, P)$ 表示如下的语义：

> 存在 A 的三个对象，它们都满足谓词 P 并且对于 $\mathbf{B}$ 的等同标准 $=_{\mathbf{B}}$ 而言互不相等。

（2）准集胚 $\mathbf{B} = \mathbf{B}_1 \bullet \mathbf{B}_2 = (B_1 \bullet B_2, \varphi)$，其中 $\mathbf{B}_i = (B_i, =_{\mathbf{B}_i})$ $(i = 1, 2)$ 均是集胚。那么，直观来说，$\text{THREE}(A, \mathbf{B}, P)$ 所表示的语义为

> 存在 A 的三个对象，它们都满足谓词 P 并且对于两个等同标准 $=_{\mathbf{B}_i}$ $(i = 1, 2)$ 而言都互不相等。

现举例加以说明：例 4.3解释上述第一种情况，而例 4.4解释第二种情况。

例 4.3 考虑句子（4.22）：

(4.22) 张三拿了三只（不同的）钢笔。（*Zhang took three different pens.*）

假设集胚 $\mathbf{PHY} = (\text{PHY}, =_{\mathbf{PHY}})$，类型 $Pen \leq \text{PHY}$ 是通名"钢笔"的语义，而 $take : Human \rightarrow \text{PHY} \rightarrow Prop$ 是动词"拿"的语义。那么，（4.22）的语义由（4.23）给出：

(4.23) $\text{THREE}(Pen, \mathbf{PHY}, take(zhang)) =$
$\exists x, y, z : Pen.$
$x \neq_{\text{PHY}} y\ \wedge\ y \neq_{\text{PHY}} z\ \wedge\ x \neq_{\text{PHY}} z\ \wedge$
$take(zhang, x)\ \wedge\ take(zhang, y)\ \wedge\ take(zhang, z)$

例 4.4 考虑句子（4.15）和（4.16），它们分别重复为（4.24）和（4.25）。

(4.24) 张三拿了三本（不同的）书来读。
（*Zhang took and read three different books.*）
(4.25) 这三本书都很重，也都很无趣。
（*All three books are heavy and boring.*）

令集胚 **PHY • INFO** $= (\text{PHY} \bullet \text{INFO}, =_{\text{PHY}\bullet\text{INFO}})$。则（4.24）的语义为（4.26）：

(4.26) $\textsc{Three}(Book, \mathbf{PHY \bullet INFO}, take\_read(zhang)) =$
$\exists x, y, z : Book.$
$x \neq_{\text{PHY}\bullet\text{INFO}} y \ \wedge \ y \neq_{\text{PHY}\bullet\text{INFO}} z \ \wedge \ x \neq_{\text{PHY}\bullet\text{INFO}} z \ \wedge$
$take\_read(zhang, x) \ \wedge \ take\_read(zhang, y) \ \wedge \ take\_read(zhang, z)$

其中谓词 $take\_read(zhang) : \text{PHY} \bullet \text{INFO} \to Prop$ 是"张三拿 ······ 来读"的语义 $(take\_read(zhang, x) = take(zhang, x) \wedge read(zhang, x))$。请注意，根据定义 4.4：

$$x \neq_{\text{PHY}\bullet\text{INFO}} y = \neg(x \neq_{\text{PHY}} y \vee x \neq_{\text{INFO}} y)$$
$$\Leftrightarrow x \neq_{\text{PHY}} y \ \wedge \ x \neq_{\text{INFO}} y$$

这恰恰是我们所想要的：二者在两个等同标准下均不相等。

上述第二条语句（4.25）类似地解释为（4.27）：

(4.27) $\textsc{Three}(Book, \mathbf{PHY \bullet INFO}, heavy\_boring) =$
$\exists x, y, z : Book.$
$x \neq_{\text{PHY}\bullet\text{INFO}} y \ \wedge \ y \neq_{\text{PHY}\bullet\text{INFO}} z \ \wedge \ x \neq_{\text{PHY}\bullet\text{INFO}} z \ \wedge$
$heavy\_boring(x) \ \wedge \ heavy\_boring(y) \ \wedge \ heavy\_boring(z)$

其中谓词 $heavy\_boring : \text{PHY} \bullet \text{INFO} \to Prop$ 是" ······ 都很重，也都很无趣"的语义 $(heavy\_boring(x) = heavy(x) \wedge boring(x))$。

4.3　判断语义的命题形式

在 MTT 语义学中，自然语言的语句可被解释为命题，但有些语句也可被解释为判断（称为判断语义）。例如，语句（4.28）可被解释为判断（4.29），而（4.30）则可被解释为类型为 $Prop$ 的逻辑命题（4.31），其中类型 $Human$ 是"人"的语义，而谓词 $talk : Human \to Prop$ 是"讲话"的语义。

(4.28) 张三是个人。（Zhang is a human.）

(4.29) $zhang : Human$

(4.30) 张三讲了话。（Zhang talked.）

(4.31) $talk(zhang)$

虽然把语句解释为判断有其优越性（见 3.3.3 节），但在许多情况下，我们希望能将（4.29）等判断语义转化为它们的"命题形式"。

本节基于作者与同事薛涛和查齐基里亚基迪斯的有关工作[226, 43, 225, 41]。首先对判断语义的命题形式做一个较为直观的介绍，然后讨论如何将其形式化并证明将其引入类型论的合法性。

4.3.1 判断语义及其命题形式

在现代类型论中，判断及其可推导性（derivability）是基本概念，可导出的判断代表正确的断言。例如，如若（在标记中[①]）假设了 $zhang : Human$，那么判断（4.29）便是正确的（可被导出的），表示语句（4.28）为真。作为语义解释的另一些判断是不正确的（不可被导出的），这在通常情况下表示被解释的语句是没有意义的（meaningless）。例如，除非在某些虚构的或特殊的情况下，人们通常认为（4.32）是没有意义的。假设类型 $Table$ 是通名"桌子"的语义，语句（4.32）的判断语义（4.33）是不正确的。[②]

(4.32) (#) 张三是一张桌子。（Zhang is a table.）

(4.33) $zhang : Table$

显而易见，一个判断是否正确取决于相关数据的性质（以及所获信息是否完备）。在很多情况下，由于信息不足，某些判断只知是"可能是正确的"但不能确定。假设已知张三是个男人（$zhang : Man$），但（4.34）是否为真呢？换句话说，判断（4.35）是正确的吗（$Student$ 是"学生"的语义）？直观上讲，张三可能是名男生，但也可能根本就不是学生。若是前者，则（4.35）是正确的；而若是后者，（4.35）便是不正确的了。

(4.34) 张三是名学生。（Zhang is a student.）

(4.35) $zhang : Student$

由于判断不是逻辑命题，因此它们不能直接与其他命题解释作逻辑组合而形成新的语义。例如，倘若复合句（4.36）的第一个子句解释为判断 $zhang : Human$ 的话，它便不能与第二个子句的命题解释 $happy(zhang)$ 直接组合而形成（4.37）：

---

① 见 4.1 节。

② 尽管很容易看出（4.29）可由推导而得到，但要得到"（4.33）无法导出"这一结论却不那么容易，因为后者要求类型 Man 和 $Table$ 互不相交，见 2.5.3 节有关类型不相交性的定义。

因为前者不是逻辑命题，所以使用合取连接词 ∧ 所形成的（4.37）不是合法的命题。

(4.36) 张三是个人而且他很高兴。（Zhang is a human and he is happy.）

(4.37) (#) $(zhang : Human) \wedge happy(zhang)$

如何将判断语义转化为逻辑命题从而得以与其他命题解释进行逻辑组合呢？下面就不同种类的判断形式逐一加以考虑，进行分析。首先从分析正确的判断开始。

当判断 $a : A$ 是正确的（即可导出的），与之相对应的命题是 $p_A(a)$，其中 $p_A : A \rightarrow Prop$ 是总取值为真的常量谓词（如（4.38）所定义）。例如，判断语义 $zhang : Human$ 所对应的命题为 $p_{Human}(zhang)$。因此，复合句（4.36）的语义可由（4.39）来表示，也就是把（4.37）中的 $zhang : Human$ 换成与之相对应的命题 $p_{Human}(zhang)$ 即可。

(4.38) 对任意的 $x : A$，$p_A(x) = \mathbf{true}$。

(4.39) $p_{Human}(zhang) \wedge happy(zhang)$

请注意，尽管 p_A 是一个简单的常量谓词，但它却不是毫无意义的：$p_A(a)$ 作为逻辑命题的合法性预先假定了（presuppose）判断 $a : A$ 是正确的（即该判断是可被导出的）。换言之，在元理论中，$p_A(a)$ 为真当且仅当判断 $a : A$ 是正确的。例如，$p_{Human}(zhang)$ 为真当且仅当判断 $zhang : Human$ 是正确的。这也解释了使用 $p_A(a)$ 作为正确判断 $a : A$ 的命题形式的原因。

如上述例子（4.32）和（4.33）所示，如果解释某个句子的判断是不正确的，这通常表明被解释的句子是无意义的。然而，如若对这样的句子加以否定的话，得到的句子通常就变成有意义的了。例如，（4.32）的否定形式（4.40）就是有意义的。如果这样的句子作为条件句的前提，整个句子也是有意义的：（4.41）就是这样一个例子。

(4.40) 张三不是张桌子。（Zhang is not a table.）

(4.41) 要是张三是张桌子，李四会很高兴。

　　（If Zhang were a table, Li would be happy.）

如何解释这样的句子呢？[1] 以否定句（4.40）为例。首先，不能把逻辑中的否定

---

[1] 关于在 MTT 语义学中如何对否定句作解释，好几位学者与作者做过讨论，在此表示由衷的感谢。这些学者包括格林·莫里尔（Glyn Morrill，在 ESSLLI 2011 期间），尼古拉斯·亚瑟（Nicholas Asher，在关于 LACL 2014 某文的电子邮件通讯中）以及峰岛浩二（Koji Mineshima，在 ESSLLI 2014 期间以及随后在作者写作文献 [41] 的过程中）。

性连接词 ¬ 作用到判断 $zhang : Table$ 上,因为判断不是逻辑命题,所得的表达式(4.42)不是合法命题。其次,不能简单地对判断 $zhang : Table$ 在元理论中加以否定,因为所得到的(4.43)仅仅是一个元理论里的语句而已。最后,不能使用谓词 p_{Table},因为命题(4.44)首先必须是合法的,而其合法性则预先假设了 $zhang : Table$ 这一判断的正确性,这显然是不可行的。

(4.42)(#) $\neg(zhang : Table)$

(4.43)(#) $\nvdash zhang : Table$

(4.44)(#) $\neg p_{Table}(zhang)$

换句话说,为了解释像(4.40)和(4.41)这样的复合句,需要判断 $zhang : Table$ 的"命题形式"。这样的命题存在吗?幸运的是,答案是肯定的:存在命题 IS($Table$, $zhang$),它的直观含义是"$zhang$ 的类型为 $Table$"。(见 4.3.2 节对此形式化的研究。)有了这样的命题形式,现在便可将(4.40)和(4.41)分别解释为(4.45)和(4.46)了。

(4.45) $\neg\text{IS}(Table, zhang)$

(4.46) $\text{IS}(Table, zhang) \Rightarrow happy(li)$

一般来说,对于任意类型 A 和 T 以及任意对象 $t : T$,若 $t : A$ 是正确的(即可导出的),那么判断 $t : A$ 所对应的命题形式为 $p_A(t)$,其中 p_A 如(4.38)所定义;如果 $t : A$ 是不正确的(即不可导出的),但它是某个在否定性语境中的合法语句的语义,那么判断 $t : A$ 的命题形式为 IS(A, t)。

在语义解释中,除了使用判断之外,某些语句的解释也会给解释机制带来困难,体现为语义形成时出现类型检测的错误。这种情况经常出现在否定句或条件句中。例如,否定句(4.47)使用一般性动词"讲话"(而不是系词"是"),它与相应的"肯定形式"不同:其肯定形式"桌子会讲话"在通常情况下是没有意义的,但否定句(4.47)则是有意义的。但是,要解释(4.47),不能使用(4.48),原因是"讲话"的语义 $talk$ 的论域是 $Human$ 而 x 的类型是 $Table$,因此子表达式 $talk(x)$ 是不合法的(类型匹配错误)。幸运的是,在这种情况下,有一个命题 DO($talk$, x),它直观上表示"x 讲话"。因此,否定句(4.47)可被解释为(4.49)。

(4.47)桌子不会讲话。(Tables do not talk.)

(4.48)(#) $\forall x : Table.\ \neg talk(x)$

(4.49)$\forall x : Table.\ \neg\text{DO}(talk, x)$

类似地，条件句（4.50）不能被解释为（4.51），但可被解释为（4.52），其中 $surprised : Human \rightarrow Prop$ 是"惊讶（的）"的语义。

(4.50) 如果桌子讲话的话，张三会很惊讶。

　　（If a table talked, Zhang would be surprised.）

(4.51) $(\#) \; [\exists x : Table.talk(x)] \Rightarrow surprised(zhang)$

(4.52) $[\exists x : Table. \text{DO}(talk, x)] \Rightarrow surprised(zhang)$

上述算子 IS 和 DO 均可通过另一算子 NOT 来定义并形式化，而且它们的引入可以通过所谓的"异类等式"来证明其合法性。4.3.2 节对此进行讨论。

4.3.2　异类等式及判断语义之命题形式的形式化

作者及其同事在一系列的文献中，如文献 [226]、[43]、[225]、[41] 对判断语义之命题形式的形式化作了仔细的研究，并指出在类型论中对此形式化的合理性可使用所谓的"异类等式"（heterogeneous equality）[159, 160] 而给予证明。

首先，4.3.1 节中的算子 IS 和 DO 均可用另一算子 NOT 来定义。NOT 的类型如下，其中 CN 是所有通名的语义所组成的类型空间（见 2.4.3节）：

(4.53) $\text{NOT} : \Pi X : \mathsf{CN} \; \Pi p : X \rightarrow Prop \; \Pi Y : \mathsf{CN} \; \Pi y : Y.\; Prop$

命题 $\text{NOT}(X, p, Y, y)$ 的直观意思是表示"y 不做 p"；作为特例，当 $p = p_X$ 时（p_X 如（4.38）所定义），$\text{NOT}(X, p_X, Y, y)$ 则表示"y 不是 X"。IS 和 DO 可用 NOT 定义如下：[①] 对任意的 $A, B : \mathsf{CN}$，

(4.54) $\text{IS}_B : \mathsf{CN} \rightarrow B \rightarrow Prop$ 定义为，对任意的 $X : \mathsf{CN}$ 和 $y : B$，$\text{IS}_B(X, y) = \neg \text{NOT}(X, p_X, B, y)$。

(4.55) $\text{DO}_{A,B} : (A \rightarrow Prop) \rightarrow B \rightarrow Prop$ 定义为，对任意的 $p : A \rightarrow Prop$ 和 $y : B$，$\text{DO}_{A,B}(p, y) = \neg \text{NOT}(A, p, B, y)$。

有时候把 $\text{IS}_B(X, y)$ 和 $\text{DO}_{A,B}(p, y)$ 的下标略去，仅写为 $\text{IS}(X, y)$ 和 $\text{DO}(p, y)$，它们分别表示"y 是 X"和"y 做 p"。4.3.1 节已经给出了如何使用算符 IS 和 DO 进行语义解释的例子，这包括：

- 在（4.45）中用 $\neg \text{IS}(Table, zhang)$ 解释（4.40）。
- 在（4.46）中用 $\text{IS}(Table, zhang) \Rightarrow happy(li)$ 解释（4.41）。

---

① 在文献 [225] 的定义 3.1 里，定义了命题 $P_{A,B} : B \rightarrow Prop$。使用当前的符号，$P_{A,B}(t) = \text{IS}_B(A, t)$。

- 在（4.49）中用 $\forall x : Table. \neg DO(talk, x)$ 解释（4.47）。
- 在（4.52）中用 $[\exists x : Table.DO(talk, x)] \Rightarrow surprised(zhang)$ 解释（4.50）。

下面描述算子 NOT 所应满足的性质。先引入如下的符号约定。

定义 4.6 ($\preceq$) $A \preceq B$ 是指存在内射函数[①] $c : A \to B$ 使得 $A \leqslant_c B$。

对任意的 $A, B, C : \mathsf{CN}$，算子 NOT 满足如下定律 ($A_1 \sim A_5$)：

(A_1) $\forall p : A \to Prop \forall x : A. \neg NOT(A, p, A, x) \Leftrightarrow p(x)$

(A_2) $\forall p, q : A \to Prop.$

$[\forall x : A. p(x) \Rightarrow q(x)] \Rightarrow [\forall y : B. NOT(A, q, B, y) \Rightarrow NOT(A, p, B, y)]$

(A_3) 如果 $A \preceq B$，则

$\forall p : B \to Prop \forall z : C. NOT(B, p, C, z) \Rightarrow NOT(A, p, C, z)$

(A_4) 如果 $A \preceq B$，则

$\forall p : C \to Prop. [\forall y : B.NOT(C, p, B, y)] \Rightarrow [\forall x : A.NOT(C, p, A, x)]$

(A_5) 如果 $A \preceq B$，则

$\forall p : C \to Prop. [\exists x : A.NOT(C, p, A, x)] \Rightarrow [\exists y : B.NOT(C, p, B, y)]$

使用算子 DO，上述定律可以重新表示成如下的 ($A_1^d \sim A_5^d$)，它们也许更为直观也更容易理解。

(A_1^d) $DO_{A,A}(p, x) \Leftrightarrow p(x)$

(A_2^d) $[\forall x : A. p(x) \Rightarrow q(x)] \Rightarrow [\forall y : B. DO(p, y) \Rightarrow DO(q, y)]$

(A_3^d) 如果 $A \preceq B$，则 $DO_{A,C}(p, z) \Rightarrow DO_{B,C}(p, z)$

(A_4^d) 如果 $A \preceq B$，则 $\forall y : B.\neg DO_{C,B}(p, y) \Rightarrow \forall x : A.\neg DO_{C,A}(p, x)$

(A_5^d) 如果 $A \preceq B$，则 $\exists x : A.\neg DO_{C,A}(p, x) \Rightarrow \exists y : B.\neg DO_{C,B}(p, y)$

例如，定律 (A_1) 或 (A_1^d) 是说，若 $x : A$，则 $DO(p, x) = \neg NOT(A, p, A, x)$ 与 $p(x)$ 在逻辑上是等价的；并且作为特例，当 $p = p_A$ 时，$IS(A, x) = \neg NOT(A, p_A, A, x)$ 在逻辑上等价于 $p_A(x)$。

下面对上述每条定律 (A_i/A_i^d) 都给出一个例子，作为进一步的说明：对 $i = 1, \cdots, 5$，(i') 解释如何将定律 (A_i) 或 (A_i^d) 用于句子 (i) 的语义。

(1) 张三不是一个男人。（Zhang is not a man.）

（注：这里假设"张三是个男人"。）

(1′) 上述句子的语义是 $\neg p_{Man}(zhang)$（其中 $zhang : Man$），它满足等价关系 $\neg p_{Man}(zhang) \Leftrightarrow \neg IS(Man, zhang)$，其中 $IS(Man, zhang)$ 等于 $\neg NOT(Man, p_{Man}, Man, zhang)$。

(2) 如果桌子不会讲话，那么它就不会大声讲话。

[①] 关于内射函数的定义，见 81 页脚注。

（If a table doesn't talk, then it doesn't talk loudly.）

（2′）上述句子的语义是 $\forall t : Table.\neg\text{DO}(talk, t) \Rightarrow \neg\text{DO}(talk\_loudly, t)$。

（这里假设，对任意的 $h : Human$，$talk\_loudly(h) \Rightarrow talk(h)$。）

（3）如果那个玩具熊是一个男人，那么它就是一个人。

（If that teddy bear is a man, then it is a human.）

（3′）上述句子的语义是 $\text{IS}(Man, Teddy) \Rightarrow \text{IS}(Human, Teddy)$，其中 $Teddy$ 是"那个玩具熊"的语义，并假设 $Man \preceq Human$。

（4）如果桌子不会讲话，那么红颜色的桌子也不会讲话。

（If tables do not talk, then red tables do not talk, either.）

（4′）上述句子的语义是 $[\forall t : Table.\neg\text{DO}(talk, t)] \Rightarrow [\forall r : RTable.\neg\text{DO}(talk, r)]$，其中 $RTable = \Sigma x : Table.red(x)$ 是"红颜色的桌子"的语义，并且有 $RTable \preceq Table$。①

（5）因为语言学家不都是逻辑学家，所以也不是每个人都是逻辑学家。

（Since not every linguist is a logician, not every human is a logician.）

（5′）上述句子的语义是（这里假设 $Linguist \preceq Human$）

$$[\neg\forall l : Linguist.\text{IS}(Logician, l)] \Rightarrow [\neg\forall h : Human.\text{IS}(Logician, h)]$$

至此，引入了算子 NOT，并陈述了它所应遵循的定律。或许有读者要问，这样引入 NOT 是合理的吗？用 NOT 扩充类型论是相容的（consistent）吗？答案是肯定的，但存在不同的方式对此加以证明。例如，人们可以直接进行元理论研究，证明该扩充的相容性等，但这可能过于繁杂（做过这类证明的人们都知道这相当困难，很耗费精力）。另一途径是考虑所谓的"间接证明"：针对我们使用的类型论 T，寻找其相容扩充 $T + E$，然后做如下的工作：

（1）在 $T + E$ 中（通过 E）定义 NOT。

（2）使用上述定义证明 (A_i)（$i = 1, \cdots, 5$）是 $T + E$ 的定理。

（3）由此可知，$T + \text{NOT}$ 是相容的（因为 $T + E$ 是相容的）。

那么能否找到这样的概念 E 呢？

幸运的是，可以采用麦克布莱德（McBride）提出的 JMeq，即所谓的异类等式[159, 160]。在类型论中，通常只能考虑两个类型相同的对象是否相等，而使用异类等式 JMeq 却可形成类型不同的对象间的等式命题 $\text{JMeq}(A, a, B, b)$，它直观上表示 a 和 b 相等，尽管它们的类型 A 和 B 可能不同。用 JMeq 对现代类型论进

---

① 根据"证明无关性"（见 3.5.1 节），强制转换 π_1（$RTable \leqslant_{\pi_1} Table$）是内射函数[225]。

行扩充是相容的，而算子 NOT 可用 JMeq 定义得到，因此，用上述方法便可证明使用 NOT 的逻辑相容性。

NOT 可通过 JMeq 定义如下：

(4.56) $\mathrm{NOT}(A, p, B, b) = \forall x : A. \ \mathrm{JMeq}(A, x, B, b) \Rightarrow \neg p(x).$

直观地说就是，表示"b 不做 p"的 $\mathrm{NOT}(A, p, B, b)$ 被定义为"对任意的 $x : A$，如果 x 等于 b，那么 x 不做 p"。如下定理表明，NOT 可由 JMeq 所引入（其定律均为定理）。作为此定理的推论，用 NOT 对类型论作扩充是相容的。

定理 4.2 若 NOT 如（4.56）所定义，则定律 (A_i) $(i = 1, \cdots, 5)$ 均可在由 JMeq 所扩充的类型论中被证明。

4.3.3 避免生成过剩

某些语句的语义解释可能涉及不正确的判断或者是具有类型检测错误的表达式，但这些语句却可以在某些否定性语境中被合理使用，而此时它们的语义便可用算子 IS/DO 来描述。然而，不能毫无限制地使用 IS/DO 等算子，否则便会对那些没有意义的语句也作出解释，导致"生成过剩"（overgeneration）。例如，（4.57）和（4.58）在通常情况下是无意义的。假设已知"张三是一个人"（$zhang : Human$）并且"讲话"的语义 $talk$ 的论域是"人"的语义 $Human$（$talk : Human \rightarrow Prop$），那么这两个句子的语义则分别是不正确的判断（4.59）和具有类型检测错误的表达式（4.60），而对于这样的语句不应使用（4.61）和（4.62）去解释。

(4.57) （#）张三是一张桌子。（Zhang is a table.）

(4.58) （#）桌子会讲话。（Tables talk.）

(4.59) （#）$zhang : Table$

(4.60) （#）$\forall t : Table. \ talk(t)$

(4.61) $\mathrm{IS}(Table, zhang)$

(4.62) $\forall t : Table. \ \mathrm{DO}(talk, t)$

那么在什么情况下可以使用 IS/DO 进行语义解释呢？本节讨论有关的两个概念：一个是关于类型"互不相交"的概念，另一个是否定性语境（negative context）的概念，二者在确定算子 IS/DO 是否可用于语义假设时至关重要。

首先讨论类型不相交的概念。根据定义 2.2（见 2.5.3 节），两个封闭类型 A 与 B 不相交是指它们没有公共的非空子类型。能否确定两个类型是否相交对衡量判断的正确性以及表达式的合法性都极为重要，这也是衡量含有算子 IS/DO 之表达式的合法性的条件之一。具体说来就是，类型 A 与 B 不相交是能够使用 $\text{IS}_B(A,b)$ 或 $\text{DO}_{A,B}(p,b)$ 进行语义构造的必要条件：

- 若 A 与 b 的类型 B 不相交，则判断 $b:A$ 是错误的，因此有可能使用 $\text{IS}_B(A,b)$ 作为 $b:A$ 的命题形式去进行语义构造。
- 若谓词 p 的论域 A 与 b 的类型 B 不相交，则 $p(b)$ 出现类型检测错误，因此有可能使用 $\text{DO}_{A,B}(p,b)$ 去刻画相应于 $p(b)$ 的语义。

例如，在通常情况下，"桌子" 的语义 $Table$ 和 "人" 的语义 $Human$ 互不相交，没有共同的对象，这是可以使用 $\text{IS}(Table, zhang)$ 和 $\text{DO}(talk, t)$ 去描述相应于错误判断 $zhang:Table$ 和含有类型检测错误的表达式 $talk(t)$ 的必要条件，其中假设 $zhang:Human$ 且 $t:Table$。然而，倘若 A 与 B 相交，那么使用 $\text{IS}_B(A,b)$ 或 $\text{DO}_{A,B}(p,b)$ 就有待斟酌了。例如，"男人" 的语义 Man 与 "学生" 的语义 $Student$ 是有可能相交的，因此使用 $\text{IS}(Student, zhang)$ 是不恰当的。

但是，请注意，类型的不相交仅仅是使用 IS/DO 的必要条件，但不是充分条件。即便在 A 与 B 不相交的情况下，也不一定能够使用 $\text{IS}_B(A,b)$ 或 $\text{DO}_{A,B}(p,b)$ 去表示错误判断 $b:A$ 或非法表达式 $p(b)$，因为还要求它们出现在 "否定性语境" 中，否则的话，就会发生使用 IS/DO 去解释像（4.57）和（4.58）那样的无意义的句子的情况，即所谓的生成过剩。

下面定义否定性语境的概念，为此先引入一个辅助概念 "NOT 表达式"，归纳定义如下：

（1）$\text{IS}_B(A,b)$ 和 $\text{DO}_{A,B}(p,b)$ 是 NOT 表达式；

（2）如果 A 是 NOT 表达式或者 B 是 NOT 表达式，则 $A \wedge B$ 和 $A \vee B$ 均是 NOT 表达式；

（3）如果 A 是 NOT 表达式，则 $\forall x:T.A$ 和 $\exists x:T.A$ 均是 NOT 表达式。

定义 4.7 (否定性语境)   假设 A、B、C 是形为 $P_1 \oplus \cdots \oplus P_n$ 的公式，其中 $n \geqslant 1$，P_i $(i = 1, \cdots, n)$ 为原子公式，且 $\oplus \in \{\wedge, \vee\}$。

（1）在 $\neg A$ 里，A 及其子公式出现于否定性语境中；

（2）在 $A \Rightarrow B$ 里，A 及其子公式出现于否定性语境中；

（3）如果 A 是 NOT 表达式，那么在 $A \Rightarrow B$ 里，B 及其子公式出现于否定性语境中；

（4）假设 A_0 是 A 的子公式。如果在 A 里 A_0 出现于否定性语境中，那么在 $\forall x:T.A$ 和 $\exists x:T.A$ 里，A_0 也出现于否定性语境中；

（5）如果一个公式在 $A \wedge B \Rightarrow C$ 里出现于否定性语境中，那么它在 $A \Rightarrow$

$B \Rightarrow C$ 里也出现于否定性语境中。

使用算子 IS/DO 的合法命题可在否定性语境中出现，用以进行语义刻画，而不导致生成过剩，以下是一些示例。

(4.63) 女人不是男人。（Women are not men.）

(4.64) 桌子不会讲话。（Tables do not talk.）

(4.65) 并非桌子不会讲话。（It is not the case that tables don't talk.）

(4.66) 要是桌子会讲话，那椅子也会。（If tables talk, so do chairs.）

现对上述诸例解释如下：

- （4.63）的语义是 $\forall x : Woman.\ \neg \mathrm{IS}(Man, x)$。这里假设"女人"的语义 $Woman$ 与"男人"的语义 Man 不相交，而且根据定义 4.7第（1）条和第（4）条，$\mathrm{IS}(Man, x)$ 出现于否定性语境中。

- （4.64）的语义是 $\forall x : Table.\ \neg \mathrm{DO}(talk, x)$。这里假设"桌子"的语义 $Table$ 与"讲话"的语义 $talk$ 的论域 $Human$ 不相交，而且根据定义 4.7第（1）条和第（4）条，$\mathrm{DO}(talk, x)$ 出现于否定性语境中。

- （4.65）的语义是 $\neg \forall x : Table.\ \neg \mathrm{DO}(talk, x)$。此语句与上面的句子（4.64）相比，唯一的区别是在前面又多了一个否定连接词。根据定义 4.7 第（1）条和第（4）条，$\mathrm{DO}(talk, x)$ 出现于否定性语境中。

- （4.66）的语义是 $[\forall x : Table.\ \mathrm{DO}(talk, x)] \Rightarrow [\forall y : Chair.\ \mathrm{DO}(talk, y)]$。这里假设"桌子/椅子"的语义 $Table/Chair$ 与"讲话"的语义 $talk$ 的论域 $Human$ 均不相交，而且根据定义 4.7第（2）条和第（3）条，$\mathrm{DO}(talk, x)$ 和 $\mathrm{DO}(talk, y)$ 均出现于否定性语境中。

4.4 依赖类型在事件语义学中的应用

事件语义学（event semantics）的研究起源于戴维森（Davidson）20 世纪 60 年代的工作[62]，并在新戴维森（neo-Davidsonian）时期得到了进一步发展（见帕森斯（Parsons）所著文献 [180]）。在语义学中引入事件的概念具有若干优点（包括戴维森研究副词修饰语义的原始动机），但也引入了新的问题，而依赖类型则为事件语义学提供了解决有关问题的有效工具，并在语义构造中相当有用。

本节首先简单介绍事件语义学（4.4.1节），然后讨论作者和索洛维耶夫关于依赖事件类型（dependent event type）的研究及其应用[148]。请注意，在简单类型论和现代类型论中均可引入依赖事件类型，对此分别在 4.4.2节及 4.4.3节进行介绍并举例讨论它们的应用。

4.4.1 事件语义学、它的优势及有关问题

戴维森在文献 [62] 中指出：副词的修饰语义存在问题，不尽人意，而引入事件这一概念则是解决该问题的良好途径。现举例对此做说明。考虑例句（4.67）和（4.68）：

（4.67）约翰给烤面包片抹上了黄油。（John buttered the toast.）

（4.68）约翰在厨房里用餐刀给烤面包片抹上了黄油。

（John buttered the toast with the knife in the kitchen.）

从直觉上讲，（4.68）的语义应该在逻辑上蕴涵（4.67）的语义，但想要做到这一点在传统的蒙太古语义学中并不那么简单。例如，假设 $j : \mathbf{e}$ 和 $toast : \mathbf{e}$ 分别是"约翰"和"烤面包片"的语义，并且动词词组"抹黄油"和副词词组"用餐刀"及"在厨房里"的语义分别有如下的类型（见表 4.1第二列）：

表 4.1 蒙太古语义及新戴维森事件语义举例

	蒙太古语义	新戴维森事件语义
butter	$\mathbf{e} \to \mathbf{e} \to \mathbf{t}$	$Event \to \mathbf{t}$
with_knife *in_kitchen*	$(\mathbf{e} \to \mathbf{t}) \to \mathbf{e} \to \mathbf{t}$	$Event \to \mathbf{t}$

$$butter : \mathbf{e} \to \mathbf{e} \to \mathbf{t}$$
$$with\_knife : (\mathbf{e} \to \mathbf{t}) \to \mathbf{e} \to \mathbf{t}$$
$$in\_kitchen : (\mathbf{e} \to \mathbf{t}) \to \mathbf{e} \to \mathbf{t}$$

那么，（4.67）和（4.68）便可分别被解释为（4.69）和（4.70）：

（4.69）$butter(j, toast)$

（4.70）$in\_kitchen(with\_knife(butter(j)))(toast)$

然而，要想有（4.70）蕴涵（4.69），则不得不诉诸所谓的"意义公设"，假设 $with\_knife(p, x) \Rightarrow p(x)$ 和 $in\_kitchen(p, x) \Rightarrow p(x)$ 总是为真（使用这种意义公设乃不得已而为之，不能令人满意，学者们在语义构造中都尽量回避这种意义公设）。

戴维森引入事件的概念，开创了事件语义学，其建模方式可概述为如下 3 点。

- 戴维森认为那些表示动作的行为动词在语义上附带地引入了由存在量词所量化的事件变量。
- 动词和副词的语义均可描述为以所有事件为论域的谓词。
- 新戴维森时期的学者们引入了描述语言学中各种题元角色（thematic role）[①] 的语义函数，从而将此建模方式进一步简化。

由此，语句（4.67）和（4.68）的语义便可分别表示为（4.71）和（4.72），其中从事件到实体的函数 $agent$ 和 $patient$ 分别描述称作施事和受事的题元角色（它们的类型为 $Event \rightarrow \mathbf{e}$），而 $butter$、$with\_knife$ 和 $in\_kitchen$ 则都表示为以事件为论域的谓词（它们的类型为 $Event \rightarrow \mathbf{t}$，如表 4.1 第三列所示）：[②]

(4.71) $\exists v : Event.\, butter(v) \wedge agent(v) = j \wedge patient(v) = toast$

(4.72) $\exists v : Event.\, butter(v) \wedge agent(v) = j \wedge patient(v) = toast$
$\wedge\, with\_knife(v) \wedge in\_kitchen(v)$

这些事件语义同（4.69）和（4.70）相比有明显的优点，更令人满意。例如，对于副词修饰而言，现在显然有（4.72）蕴涵（4.71）（前者有更多合取子公式），而无须再假设额外的意义公设了。另外，事件语义学还有其他优点。举一个简单例子：如兰德曼（Landman）在文献 [118] 中指出，由于合取式的可交换性，多个副词的修饰语义在其事件语义的描述中也是可以相互交换的。这在传统的蒙太古语义学中则不然：人们同样不得不使用意义公设来描述此类约束条件。

然而，在语义学中引入事件的概念带来了新的问题，需谨慎行事。例如，关于事件的存在量词便可能在语义描述中与其他量词相互干扰，引入语义构造的不确定因素，甚至导致错误的出现。举例而言，语句（4.73）的（新戴维森）事件语义应该是（4.74），其中 $talk : Event \rightarrow \mathbf{t}$。但是，也还存在另一种可能的解释，即可以将（4.74）中的事件量词"$\exists v : Event$"向左移动以扩大其辖域，得到（4.75）。

---

① 题元角色是语言学术语，又称为题元关系（thematic relation），指的是名词词组在由主要动词所表示的事件中所起的作用。例如，在句子"张三吃了个苹果"中，"张三"是该事件的执行者，起着称为"施事"的题元角色，而"一个苹果"则是该事件所作用的对象，起着称为"受事"的题元角色。

② 请注意，人们通常借助于符号规定，省去 $Event$。例如（4.71）就写成：

$$\exists v.\, butter(v) \wedge agent(v) = j \wedge patient(v) = toast$$

还有人将事件看成类型为 $\mathbf{e}$ 的特殊实体，并加上注解说明变量 v 为事件，甚至认为在简单类型论中不存在像 $Event$ 这样的类型（见文献 [221] 关于"事件修饰问题"（event modification problem）的讨论）。作者认为最好引入事件的类型而将相关的量化描述为"$\exists v : Event$"，而至于事件是否是实体（即是否有 $Event \leqslant \mathbf{e}$），在此无关紧要，可以暂且不做规定。

虽然直观来说，（4.75）显然不该是句子（4.73）的语义，但它是合法的公式（!），因此在形式上很难说明为什么（4.74）是（4.73）的正确解释，而（4.75）不是。

(4.73) 没有人讲话。（Nobody talked.）

(4.74) $\neg \exists x : \mathbf{e}. \ [human(x) \wedge \exists v : Event. \ talk(v) \wedge agent(v) = x]$

(4.75) $(\#) \ \exists v : Event. \ \neg \exists x : \mathbf{e}. \ human(x) \wedge talk(v) \wedge agent(v) = x$

有的学者认为这一问题表明事件语义学与传统的蒙太古语义学不够兼容[35]，也有的学者把这种现象称为事件量化问题（Event Quantification Problem，EQP）[221, 65]，并提出了几种解决方案，以防止像（4.75）这样的错误语义出现。这些方案包括兰德曼提出的"辖域及论域原则"（scope domain principle）[117] 和商博良（Champollion）关于在语义中使用事件集合的建议[35] 等。它们要么是非形式化的提议，要么就带来了一些不必要的复杂性。4.4.2 节将在简单类型论中引入依赖事件类型，其应用之一便是给出上述事件量化问题的自然且形式化的解决方案。

在 MTT 语义学中引入事件的概念虽然也圆满地解决了副词修饰语义的问题，但也同样产生了事件量化问题。关于如何在现代类型论中引入依赖事件类型会在 4.4.3 节中做介绍：除了解决事件量化问题外，它们还对如何在 MTT 事件语义学中处理选择限制问题给出了进一步的解决方案。

4.4.2　依赖事件类型（I）：简单类型论的扩充

如上所述，在基于简单类型论的戴维森事件语义学中，通常对事件不再做更细的分类；也可以将此刻画为仅有一个事件类型，即所有事件所组成的类型 $Event$。例如，句子（4.76）可以解释为（4.77），其中"讲话"和"大声（地）"的语义 $talk$ 和 $loudly$ 均是以类型 $Event$ 为论域的谓词：

(4.76) 张三大声地讲话。（Zhang talked loudly.）

(4.77) $\exists v : Event. \ talk(v) \wedge loudly(v) \wedge agent(v) = zhang$

在此，建议对事件类型进一步细化，使用其类型来描述事件所具有的某些性质。具体来说，引入依赖事件类型（dependent event types），它们所依赖的参数是施事和受事等题元角色的取值。例如，若 $a : \mathbf{e}$ 和 $p : \mathbf{e}$ 分别是施事和受事，那么：

- $Evt_A(a)$ 是所有施事为 a 的事件所组成的类型；
- $Evt_P(p)$ 是所有受事为 p 的事件所组成的类型；
- $Evt_{AP}(a, p)$ 是所有施事为 a 且受事为 p 的事件所组成的类型。

上述事件类型的下角标表示该类型的参数是施事还是受事（A 和 P 分别是施事和受事英文单词的首字母）。

使用这样的依赖事件类型，句子（4.76）便可解释为（4.78），其中 v 的类型 $Evt_A(zhang)$ 除了说明 v 是一个事件以外还指出"张三"（zhang）是 v 的施事。

(4.78) $\exists v : Evt_A(zhang).\ talk(v) \wedge loudly(v)$

注意，这里 $talk(v)$ 和 $loudly(v)$ 的类型检测是正确的，原因是 v 的类型 $Evt_A(zhang)$ 是 $Event$ 的子类型（见下文）。

依赖事件类型可以依赖于 n 个不同的题元角色（称为 n 元依赖事件类型），这些题元角色包括事件的施事或受事、事件发生的时间或地点等。在这里，不失一般性，仅考虑 $n = 0, 1, 2$ 并且题元角色为施事和受事时的情况。

- 当 $n = 0$ 时，事件类型不含任何参数，通常记为 $Event$，它是所有事件的类型。
- 当 $n = 1$ 时，仅考虑依赖事件类型 $Evt_A(a)$ 和 $Evt_P(p)$。
- 当 $n = 2$ 时，仅考虑依赖事件类型 $Evt_{AP}(a, p)$。

依赖事件类型间有着自然的子类型关系。例如，如果一个事件是 $Evt_{AP}(a, p)$ 的对象（其施事为 a 且受事为 p），那么它当然也是 $Evt_A(a)$ 的对象（其施事为 a）。换句话说，$Evt_{AP}(a, p)$ 是 $Evt_A(a)$ 的子类型。有如下的子类型关系（见图 4.4）：[①]

(4.79) $Evt_{AP}(a, p) \leqslant Evt_A(a) \leqslant Event,\ Evt_{AP}(a, p) \leqslant Evt_P(p) \leqslant Event$

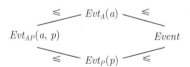

图 4.4　依赖事件类型间的（包含性）子类型关系

依赖事件类型的应用之一是为解决事件量化问题（见 4.4.1 节）提供了良好的形式化机制。更具体地说就是，由于依赖事件类型的使用，那些不正确的语义解释不再是合法的了，因此自然而然地被排除在外，不会予以考虑。例如，使用依赖事件类型，（4.73）中的句子"没有人讲话"便可解释为（4.80），而相应的错

---

① 请注意，在简单类型论中引入依赖事件类型，使用了包含性子类型理论来刻画有关的子类型关系：（4.79）及图 4.4 所示的子类型关系是包含性子类型关系。4.4.3 节把依赖事件类型引入现代类型论，将使用的则是强制性子类型理论。（关于这两种子类型理论的介绍，见 2.5 节）。

误语义（4.81）则不仅错误地表达了（4.73）的意思，而且它本身是非法的：其第一个 x 处于存在量词"$\exists x : \mathbf{e}$"的辖域之外，因此该公式（在上下文 $\langle\rangle$ 下）是非法的。

$(4.80)\ \neg\exists x : \mathbf{e}.\ [human(x) \wedge \exists v : Evt_A(x).\ talk(v)]$

$(4.81)\ (\#)\ \exists v : Evt_A(x).\ \neg\exists x : \mathbf{e}.\ human(x) \wedge talk(v)$

请注意，这与不使用依赖事件类型时的情形截然不同：那里，相应的错误语义（4.75）是合法公式，它无法被直接排除，因此人们不得不诉诸非形式化的规定去排除这些错误语义。而在使用依赖事件类型之后，错误语义（4.81）是非法公式，把它排除在外便理所当然了。换句话说，其他解决事件量化问题的方案要么不够形式化，要么相当复杂；而虽然引入依赖事件类型的目的并非仅仅为了解决事件量化问题，但它的使用却自然而然地解决了该问题，并给出了形式化的解决方案。

依赖事件类型既可引入简单类型论中，从而应用于以蒙太古语义学为基础的事件语义学，也可引入现代类型论中，应用于以 MTT 语义学为基础的事件语义学。后者在 4.4.3 节介绍，在此，先介绍前者，引入形式系统 $\mathcal{C}_e$，"带依赖事件类型的简单类型论"，以简单类型论 $\mathcal{C}$ 为基础扩充依赖事件类型，并证明 $\mathcal{C}_e$ 是 $\mathcal{C}$ 的保守扩张（conservative extension）。

$\mathcal{C}_e$ 的推理规则如下。

• 简单类型论 $\mathcal{C}$ 的规则：$\mathcal{C}$ 的所有推理规则（见 3.2 节和附录 D.1）均是 $\mathcal{C}_e$ 的规则，唯一的例外是 λ 引入规则在 $\mathcal{C}_e$ 中需要增加一个附加条件，变为

$$\frac{\Gamma, x : A \vdash b : B}{\Gamma \vdash \lambda x : A.b : A \to B} \quad (x \notin FV(B))$$

在其附加条件"$x \notin FV(B)$"中，$FV(B)$ 是出现在 B 中的所有自由变量的集合。[①]

• 有关依赖事件类型的规则：

$$\frac{\Gamma\ valid}{\Gamma \vdash Event\ type}$$

$$\frac{\Gamma \vdash a : \mathbf{e}}{\Gamma \vdash Evt_A(a)\ type} \qquad \frac{\Gamma \vdash p : \mathbf{e}}{\Gamma \vdash Evt_P(p)\ type} \qquad \frac{\Gamma \vdash a : \mathbf{e}\quad \Gamma \vdash p : \mathbf{e}}{\Gamma \vdash Evt_{AP}(a,p)\ type}$$

[①] 请注意，在 $\mathcal{C}$ 中无须这一附加条件，因为 $\mathcal{C}$ 没有依赖类型，因此 x 当然不会在 B 中自由出现。在 $\mathcal{C}_e$ 中则不同：例如，x 在类型 $Evt_A(x)$ 中会自由出现。

- 子类型的包含规则：

$$\frac{\Gamma \vdash a : A \quad \Gamma \vdash B\ type \quad A \leqslant B}{\Gamma \vdash a : B}$$

其中子类型关系 $\leqslant$ 是相对于转换关系 $\simeq_\beta$（见第 188 页脚注）而言，满足如下两个条件的最小偏序。

（1）该子类型关系对于函数类型是逆变的（contravariant）：如果 $A' \leqslant A$ 和 $B \leqslant B'$，那么 $A \to B \leqslant A' \to B'$。

（2）如图 4.4所示的依赖事件类型间的包含性子类型关系（4.79）成立。

如下定理表明，作为简单类型论 $\mathcal{C}$ 的保守扩张（保守扩张的定义见 39 页脚注①），$\mathcal{C}_e$ 具有 $\mathcal{C}$ 的良好性质，这包括下述推论所述的相容性等。

定理 4.3 (保守扩张)　$\mathcal{C}_e$ 是 $\mathcal{C}$ 的保守扩张。

证明　归纳定义 $\mathcal{C}_e$ 到 $\mathcal{C}$ 的映射 R，它将事件类型 $Event$ 及 $Evt_{\bar{K}}(\bar{k})$ 映射到 **e**，而将所有不包含依赖事件类型的表达式都映射到自身。不难证明，R 保持可推导性（derivability），即若 D 是 $\mathcal{C}_e$ 中的推导，那么 $R(D)$ 是 $\mathcal{C}$ 中的推导。只要注意到对于 $\mathcal{C}$ 中的判断而言 R 是等同映射，就不难得出结论：如果一个 $\mathcal{C}$ 的判断可以在 $\mathcal{C}_e$ 中被导出，那么该判断就可在 $\mathcal{C}$ 中被导出。因此可以得出结论，$\mathcal{C}_e$ 是 $\mathcal{C}$ 的保守扩张。

推论 4.1 ($\mathcal{C}_e$ 的相容性)　$\mathcal{C}_e$ 在逻辑上是相容的。

4.4.3　依赖事件类型（II）：MTT 事件语义学

在 MTT 语义学中可以类似地引入事件的概念，从而得到 MTT 事件语义学。本节介绍如何在现代类型论中引入依赖事件类型，并讨论它们在处理事件量化及选择限制等问题时所起的作用。关于 MTT 事件语义学及其有关应用在证明系统 Coq 中的实现见 5.3.4 节。

引入事件的概念在一方面解决了有关副词修饰语义的问题，而另一方面导致了事件量化问题的产生，这在 MTT 语义学中也是如此。还是用 4.4.1节中的例句（4.67）和（4.68）来做解释。假设类型 $Human$ 和 $Bread$ 分别是"人"和"面包"的语义、$j : Human$ 并且 $toast : Bread$。如果 $butter$、$with\_knife$ 和 $in\_kitchen$ 有表 4.2 第二列所示的 MTT 语义类型，那么（4.67）和（4.68）在现代类型论中的语义就可以分别表示为命题（4.82）和（4.83）：

(4.82) $butter(j, toast)$

(4.83) $in\_kitchen(Bread, with\_knife(Bread, butter(j)))(toast)$

表 4.2 MTT 语义类型及 MTT 事件语义类型举例

	MTT 语义类型	MTT 事件语义类型
butter	$Human \rightarrow Bread \rightarrow Prop$	$Event \rightarrow Prop$
with_knife, *in_kitchen*	$\Pi A : \mathsf{CN}.(A \rightarrow Prop) \rightarrow$ $A \rightarrow Prop$	$Event \rightarrow Prop$

但是，要想有（4.83）蕴涵（4.82），同样不得不假设意义公设才能达到目的。而使用事件语义，假设 $ag : Event \rightarrow Agent$、$pt : Event \rightarrow Patient$ 是题元角色描述函数（其中 $Agent$ 和 $Patient$ 分别是施事和受事的类型，见下文），而 $butter, with\_knife, in\_kitchen : Event \rightarrow Prop$（如表 4.2 第三列所示），（4.67）和（4.68）的语义便可分别表示为（4.84）和（4.85）：

(4.84) $\exists v : Event.\, butter(v) \wedge ag(v) = j \wedge pt(v) = toast$

(4.85) $\exists v : Event.\, butter(v) \wedge ag(v) = j \wedge pt(v) = toast$
$\wedge\, with\_knife(v) \wedge in\_kitchen(v)$

这样的话就显然有（4.85）蕴涵（4.84）。但是，这同样导致事件量化问题：关于事件的存在量词与其他量词相互干扰，并且无法将类似于（4.75）的错误的"合法语义"排除在外。同样地，引入依赖事件类型是解决这一问题的良好途径。

下面首先介绍如何在现代类型论中引入依赖事件类型，然后讨论它们的应用：除了解决事件量化问题外，依赖事件类型的引入还对如何在 MTT 事件语义学中处理选择限制问题给出了合理的解决方案。

令 T 是一个现代类型论（见第 2 章）。现在描述 $T_e[E]$（"带依赖事件类型的现代类型论"），它是 T 的扩充，增加了依赖事件类型以及相关的强制性子类型关系（见图 4.5）。现解释如下：

（1）图 4.5(1,2) 中的规则引入现代类型论的依赖事件类型（与 4.4.2 节类似，不失一般性，仅考虑施事和受事这两个题元角色）。

（2）依赖事件类型间的子类型关系仍如图 4.4所示，不同的是各子类型关系现在是强制性子类型关系，它们由图 4.5(3) 中的规则所描述，其中常量转换 c_i（$i = 1, 2, 3, 4$）的类型如下：

$$c_1 : \Pi x : Agent \Pi y : Patient.\, Evt_{AP}(x, y) \rightarrow Evt_A(x)$$

$$c_2 : \Pi x : Agent \Pi y : Patient.\, Evt_{AP}(x, y) \rightarrow Evt_P(y)$$

$$c_3 : \Pi x : Agent.\, Evt_A(x) \rightarrow Event$$

$$c_4 : \Pi y : Patient.\ Evt_P(y) \to Event$$

并满足如下规则：

$$\frac{\Gamma \vdash a : Agent \quad \Gamma \vdash p : Patient}{\Gamma \vdash c_3(a) \circ c_1(a, p) = c_4(p) \circ c_2(a, p) : Evt_{AP}(a, p) \to Event}$$

---

(1) 题元角色（施事和受事）的类型

$$\frac{\vdash \Gamma}{\Gamma \vdash Agent\ type} \qquad\qquad \frac{\vdash \Gamma}{\Gamma \vdash Patient\ type}$$

(2) 依赖事件类型

$$\frac{\vdash \Gamma}{\Gamma \vdash Event\ type}$$

$$\frac{\Gamma \vdash a : Agent}{\Gamma \vdash Evt_A(a)\ type} \qquad \frac{\Gamma \vdash p : Patient}{\Gamma \vdash Evt_P(p)\ type} \qquad \frac{\Gamma \vdash a : Agent \quad \Gamma \vdash p : Patient}{\Gamma \vdash Evt_{AP}(a, p)\ type}$$

(3) 事件类型间的子类型关系

$$\frac{\Gamma \vdash a : Agent \quad \Gamma \vdash p : Patient}{\Gamma \vdash Evt_{AP}(a, p) \leqslant_{c_1(a, p)} Evt_A(a)} \qquad \frac{\Gamma \vdash a : Agent \quad \Gamma \vdash p : Patient}{\Gamma \vdash Evt_{AP}(a, p) \leqslant_{c_2(a, p)} Evt_P(p)}$$

$$\frac{\Gamma \vdash a : Agent \quad \Gamma \vdash p : Patient}{\Gamma \vdash Evt_A(a) \leqslant_{c_3(a)} Event} \qquad \frac{\Gamma \vdash a : Agent \quad \Gamma \vdash p : Patient}{\Gamma \vdash Evt_P(p) \leqslant_{c_4(p)} Event}$$

图 4.5　现代类型论的依赖事件类型

请注意，系统 $T_e[E]$ 沿用了描述强制性子类型系统的符号约定，其中子类型关系的判断集合 E 便是由那些根据图 4.5(3) 中的规则所能导出的判断所组成的集合（见 6.3.2 节及文献 [149] 等参考文献）。有如下的定理及推论。

定理 4.4（保守扩张）　$T_e[E]$ 是 T 的保守扩张。

推论 4.2（$T_e[E]$ 的相容性）　若类型论 T 在逻辑上是相容的，那么其扩充 $T_e[E]$ 也是如此。

下面讨论依赖事件类型在 MTT 事件语义学中的应用。首先，如同 4.4.2节所述，依赖事件类型解决了事件量化问题，这在 MTT 语义学中同样如此。（4.86）是与（4.73）相同的例句，在引入事件后它的 MTT 语义为（4.87）（其中 $talk:$ $Event \to Prop$），但人们无法直接排除（4.88）等错误语义，因为它也是一个合法命题。在使用依赖事件类型后便不再如此了：假设 $Human \leqslant Agent$，正确的语义是合法命题（4.89），而相应的错误语义（4.90）则是非法的，因为它的第一个 x 处于量词"$\exists x : Human$"的辖域之外，（在 $\langle\rangle$ 中）是未曾说明的自由变量。

因此，错误语义（4.90）被合法性检查直接排除在外。

(4.86) 没有人讲话。（Nobody talked.）

(4.87) $\neg\exists x : Human\ \exists v : Event.\ talk(v) \wedge ag(v) = x]$

(4.88) (#) $\exists v : Event.\ \neg\exists x : Human.\ talk(v) \wedge ag(v) = x$

(4.89) $\neg\exists x : Human\exists v : Evt_A(x).\ talk(v)$

(4.90) (#) $\exists v : Evt_A(x)\ \neg\exists x : Human.\ talk(v)$

　　依赖事件类型的另一应用是它们为如何在 MTT 事件语义学中处理选择限制问题（selectional restriction）给出了合理的解决方案，使用类型检测作为选择限制的衡量标准（见 3.3.3 节关于类型检测及选择限制的讨论）。首先重温下述例子（4.91）。该语句含有范畴性错误，在通常情况下是没有意义的；这在 MTT 语义学中得到了恰当的"表述"：其 MTT 语义（4.92）含有类型检测错误（桌子 t 不在 $talk$ 的论域 $Human$ 之中），不是合法的命题。

(4.91) (#) 桌子会讲话。（Tables talk.）

(4.92) (#) $\forall t : Table.\ talk(t)$，其中 $talk : Human \rightarrow Prop$。

然而，这在引入了事件之后有了变化。例如，如果使用依赖事件类型（假设 $Table \leqslant Agent$），那么含有范畴性错误的句子（4.91）的事件语义（4.93）却是合法的命题！

(4.93) (?) $\forall t : Table.\ \exists v : Evt_A(t).\ talk(v)$，其中 $talk : Event \rightarrow Prop$。

要解决这一问题，存在多种途径。下面描述如何使用依赖事件类型来解决这个问题。

　　引入"带论域的依赖事件类型" $Evt_{\bar{T}}[\bar{D}](\bar{d})$，其中 $\bar{T} = T_1, \cdots, T_n$，$\bar{D} = D_1, \cdots, D_n$ 和 $\bar{d} = d_1, \cdots, d_n$ 是长度相同的序列。以 $n = 1$ 而 $T_1 = A$ 为例：依赖事件类型 $Evt_A[D](d)$ 的参数 d 为施事，但其参数的类型限于 $Agent$ 的子类型 D，相应的规则如下：

$$\frac{\langle\rangle \vdash D \leqslant_\kappa Agent\ \ \Gamma \vdash d : D}{\Gamma \vdash Evt_A[D](d)\ type} \qquad \frac{\langle\rangle \vdash D \leqslant_\kappa Agent\ \ \Gamma \vdash d : D}{\Gamma \vdash Evt_A[D](d) = Evt_A(\kappa(d))}$$

请注意，这仅仅是一个定义性扩张。省去强制性转换，便有：如果 $d : D \leqslant Agent$，那么 $Evt_A[D](d)$ 实际上就是关于施事的依赖事件类型 $Evt_A(d)$，只是增加了额

外的要求 $d : D$。例如，通常假设 $Human \leqslant Agent$（每个人均可作为施事），而 $Evt_A[Human](x)$ 则是施事为 x 的事件组成的类型，并且 $x : Human$。使用这样的事件类型，（4.91）的语义便应描述为（4.94），但请注意，这不是一个合法的命题：x 的类型是 $Table$ 而不是 $Human$。

(4.94) (#) $\forall x : Table \exists v : Evt_A[Human](x). talk(v)$

可能有读者会问，（4.94）中的论域参数 $Human$ 从何而来呢？实际上它来源于动词 $talk$ 的"原始语义"：在引入事件之前，$talk$ 的 MTT 语义类型为 $Human \rightarrow Prop$，这便是 $Human$ 的来源。

4.5 依赖性范畴语法

本节考虑范畴语法（categorial grammar），讨论如何将兰贝克（Lambek）的有序类型（ordered type）[116] 与吉拉德的线性类型（linear type）[84] 相结合，应用于范畴语法的研究，并研究如何引入依赖性子结构类型和以此为基础的依赖性范畴语法（dependent categorial grammar）。与本章前述诸节不同，本节考虑的不是类型论的扩充，而是研究"子结构类型"，并讨论有关语法与语义的界面的研究课题。

范畴语法的另一名称是"范畴类型逻辑"（categorial type logic），它的核心就是子结构逻辑（substructural logic）。虽然兰贝克在 1958 年就发表了文献 [116]，但直到 20 世纪 80 年代，他的想法才得到了学术界的重视和进一步发展（本章的后记将提到更多的参考文献）。如雅各布森（Jacobson）所指出 [105]，主要原因之一是学者们认识到了范畴语法对语法与语义（蒙太古语义）的对应关系给出了尤为优越的表述。另外，由于范畴语法以子结构逻辑为基础，相关的子结构逻辑系统（或子结构类型系统）便成为学者们的研究重点之一。例如，鉴于有序类型在表达上的局限性，人们在线性逻辑的基础上发展了线性范畴语法并使用 λ 符号串来表示语句中符号的线性顺序（Linear Categorial Grammar，LCG）[178]。然而，也有学者指出，单纯使用线性范畴语法不甚满意（它导致生成过剩），应将有序类型和线性类型一起使用来进行语法描述 [115]。

作者在有关工作的基础上（见文献 [139]、[150]、[140]），在此提出依赖性子结构类型论 $\bar{\lambda}_\Pi$，它不仅含有有序类型和线性类型，而且有相应的依赖性子结构类型。因此，一方面能够使用它的有序类型和线性类型进行语法刻画，另一方面还可以用它来描述与 MTT 语义相对应的语法结构。本节仅对此做概述。

4.5.1　依赖性子结构类型论

本节描述依赖性子结构类型论 $\bar{\lambda}_{\Pi}$，[①] 它含有 3 种依赖性子结构 Π 类型，其非依赖形式就是线性的或有序的函数类型：

- 线性 Π 类型 $\bar{\Pi}x : A.B$，它的对象由线性抽象算子 $\bar{\lambda}x : A.b$ 所表示，其应用算子为 $\overline{app}(f, a)$。当 $x \notin FV(B)$ 时，$\bar{\Pi}x : A.B$ 便是线性函数类型 $A \multimap B$。

- 有序 Π 类型：
  - 右向 Π 类型 $\Pi^r x : A.B$，它的对象由抽象算子 $\lambda^r x : A.b$ 所表示，其应用算子为 $app^r(f, a)$。当 $x \notin FV(B)$ 时，$\Pi^r x : A.B$ 便是有序函数类型 B/A。
  - 左向 Π 类型 $\Pi^l x : A.B$，它的对象由抽象算子 $\lambda^l x : A.b$ 所表示，其应用算子为 $app^l(a, f)$。当 $x \notin FV(B)$ 时，$\Pi^l x : A.B$ 便是有序函数类型 $A \backslash B$。

上述各种 Π 类型及其抽象和应用算子的符号表示汇总于表 4.3。当没有依赖类型时，类型论 $\bar{\lambda}_{\Pi}$ 退化为仅含有子结构函数类型 $A \multimap B$（线性函数类型）和 B/A 及 $A \backslash B$（有序函数类型）的系统。

表 4.3　$\bar{\lambda}_{\Pi}$ 中的 3 种子结构 Π 类型：符号汇总

	子结构 Π 类型	相应函数类型	抽象算子	应用算子
线性	$\bar{\Pi}x : A.B$	$A \multimap B$	$\bar{\lambda}x : A.b$	$\overline{app}(f, a)$
有序（右）	$\Pi^r x : A.B$	B/A	$\lambda^r x : A.b$	$app^r(f, a)$
有序（左）	$\Pi^l x : A.B$	$A \backslash B$	$\lambda^l x : A.b$	$app^l(a, f)$

附录 E 列出了 $\bar{\lambda}_{\Pi}$ 的推理规则。假设该系统有词汇表 LEX，它是某些序对 (c, A) 所组成的有穷集，其中 c 为常量，而 A 为类型。$\bar{\lambda}_{\Pi}$ 有如下规则：

$$\frac{(c, A) \in \text{LEX}}{\langle\rangle \vdash c : A}$$

请注意：在 LEX 中，同一常量 c 可能出现在多个序对中；换言之，一个常量可能具有多个类型。

[①] 系统 $\bar{\lambda}_{\Pi}$ 的名称里的符号 "‾" 是指该系统不含有通常的（直觉主义）Π 类型 $\Pi x : A.B$（见 2.2.1节）。如若引入通常的 Π 类型，就将其命名为 λ_{Π}；λ_{Π} 的描述较 $\bar{\lambda}_{\Pi}$ 更为复杂，它的描述与线性依赖类型论 LDTT 类似，见文献 [140] 和 [150]。

在 $\bar{\lambda}_\Pi$ 中，上下文有两种形式的条目：$x{:}A$ 和 $x{::}A$。前者表示 x 是类型为 A 的有序变量，而后者表示 x 是线性变量。见上下文中，我们通常用 $\bar{:}$ 表示二者之一。如下的变量规则至关重要：

$$\frac{\Gamma, x\bar{:}A \ valid}{\Gamma, x\bar{:}A \vdash x : A} \quad (\forall y \in FV(\Gamma).\ x \sim_{\Gamma, x\bar{:}A} y)$$

在线性逻辑或有序逻辑中，变量规则通常为 $x : A \vdash x : A$。然而，在引入依赖类型后，类型 A 可能依赖于某自由变量 $y\bar{:}B$（例如，$y \in FV(A)$），而这时说"x 依赖于 y"。这正是上述规则的附加条件中的依赖关系 $\sim_{\Gamma, x\bar{:}A}$ 所要描述的（它的定义见附录 E）。若存在依赖于 x 的变量 y，Γ 便不为空，它含有条目 $y\bar{:}B$ 等。例如，如下的判断（4.95）是正确的（其中 S 和 CN 分别是陈述句和通名的范畴，见下文），而（4.96）则不然，因为后者的上下文是不合法的（变量 X 未被说明）。

(4.95) $X : \mathrm{CN}, x :: X \multimap \mathrm{S} \multimap \mathrm{S} \vdash x : X \multimap \mathrm{S} \multimap \mathrm{S}$

(4.96) $x :: X \multimap \mathrm{S} \multimap \mathrm{S} \nvdash x : X \multimap \mathrm{S} \multimap \mathrm{S}$

当然，在上述的变量规则中，若变量 x 不依赖于任何其他变量，那么 Γ 为空，则该规则退化为

$$\frac{x\bar{:}A \ valid}{x\bar{:}A \vdash x : A}$$

将 $\bar{\lambda}_\Pi$ 应用于自然语言的范畴语法，可引入若干基本的语法范畴，表示为类型。它们包括如下几种。

- S：陈述句的范畴。
- NP：名词词组的范畴。
- CN：通名的范畴。[①]

因此，有：

$$\overline{\langle\rangle \vdash \mathrm{S}\ type} \quad \overline{\langle\rangle \vdash \mathrm{NP}\ type} \quad \overline{\langle\rangle \vdash \mathrm{CN}\ type}$$

这里，通名的范畴 CN 既可以是基本类型，也可以是一个类型空间。若是后者，CN 的对象（如 *student* 等）也都是类型（通名为类型）；这可用如下规则来刻画：

$$\frac{\Gamma \vdash A : \mathrm{CN}}{\Gamma \vdash A\ type}$$

[①] 在文献中，通名的范畴 CN 通常使用 N 来表示。请注意，语法层面的 CN 与 MTT 语义学的 CN 不同（后者见 2.4.3节），然而在考虑语法和语义的对应关系时，二者显然相互对应（在这里不做详细说明）。

例如，如下的判断（4.97）和（4.98）都是正确的（即它们可在 $\bar{\lambda}_\Pi$ 中被导出）：

(4.97) $X : \mathrm{CN} \vdash (X \multimap \mathrm{S}) \multimap \mathrm{S} \ type$

(4.98) $X : \mathrm{CN} \vdash \mathrm{S}/(X \backslash \mathrm{S}) \ type$

由于存在依赖类型，子类型及相应的转换规则变得至关重要。在此不作详细介绍，仅在附录 E 中列出子类型转换规则及相关的定义。

4.5.2　语法分析的例子

本节举例介绍如何使用 4.5.1 节引入的子结构类型论 $\bar{\lambda}_\Pi$ 进行语法分析。例 4.5 使用非依赖性子结构类型，而例 4.6 则使用依赖性子结构类型。

例 4.5　本例讨论如何使用 $\bar{\lambda}_\Pi$ 中的非依赖性子结构类型来分析语句（4.99）的语法结构：

(4.99)　*John caught the fish today.*　（约翰今天钓了那条鱼。）

采取两种分析方式：一种是使用有序类型，而另一种使用线性类型并采用 λ 字符串以表示词汇在语句中的排序。

语句（4.99）相关的词汇表见表 4.4，其第二列给出各词汇的有序类型，而第三、四两列则分别给出各词汇的线性类型及表示排序的 λ 字符串。

表 4.4　语句（4.99）的词汇表

	有序类型	线性类型	λ 字符串
john	NP	NP	john
caught	$(\mathrm{NP} \backslash \mathrm{S})/\mathrm{NP}$	$\mathrm{NP} \multimap \mathrm{NP} \multimap \mathrm{S}$	$\lambda x \lambda y.\ y \circ \mathrm{caught} \circ x$
the	NP/CN	$\mathrm{CN} \multimap \mathrm{NP}$	$\lambda x.\ \mathrm{the} \circ x$
fish	CN	CN	fish
today	$(\mathrm{NP} \backslash \mathrm{S}) \backslash (\mathrm{NP} \backslash \mathrm{S})$	$(\mathrm{NP} \multimap \mathrm{S}) \multimap (\mathrm{NP} \multimap \mathrm{S})$	$\lambda f \lambda x.\ x \circ f \circ \mathrm{today}$

- 使用有序类型的分析。根据表 4.4 第二列的有序类型，不难得到：

  (4.100) $app^l(john, app^l(app^r(caught, app^r(the, fish)), today)) : \mathrm{S}$

  换言之，（4.99）是一个句子（若在（4.100）中把 app^l 和 app^r 去掉则更为清楚）。

- 使用线性类型及 λ 字符串的分析。根据表 4.4第三列的线性类型,有(4.101);
与之对应的 λ 字符串是 (4.102),它归约为 (4.103):

(4.101) $\overline{app}(\overline{app}(today, \overline{app}(caught, \overline{app}(the, fish))), john) : S$

(4.102) $today(caught(the(fish)), john)$

(4.103) $john \circ caught \circ the \circ fish \circ today$

二者相结合,有(4.99)是一个句子。

例 4.6 此例对下述含有量词 *most* 的语句 (4.104) 进行语法分析。

(4.104) *Most students study hard.* (多数学生都努力学习。)

相关的词汇表见表 4.5。如例 4.5,它的第二列给出各词汇的有序类型,而第
三、四列则分别给出各词汇的线性类型及表示排序的 λ 字符串。请注意,在这里,
通名的范畴 CN 是类型空间,它的对象 *students* 等本身是类型,并且它们是类
型 NP 的子类型:有 $students \leqslant NP$ 等。

表 4.5　语句 (4.104) 的词汇表

	有序类型	线性类型	λ 字符串
most	$\Pi^r X : CN. S/(X \backslash S)$	$\overline{\Pi} X : CN. (X \multimap S) \multimap S$	$\lambda X \lambda f. \, most \circ X \circ f$
students	CN	CN	students
study	$NP \backslash S$	$NP \multimap S$	$\lambda x. \, x \circ study$
hard	$(NP \backslash S) \backslash (NP \backslash S)$	$(NP \multimap S) \multimap (NP \multimap S)$	$\lambda f. \, f \circ hard$

如例 4.5,分别采用有序类型和线性类型进行分析。

- 使用有序类型的分析。根据表 4.5第二列的有序类型,可得到:

(4.105) $app^r(app^r(most, students), app^l(study, hard)) : S$

换言之,(4.104)是一个句子(清楚起见,可去掉(4.105)中的 app^l 和
app^r)。请注意,(4.105)是合法的,原因是 $students \leqslant NP$,从而 $NP\backslash S \leqslant$
$students \backslash S$。

- 使用线性类型及 λ 字符串的分析。根据表 4.5第三列的线性类型,有(4.106)
(注意:(4.106)是合法的,因为 $NP \multimap S \leqslant students \multimap S$),而与之相对
应的 λ 字符串是 (4.107),它归约为 (4.108):

(4.106) $\overline{app}(\overline{app}(most, students), \overline{app}(hard, study)) : S$

(4.107) $most(students,\ hard(study))$

(4.108) $most \circ students \circ study \circ hard$

二者相结合,有(4.104)是一个句子。

4.6 后记

4.2 节(同谓现象)、4.4 节(事件语义学)和 4.5 节(范畴语法)分别讨论的都是语义学学者非常关心的课题,均有大量的参考文献。使用 MTT 语义学对同谓现象进行研究的文章还包括薛涛关于 MTT 类型论中点类型的实现的工作[224, 223]和王继新关于在 MTT 语义学框架下对德语中相关特性的分析[234]。

事件语义学(见 4.4.1 节)颇受学者重视(见近期的综述文章之一 [153] 等),有关文献包括国内的研究(如文献 [229] 等)。本章关于依赖事件类型(见 4.4.2 节)和 MTT 事件语义学(见 4.4.3 节)的研究仅是在事件语义学框架下应用依赖类型的探索,进一步的发展有待研究。另外,事件这一概念具有一定程度上的神秘色彩,尽管有关研究已有几十年的历史,但对事件的存在性及结构等关键问题均有争议,尚待进一步探索。

关于范畴语法,学者们基于兰贝克有序类型等进行了大量的研究,有关文献包括若干书籍(如文献 [171]、[170]、[208] 等)。关于线性范畴语法,除了厄勒(Oehrle)的原创性文章 [178],相关的途径还有文献 [64]、[172]、[171]、[222] 等。有关将有序类型和线性类型一起使用来进行语法描述的研究,可参见文献 [115]和 [169] 等。范畴语法(或范畴类型逻辑)的研究在国内受到了学者们的关注,并进行了有关的研究(见邹崇理的文献 [238] 等)。

第5章

基于现代类型论的交互式推理

在计算机科学中，以现代类型论为基础，人们实现了一系列的交互式推理系统，即所谓的"证明助手"（proof assistant）。这些系统包括基于马丁–洛夫类型论[155,176]的 ALF[152] 和 Agda[5]、基于归纳构造演算的 Coq[21,53] 和 Lean[66] 以及基于统一类型论[125]的 Lego[146] 和 Plastic[30] 等，它们有效地应用于数学形式化、计算机程序验证及自然语言推理等领域。①

本章对基于现代类型论的交互式推理做介绍，并使用 Coq 系统给出形式化的简例，加以说明。②

5.1 现代类型论与交互式证明系统

说到计算机证明系统，很多人首先想到的是自动定理证明系统：给出一个命题，该系统经过计算而自动回答该命题是否为真。自动证明成功的例子包括吴文俊等研究的关于几何的自动证明方法[230] 以及计算机科学中有效地应用于自动验证的模型检测方法[49] 等。然而，自动证明有其局限性，它无法取代人类在发现证

---

① 在本书中，"交互式推理系统""交互式证明系统""证明助手"等都是指同样的计算机系统，不予区分。除了实现现代类型论的系统外，还有基于其他逻辑系统的交互式推理系统，如基于高阶逻辑[46]的 HOL[88]、Isabelle/HOL[175] 及 HOL light[95]、基于集合论[214]的 Mizar[174] 和基于马丁–洛夫外延类型论[157]的 Nuprl[50] 等。

② 交互式推理系统 Coq 与另一系统 Lego 相似，前者实现归纳构造演算（pCIC）[21]，而后者实现统一类型论（UTT），这两个类型论基本相同：当 Coq 的类型空间 Set 在 2004 年变为直谓类型空间后尤其如此（pCIC 中的 p 就是说 Set 是直谓类型空间）。在 Coq 的早期版本中，Set 是非直谓类型空间。除了某些细微差别外，它们之间唯一显著的区别是直谓性归纳构造演算含有"co-归纳类型"（coinductive types），而统一类型论则没有（本书不涉及关于 co-归纳类型的讨论）。

明的过程中的主观创造性。交互式证明系统则不同,它们是证明开发的"助手",是帮助人类进行证明开发和证明检查的计算机辅助系统。

从使用者的角度来看,一个交互式证明系统通常由 3 部分所组成:

(1) 证明环境的定义机制 (contextual definitions)。

(2) 证明开发的辅助支持 (proof development system)。

(3) 证明检查的工具 (proof checker)。

从证明环境的定义说起,例如,若要证明"有无穷多个素数"这一命题,便可在 Coq 中定义如下的谓词 prime : nat->Prop,其中 div 是整除谓词:

```
(* 素数谓词 prime *)
Definition div (x y : nat) : Prop := exists z : nat, y = x*z.
Definition prime (n : nat) : Prop :=
    n >= 2 /\ (forall x:nat, (div x n) -> x=1 \/ x=n)
```

然后便可以输入如下的命题("有无穷多个素数")以待证明,其中 inf_many_primes 是该定理证明的名字(如若该定理的证明得以完成的话):

```
Theorem inf_many_primes :
    not (exists n:nat, forall x:nat, prime x -> x < n)
```

除上述 prime 等缩写性定义之外,人们尚可定义各种归纳类型。例如,在考虑程序验证时,可用归纳类型来描述程序设计语言的语法和语义,从而定义验证环境(见 5.2.1 节)。特别要强调的是,证明环境的描述是形式化的根本要素之一,其正确与否至关重要。

交互式证明系统的另外两部分是"证明开发系统"和"证明检查器"(proof checker),如图 5.1 所示。后者是当证明过程即将结束时,系统对最后形成的证明进行检查,若它的确是一个合法的证明,则检验成功,证明结束。[①] 而证明开发的过程则与用户交互进行:用户给出指令,而系统则根据这些指令进行操作并产生新的目标(goals)以待求解。例如,假设用户要证明如下的简单命题,其证明名称为 tautology:

```
Theorem tautology : forall (A : Prop), A->A.
```

系统将产生要证明的"目标"(并等待新的指令):

---

① 基于类型论的交互式推理系统的研究可追溯到 20 世纪 60 年代后期,德布鲁恩(de Bruijn)开发了证明检查器 Automath[63]。除了使用依赖类型外,Automath 最重要的特征就是含有证明对象。当一个交互式推理系统产生证明对象,而这些证明对象又可由证明检查器进行验证时,这一过程的正确性和可靠性便可归结于证明检查器的正确性和可靠性(这是所谓的德布鲁恩标准(de Bruijn criterion)[15] 的基础),而证明检查器的正确性(以及整个推理系统的正确性)则进一步依赖于现代类型论良好的元理论性质(见第 6 章)。

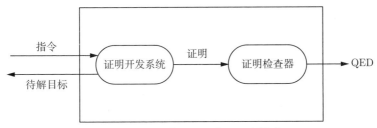

图 5.1　交互式证明开发及证明检查

```
1 subgoal
_____(1/1)
forall A : Prop, A -> A
```

这时若用户输入指令intros，则系统按照该指令，连续地（逆向）使用forall的引入规则（即全称量词的引入规则 (*Abs*)，见附录 C.1和 2.4.1 节），产生新的上下文及待解目标：

```
1 subgoal
A : Prop
H : A
_____(1/1)
A
```

这时若用户输入指令assumption，则系统按照该指令成功地在上下文中找到A的证明H。这时，系统说：

```
No more subgoals.
```

看到这个，用户可输入QED，则系统进行最终的证明检查，成功便反馈：

```
tautology is defined
```

证明过程结束。

请注意，在证明开发的过程中，有些指令相对简单（如intros等），但有一些则比较复杂，它们甚至会涉及相当复杂的证明搜索等。这也是这些指令在很多情况下被称为证明策略（tactics）的原因。

交互式证明系统的实现的正确性（以及交互式证明的可靠性[15]）在很大程度上依赖于现代类型论的元理论性质（见第 6 章）。例如，它们的实现通常假设了强正规化定理（见 6.1.2节定理 6.2(4)）：系统在很多情况下（如在做类型检测时）要对合法对象进行计算，人们在实现时总是假设该计算过程是有穷的，将会终止。

并且，当进行这种计算时，系统不再检查所得结果是否是合法的并具有相同的类型，原因是根据主题归约定理（见 6.1.2 节中定理 6.2(3)），无须进行这样的检查。可以想象，倘若这样的检查在每次计算时都要做的话，那么有效的系统实现就不再是可行的了。

使用交互式证明系统，人们在数学定理证明和计算机程序验证等应用中取得了可观成果。例如，在数学形式化及定理证明方面的成果包括证明如下的定理。

- 四色定理（four-colour theorem）。这个命题是说：任何一张地图只用四种颜色就能使具有共同边界的国家着上不同的颜色。人们用 Coq 对此定理做了证明[87]。
- 开普勒猜想（Kepler conjecture）。这一命题描述了三维空间中等球堆积以达到最大密度的最佳堆积方式。它首先由黑尔斯（Hales）和弗格森（Ferguson）在 1998 年证明，但该证明某些关键部分使用了计算机来自动进行[93]。在 2014 年，黑尔斯领导的 Flyspeck 工程在经过长达 12 年之久的努力后，使用 Isabelle/HOL、HOL light 等交互式证明系统成功地完成了该定理的证明[92]。

这些结果进一步使更多数学家对交互式推理产生了浓厚兴趣（见巴扎德（Buzzard）在文献 [29] 中对此的进一步讨论），交互式证明系统在数学定理证明方面的应用前景十分可观。

在下面两节里，举例讨论交互式推理在程序验证和自然语言推理方面的应用。

5.2 程序规范与验证

程序正确性是计算机科学重要的研究课题之一，而正确性验证是否能在计算机上有效进行则一直是学者们研究并渴望解决的问题。交互式证明系统及相关技术的出现和日益成熟为这一应用打下了坚实的基础。本节对此做介绍，并使用 Coq 系统给出形式化的实例：5.2.1 节讨论命令式程序的形式化及验证，5.2.2 节讨论类型论本身的函数式程序的规范及验证，而 5.2.3 节则介绍如何在类型论中描述模块化程序开发及其正确性验证。

5.2.1 命令式程序及其规范的形式化及验证

一个程序正确与否是相对于该程序的规范（specification）而言的。一个程序规范可表示为由两个谓词组成的序对 (P, Q)，其中 P 描述了所欲求解问题必须满足的初始条件，通常称为前置条件，而 Q 则描述了该问题的最终解必须具备的性质，通常称为后置条件。这样的话，一个程序 S 相对于规范 (P, Q) 的正确性便可刻画为逻辑命题：例如，程序 S 的部分正确性（partial correctness）可用如下的霍尔三项式（Hoare triple）[100] 来描述：

$$\{P\}\ S\ \{Q\}$$

此命题的直观含义为，若程序 S 开始执行时 P 成立且 S 的执行终止的话，那么在它终止时 Q 成立。①

在此考虑一个简单的命令式程序设计语言，其语法如图 5.2所示。它包含算术表达式、布尔表达式和命令式语句。另外，上述关于正确性的描述涉及程序的执行等，这需要使用程序的语义来刻画。采用操作语义（operational semantics）[186,108]，它具有如下形式的转换断言，其中 σ 为状态（变量到自然数的函数）、e 为表达式、v 为表达式的值，而 c 则是语句：

- 表达式的计算：$\sigma \xrightarrow{e} v$，表示在状态 σ 中，表达式 e 计算到值 v。
- 命令式语句的转换：$\sigma \xrightarrow{c} \sigma'$，表示若初始状态为 σ，那么执行程序 c 可到达状态 σ'。

算术表达式：	n	$:= 0 \mid 1 \mid ... \mid n+n \mid n-n \mid n*n$
布尔表达式：	b	$:= true \mid false \mid b = b \mid \neg b \mid b \vee b$
命令式语句：	c	$:= skip \mid x := n \mid c\,;\,c \mid$
		$\underline{if}\ b\ \underline{then}\ c\ \underline{else}\ c \mid \underline{while}\ b\ \underline{do}\ c$

图 5.2　命令式语言的语法

图 5.3给出上述语言（图 5.2）的语句的操作语义（这里略去表达式计算的语义），其中在第二条规则中：

$$\sigma[x \mapsto v](y) = \begin{cases} v, & \text{若 } y = x \\ \sigma(y), & \text{若 } y \neq x \end{cases}$$

图 5.2和图 5.3所示命令式语言的语法和语义可用类型论中的归纳类型等进行描述，它们在 Coq 中的形式化代码如下。

---

① 还可以讨论程序的完全正确性（total correctness），但在此旨在举例，不做讨论。

$$\frac{}{\sigma \xrightarrow{skip} \sigma} \qquad \frac{\sigma \xrightarrow{e} v}{\sigma \xrightarrow{x:=e} \sigma[x \mapsto v]} \qquad \frac{\sigma \xrightarrow{c_1} \sigma_1 \quad \sigma_1 \xrightarrow{c_2} \sigma_2}{\sigma \xrightarrow{c_1;c_2} \sigma_2}$$

$$\frac{\sigma \xrightarrow{b} true \quad \sigma \xrightarrow{c_1} \sigma'}{\sigma \xrightarrow{\underline{\text{if}}\ b\ \underline{\text{then}}\ c_1\ \underline{\text{else}}\ c_2} \sigma'} \qquad \frac{\sigma \xrightarrow{b} false \quad \sigma \xrightarrow{c_2} \sigma'}{\sigma \xrightarrow{\underline{\text{if}}\ b\ \underline{\text{then}}\ c_1\ \underline{\text{else}}\ c_2} \sigma'}$$

$$\frac{\sigma \xrightarrow{\underline{\text{if}}\ b\ \underline{\text{then}}\ (c\ ;\ \underline{\text{while}}\ b\ \underline{\text{do}}\ c)\ \underline{\text{else}}\ skip} \sigma'}{\sigma \xrightarrow{\underline{\text{while}}\ b\ \underline{\text{do}}\ c} \sigma'}$$

图 5.3 命令式语言（语句）的操作语义

```
(* 命令式语言: 语法及语义 *)

(* 语法: 变量、算术表达式和布尔表达式的类型, 以及语句的类型C *)
Variable Var : Set.
Inductive NExpr : Set :=
  | number :> nat->NExpr
  | var    :> Var->NExpr
  | plus   : NExpr->NExpr->NExpr
  | minus  : NExpr->NExpr->NExpr
  | times  : NExpr->NExpr->NExpr.
Inductive BExpr : Set :=
  | tt  : BExpr
  | Eq  : NExpr->NExpr->BExpr
  | Le  : NExpr->NExpr->BExpr
  | Not : BExpr->BExpr
  | Or  : BExpr->BExpr->BExpr.
Inductive C : Set :=
  | skip   : C
  | assign : Var->NExpr->C
  | if_c   : BExpr->C->C->C
  | while  : BExpr->C->C
  | comp   : C->C->C.

(* 语义 *)
```

```
(* 状态类型 *)
Definition State := Var->nat.
(* 赋值运算和算术及布尔表达式的求值运算 *)
Variables
  (update : State->Var->nat->State)
  (neval  : State->NExpr->nat)
  (beval  : State->BExpr->bool).

(* 操作语义sem: 定义为三元关系 s --c--> s' *)
Inductive sem : State->C->State->Prop :=
  | semSkip   : forall s:State, sem s skip s
  | semAssign : forall (s t:State)(x:Var)(e:NExpr)(n:nat),
                neval s e = n -> update s x n = t ->
                sem s (assign x e) t
  | semComp   : forall (s s1 s2:State)(c1 c2:C),
                sem s c1 s1 -> sem s1 c2 s2 ->
                sem s (comp c1 c2) s2
  | semIfT    : forall (s t:State)(b:BExpr)(c1 c2:C),
                beval s b = true -> sem s c1 t ->
                sem s (if_c b c1 c2) t
  | semIfF    : forall (s t:State)(b:BExpr)(c1 c2:C),
                beval s b = false -> sem s c2 t ->
                sem s (if_c b c1 c2) t
  | semWhile  : forall (s t:State)(b:BExpr)(c:C),
                sem s (if_c b (comp c (while b c)) skip) t ->
                sem s (while b c) t.
```

在 Coq 中，描述程序 c 关于规范 (P, Q) 之部分正确性的霍尔三项式 $\{P\} \, c \, \{Q\}$ 可定义如下，其中 State = Var->nat：

```
Definition Htriple (P:State->Prop)(c:C)(Q:State->Prop) :=
    forall (s:State)(s':State), P s -> sem s c s' -> Q s' : Prop.
```

例如，如下的霍尔三项式描述了一个简单的 while 程序的一个性质：

$$\{\textbf{true}\} \, \underline{\text{while}} \, x \neq 1 \, \underline{\text{do}} \, x := x + 1 \, \{x = 1\}$$

上述性质可在 Coq 中加以证明，示意如下。

```
(* 简例: {true} while x=/=1 do x:=x+1 {x=1} *)
Parameter x : Var.
Definition simple_while : C :=
    while (Not (Eq x 1)) (assign x (plus x 1)).
Definition TRUE (_:State) : Prop := True.
Definition x_eq_one (s:State) : Prop := (s x) = 1.
Theorem simple : Htriple TRUE simple_while x_eq_one.
Admitted.
```

这里略去了该定理的证明过程（用Admitted表示）。

5.2.2 类型论中函数式程序的规范及验证

人们常说现代类型论不仅是一个逻辑语言，而且是一个函数式程序设计语言，因为它以计算为基础，可使用原始递归等机制来定义函数式程序。换言之，现代类型论将逻辑和程序设计汇集于同一语言中，这也为函数式程序验证提供了一个非常有用的研究平台。

2.3 节已经对类型论中的程序设计进行了讨论：

- 关于自然数类型和布尔类型，可定义比较运算（见例 2.3）。
- 关于列表类型，可定义插入排序算法（见例 2.5）。

上述这些例子均可在 Coq 中直接实现，代码如下。

```
(* 例 2.3: 比较运算 *)
Fixpoint leb (n m : nat) : bool :=
  match n, m with
  | 0 , _  => true
  | _ , 0  => false
  | S n, S m => leb n m
  end.
(* 例 2.5: 插入排序 *)
Fixpoint insert (n:nat)(l:list nat) :=
  match l with
  | nil => cons n nil
  | cons m l => if leb n m
              then cons n (cons m l)
              else cons m (insert n l)
  end.
Fixpoint isort (l:list nat) :=
```

```
match l with
| nil => nil
| cons n l' => insert n (isort l')
end.
```

如上的插入排序程序的正确性可在 Coq 中证明。对任意的函数 $f : List(Nat)$
$\to List(Nat)$，首先定义 f 是排序程序的规范。它由两部分组成：

- 对任意的列表 l，$f(l)$ 是排序的。
- 对任意的列表 l，$f(l)$ 是 l 的排列。

可以证明，例 2.5 中的插入排序程序 isort 满足如上规范。使用 Coq，可以证明如
上定义的 isort 满足这一规范。例如，上述规范的第一部分可在 Coq 中定义如下：

```
(* sorted: 排序规范的第一部分 *)
Inductive sorted : list nat -> Prop :=
| base1 : sorted nil
| base2 : forall x:nat, sorted (x::nil)
| step  : forall (x y:nat)(l:list nat),
            x <= y -> sorted (y::l) -> sorted (x::(y::l)%list).
```

可证明如下定理：

```
(* 定理：isort(l)是排序的 *)
Theorem isort_sorted : forall l : list nat, sorted (isort l).
Admitted.
```

若将 5.2.1 节和本节描述的程序验证方法做一下比较则不难看出，本节关于类
型论本身的函数式程序所进行的验证比 5.2.1 节关于命令式程序的验证要简单得
多，更为有效。由于篇幅所限，对此不做更多的分析，有兴趣的读者可针对这两
种验证方式的优劣进行进一步的比较和研究。（也可以将这两种不同的形式化方
法称为直接形式化和间接形式化，见本章后记的有关讨论。）

5.2.3　程序的模块化开发及验证

在类型论中，一个程序规范可表示为一个序对 (A, ϕ)，其中 A 为类型，如
Σ 类型（见 2.2.2 节）或记录类型（见 2.5.3 节），用以描述模块的类型，而谓
词 $\phi : A \to Prop$ 则刻画所应满足的性质。规范 (A, ϕ) 由规范 (B, ψ) 所细化
（refined）是指：存在细化映射 $\rho : B \to A$ 满足条件 $\forall y : B.\ \psi(y) \Rightarrow \phi(\rho(y))$。

例 5.1 取自文献 [125] 第 8 章（略为修改），它用 Σ 类型表示模块类型以及
相关的数据精化（及其验证）。在文献 [125] 里，此例在系统 Lego 中实现，而在

本书中使用 Coq。另外，如 2.2.2 节所述，分别使用如下的符号来表示 Σ 类型及其对象（即（5.2）是（5.1）的对象）：

$$(5.1)\ \sum \begin{bmatrix} x_1 & : & A_1 \\ x_2 & : & A_2 \\ \dots & & \\ x_n & : & A_n \end{bmatrix}$$

$$(5.2)\ \sigma \begin{bmatrix} x_1 & = & a_1 \\ x_2 & = & a_2 \\ \dots & & \\ x_n & = & a_n \end{bmatrix}$$

例 5.1　此例考虑如何定义栈的规范、数组的规范以及怎样用数组以及指针来实现栈这一数据结构。

（1）栈的规范 $\textbf{Stack} = (\text{Str}[\textbf{Stack}], \phi(\textbf{Stack}))$，其结构类型可用如下的 Σ 类型来表示，其中对任意一个栈 $S : \text{Str}[\textbf{Stack}]$，$(Stack(S), SEq(S))$ 一起形成一个集胚，而 $push$ 等则是有关栈的运算：

$$\text{Str}[\textbf{Stack}] = \sum \begin{bmatrix} Stack & : & Type_0 \\ SEq & : & Stack \to Stack \to Prop \\ empty & : & Stack \\ push & : & Nat \to Stack \to Stack \\ pop & : & Stack \to Stack \\ top & : & Stack \to Nat \end{bmatrix}$$

谓词 $\phi([\textbf{Stack}])$ 表示栈结构的性质。例如，栈集胚中的等式 SEq 是同余关系，并且对于任意的自然数 n、任意的栈 s，$pop(push(n,s))$ 与 s 相等。栈的规范在 Coq 中可表示如下：

```
(* Str[Stack] *)
Record StrStack : Type := mkStrStack
  { Stack : Type;
    SEq : Stack->Stack->Prop;
    empty : Stack;
```

```
    push  : nat->Stack->Stack;
    pop   : Stack->Stack;
    top   : Stack->nat
  }.
```

```
(* SEq关于Stack是同余关系 *)
Definition Equiv (A:Type)(R:A->A->Prop) : Prop :=
  forall x y z:A,
    (R x x) /\ (R x y -> R y x) /\ (R x y -> R y z -> R x z).
Definition SEqCong (S:StrStack) : Prop :=
    Equiv (Stack S) (SEq S)
  /\ forall s s':Stack(S), SEq S s s' ->
      top S s = top S s' /\
      SEq S (pop S s) (pop S s') /\
      forall m n:nat, m=n -> SEq S (push S m s) (push S n s).
```

```
(* phi[Stack] *)
Definition phiStack (S : StrStack) : Prop :=
    SEqCong S
  /\ top S (empty S) = 0
  /\ SEq S (pop S (empty S)) (empty S)
  /\ forall n:nat, forall s:Stack(S),
          SEq S (pop S (push S n s)) s
  /\ forall n:nat, forall s:Stack(S),
          top S (push S n s) = n.
```

（2）数组的规范 $\mathbf{Array} = (\mathrm{Str}[\mathbf{Array}], \phi([\mathbf{Array}]))$，其结构类型可用如下的 Σ 类型来表示，其中 $assign(A, n, i)$ 和 $access(A, k)$ 分别表示赋值运算 $A[i] := n$ 和数组取值 $A[k]$：

$$
\mathrm{Str}[\mathbf{Array}] = \sum \begin{bmatrix} Array & : & Type_0 \\ AEq & : & Array \to Array \to Prop \\ newarray & : & Array \\ assign & : & Array \to Nat \to Nat \to Array \\ access & : & Array \to Nat \to Nat \end{bmatrix}
$$

谓词 $\phi[\textbf{Array}]$ 表示数组结构的性质。例如,如果 $i=j$,则 $access(assign(A,n,i),j)$ 等于 n,否则它等于 $access(A,j)$。数组的规范在 Coq 中可表示如下:

```
(* Str[Array] *)
Record StrArray : Type := mkStrArray
  { Array : Type;
    AEq : Array->Array->Prop;
    newarray : Array;
    assign   : nat->Array->nat->Array;
    access   : Array->nat->nat
  }.


(* AEq关于Array是同余关系 *)
Definition AEqCong (A:StrArray) : Prop :=
    Equiv (Array A) (AEq A)
  /\ forall a a':Array(A), AEq A a a' ->
       forall i:nat,
         access A a i = access A a' i /\
         forall m n:nat, m=n ->
             AEq A (assign A m a i) (assign A n a' i).


(* phi[Array] *)
Definition phiArray (A : StrArray) : Prop :=
    AEqCong A
  /\ forall i:nat, (access A (newarray A) i) = 0
  /\ forall i j n:nat, forall a:Array(A),
       i=j    -> access A (assign A n a i) j = n /\
       ~(i=j) -> access A (assign A n a i) j = access A a j.
```

(3) 现在考虑如何用数组来实现栈结构。定义如下的细化映射:

$$\rho : \text{Str}[\textbf{Array}] \to \text{Str}[\textbf{Stack}]$$

对任意数组结构 $A : \text{Str}[\textbf{Array}]$,$\rho(A)$ 的定义如图 5.4所示。这一细化过程是,每个栈由一个数组 arr 和一个指针 ptr 所组成的序对来代表。换言之,栈的类型被细化为如下定义的 Σ 类型 (实际上是个积类型):

$$Stack(\rho(A)) = \sum \left[\begin{array}{lcl} arr & : & Array(A) \\ ptr & : & Nat \end{array} \right]$$

$$\rho(A) = \sigma \begin{bmatrix} Stack & = & \sum \begin{bmatrix} arr & : & Array(A) \\ ptr & : & Nat \end{bmatrix} \\ SEq & = & \lambda(s, s' : Stack).\ ptr(s) =_{Nat} ptr(s') \land \\ & & \quad \forall i : Nat.\ i < ptr(s) \\ & & \qquad \Rightarrow access(arr(s),\ i) =_{Nat} access(arr(s'), i) \\ empty & = & \sigma \begin{bmatrix} arr & = & newarray(A) \\ ptr & = & 0 \end{bmatrix} \\ push & = & \lambda(n : Nat, s : Stack). \\ & & \quad \sigma \begin{bmatrix} arr & = & assign(arr(s),\ n,\ ptr(s)) \\ ptr & = & ptr(s) + 1 \end{bmatrix} \\ pop & = & \lambda(s : Stack).\ \sigma \begin{bmatrix} arr & = & arr(s) \\ ptr & = & ptr(s) - 1 \end{bmatrix} \\ top & = & \lambda(s : Stack). \\ & & \quad \mathcal{E}_{Nat}(0,\ \lambda x, y : Nat.\ access(arr(s), ptr(s) - 1),\ ptr(s)) \end{bmatrix}$$

图 5.4 数组（及指针）实现栈的细化映射

此细化映射在 Coq 中可表示如下：

```
(* 细化映射 *)
Definition rho (A : StrArray) : StrStack :=
  let STACK := prod (Array A) nat  in
  let arr := fun s:STACK => fst(s) in
  let ptr := fun s:STACK => snd(s) in
  mkStrStack
    STACK                          (* 数组和指针的序对 *)
    (fun s s':STACK =>             (* SEq *)
       ptr(s) = ptr(s') /\
       forall i:nat, i<ptr(s) ->
            (access A (arr s) i) = (access A (arr s') i) )
    (pair (newarray A) 0)             (* empty *)
    (fun (n:nat)(s:STACK) =>          (* push *)
       pair (assign A n (arr s) (ptr s)) (ptr(s)+1) )
    (fun s:STACK => pair (arr s) (ptr(s)-1) )     (* pop *)
    (fun s:STACK => match ptr(s) with             (* top *)
              | 0 => 0
              | S x => access A (arr s) (ptr(s)-1)
              end
    ).
```

可以证明，如此定义的映射 ρ 满足细化条件：对任意的 $A : \mathrm{Str}[\mathbf{Array}]$，如果 $\phi[\mathbf{Array}](A)$，那么 $\phi[\mathbf{Stack}](\rho(A))$。这一定理在 Coq 里表示如下：

```
Theorem array_impl_stack :
        forall A:StrArray, phiArray(A)->phiStack(rho A).
Admitted.
```

5.3　自然语言语义的形式化及推理

本节介绍如何用 Coq 作为研究平台，实现 MTT 语义学（见第 3 章和第 4 章），为基于 MTT 语义的自然语言推理打下基础。

5.3.1　在 Coq 中实现 MTT 语义学

本节在 Coq 中引入 MTT 语义学的某些基本假设，并以异义词的语义模型（见 3.3.4 节）为例做简单的说明。首先定义通名组成的类型空间 CN，并假设若干通名及相关的子类型关系。然而，由于 Coq 不允许用户定义新的类型空间，只好用 Coq 已有的类型空间Set来表示 CN。

```
(* 通名即类型 *)
Definition CN := Set.
Parameters Animal Bank Cat Human Institution Obj: CN.
Parameters John Julie : Human.

(* 强制性子类型关系 *)
Axiom ca : Cat -> Animal.   Coercion ca : Cat >-> Animal.
Axiom ao : Animal -> Obj.  Coercion ao : Animal >-> Obj.
Axiom bi : Bank->Institution. Coercion bi : Bank >-> Institution.
```

某些（广义）量词可使用类型论中的逻辑量词来定义。例如：

```
Definition all :=
    fun （A : CN）（P : A -> Prop) => forall x : A, P(x).
Definition some :=
    fun A : CN => fun P : A -> Prop => exists x:A, P(x).
Definition no :=
    fun A : CN => fun P : A -> Prop => forall x:A, not(P(x)).
```

5.3.3 节将给出量词 Most 的定义。

下面的 Coq 代码实现异义词run的语义（见 3.3.4 节）。

```
(* 异义词run的语义模型 *)
(* Onerun -- run的单点类型 *)
Inductive Onerun : Set := run.

(* run的两个语义run1和run2 *)
Definition T1 := Human -> Prop.
Definition T2 := Human -> Institution -> Prop.
Parameter run1 : T1.
Parameter run2 : T2.
Definition r1 (r:Onerun) : T1 := run1. Coercion r1 : Onerun >-> T1.
Definition r2 (r:Onerun) : T2 := run2. Coercion r2 : Onerun >-> T2.

(* John runs quickly *)
Parameter quickly : forall (A:CN),(A->Prop)->(A->Prop).
Definition john_runs_quickly := quickly Human (run:T1) John.
(* John runs a bank *)
Definition john_runs_a_bank := exists b:Bank, (run:T2) John b.
```

5.3.2 形容词修饰语义

关于形容词修饰语义的研究，见 3.4 节。下面用 Coq 对各类形容词的修饰语义做简单的形式化描述。

```
(************************
**** 形容词修饰语义 ****
************************)

(* 证明无关性（命题形式）*)
Axiom proof_irrelevance : forall P:Prop, forall p q:P, p=q.

(* 辅助定义：通名及其子类型关系 *)
Definition CN := Set.
Parameters Cat Elephant Animal Obj : CN.
Axiom ca : Cat -> Animal.        Coercion ca : Cat >-> Animal.
Axiom ea : Elephant -> Animal.   Coercion ea : Elephant >-> Animal.
Axiom ao : Animal -> Obj.        Coercion ao : Animal >-> Obj.
```

```
(* 相交形容词（黑色的） *)
Parameter black : Obj -> Prop.
Record BCat := mkBC
  { cat :> Cat;
    pBlack : black(cat)
  }.
(* 黑猫是黑色的 *)
Theorem bcat_is_black : forall bc : BCat, black(bc).
intros. apply bc. Qed.

(* 下属形容词（小） *)
Parameter small : forall X:CN, X->Prop.
Record SElephant := mkSE
  { elph :> Elephant;
    _     : small Elephant elph
  }.
```

```
(* 否定性形容词（假） *)
Parameter fake : forall A:CN, A->Prop.

(* 枪支的类型（用不相交并类型sum定义） *)
Parameter G_R G_F : Set.
Definition G := (sum G_R G_F) : CN.

(* 枪支是否为真/假的谓词 *)
Definition fake_G (x:G) : Prop :=
  match x with
  | inl _ => False
  | inr _ => True
  end.
Definition real_G (x:G) : Prop :=
  match x with
  | inl _ => True
  | inr _ => False
  end.
```

```
(* 假枪的语义 *)
Record FGun := mkFG
  { gun :> G;
    _    : fake_G gun
  }.

(* 一把枪不是真枪就是假枪 *)
Theorem either : forall g:G, real_G g \/ fake_G g.
intros. destruct g.
left. cbv. trivial. right. cbv. trivial.
Qed.
```

5.3.3 Most 和驴句的语义

下面用 Coq 描述表示"多数"的广义量词 Most 以及相关的驴句的语义（见 3.5.2 节）。

```
Set Implicit Arguments.
Require Import Arith.

Inductive Fin : nat -> Set :=
  | f_zero : forall (n:nat), Fin (n+1)
  | f_succ : forall (n:nat)(i:Fin(n)), Fin(n+1).

(* Most *)
Parameter card : Set->nat.
Definition inj (A B:Set) : (A->B)->Prop :=
  fun (f : A->B) => forall x y:A, f(x)=f(y) -> x=y.
Definition Most (A:Set)(P:A->Prop) : Prop :=
    exists (k:nat), k > (Nat.div (card A) 2)
                /\ exists f : Fin(k)->A,
                    inj(f) /\ forall x:Fin(k), P (f x).

(* 驴句: 多数有毛驴的农夫们都揍它 *)
Parameters Farmer Donkey : Set.
Parameters own beat : Farmer->Donkey->Prop.
Record F_exists : Type := mkF_e
  { farmer : Farmer;
```

```
   _ : exists y:Donkey, own farmer y }.
Record D_owned (x:Farmer) : Type := mkD_o
  { donkey : Donkey;
    _ : own x donkey }.
```

```
(* 上述驴句的语义  *)
Definition Dsem : Prop :=
  Most (fun z:F_exists =>
   forall y':D_owned (farmer z), beat (farmer z) (donkey y')).
```

5.3.4　MTT 事件语义学

本节用 Coq 实现 MTT 事件语义学（见 4.4.3 节）。首先假设依赖事件类型 $Evt_A(a)$ 等，然后考虑如下的例子：

(1) 关于如何使用强制性子类型机制来描述事件强迫的概念（见 3.3.4 节）。

(2) 举例说明事件量化问题（见 4.4.3 节）。

(3) 举例说明选择限制问题在引入事件后的解决方法（见 4.4.3 节）。

```
(*********************************
****  MTT事件语义学：基本假设   ****
*********************************)
```

```
Definition CN := Set.
Parameters Human Table Book : CN.
```

```
(* 依赖事件类型 *)
Parameters Agent Patient : Set.
Parameter Event : Set.
Parameter Evt_A : Agent -> Set.
Parameter Evt_P : Patient -> Set.
Parameter Evt_AP : Agent -> Patient -> Set.
```

```
Axiom c1 : forall (x:Agent)(y:Patient), (Evt_AP x y) -> Evt_A(x).
Axiom c2 : forall (x:Agent)(y:Patient), (Evt_AP x y) -> Evt_P(y).
Axiom c3 : forall x:Agent, Evt_A(x) -> Event.
Axiom c4 : forall y:Patient, Evt_P(y) -> Event.
Coercion c1 : Evt_AP >-> Evt_A.
```

```
Coercion c2 : Evt_AP >-> Evt_P.
Coercion c3 : Evt_A >-> Event.
Coercion c4 : Evt_P >-> Event.

Axiom ha : Human -> Agent. Coercion ha : Human >-> Agent.
Axiom ta : Table -> Agent. Coercion ta : Table >-> Agent.

(*******************************************
 * I. 语义学事件强迫举例 (3.3.4节) *
 *    Julie just started War and Peace.    *
 *    But that won't last because she      *
 *    never gets through long novels.      *
 *******************************************)

Parameters start finish last : forall h:Human, Evt_A(h)->Prop.
Parameters read : forall h:Human, Book->Evt_A(h).
Parameter long : Book->Prop.
Record LBook := mkLB { book :> Book; _ : long(book) }.
Parameter j : Human. Parameter WP : Book.
Definition cj : Book->Evt_A(j) := read j.
Coercion cj : Book >-> Evt_A.

Definition sem :=
    start j WP
 /\ not (last j WP)
 /\ forall lb : LBook, not (finish j lb).

(* Set Printing Coercions. DONE in MENU *)
(* Expand/insert coercions by compute *)
(* Compute sem.
    = start j (read j WP) /\
      (last j (read j WP) -> False) /\
      (forall x : LBook,
       finish j (read j (let (book, _) := x in book)) ->
       False)
    : Prop
*)
```

```
(*****************************************
 * II. 事件量化问题举例（4.4.3节）*
 *****************************************)
Parameter talk : Event -> Prop.
Parameter ag : Event -> Agent.

(* 没有人讲话：intended_sem和incorrect_sem都是合法的 *)
Definition intended_sem : Prop :=
  not (exists (x:Human)(v:Event), talk(v)/\ag(v)=x).
Definition incorrect_sem : Prop := exists (v:Event),
  not (exists (x:Human), talk(v)/\ag(v)=x).
(* 使用依赖事件类型： *)
(* intended_sem_with_DET是合法的，而incorrect_sem_with_DET是非法的 *)
Definition intended_sem_with_DET : Prop :=
  not (exists (x:Human)(v:Evt_A(x)), talk(v)).
(* Definition incorrect_sem_with_DET : Prop :=
  exists v:Evt_A(x), not (exists x:Human, talk(v)). *)
(* The reference x was not found in the current environment. *)


(*******************************************
 * III. 选择限制问题举例（4.4.3节）*
 *******************************************)
Parameter talk_H : Human -> Prop.
(* (#) 桌子会讲话 *)
(* Definition illegal_sem := forall t:Table, talk_H(t). *)
(* In environment t:Table, it is expected that t:Human. *)
(* 在MTT事件语义中，illegal_sem是合法的!!! *)
Definition illegal_sem :=
          forall t:Table, exists v:Evt_A(t), talk(v).
(* 在引入了"带论域的依赖事件类型"后，illegal_sem2便是非法的了 *)
Definition Evt_H (h:Human) : Set := Evt_A(h).
(* Definition illegal_sem2 :=
      forall t:Table, exists v:Evt_H(t), talk(v). *)
(* In environment t:Table, it is expected that t:Human. *)
```

5.4 后记

如正文所述，对证明环境的形式化描述是交互式证明的关键一环。通常有两种形式化方式，可以将其分别称为直接形式化和间接形式化。前者直接使用类型论中的类型及其对象来表示推理对象（如 5.2.2 节中函数式程序的表示），而后者则在类型论中间接地描述推理对象（如 5.2.1 节中对命令式程序的语法和语义的形式化）。[①] 这两种形式化方式的推理效率非常不同：直接形式化要远胜于间接形式化（对此，读者可自行比较 5.2.2 节与 5.2.1 节关于程序验证的例子，见 5.2.2 节末尾的简短讨论）。[②] 相类似地，在数学形式化时，直接形式化（如在同伦类型论[102] 中使用高等归纳类型（higher inductive type）的形式化推理方式）比间接形式化（如使用集胚（setoid）进行形式化的方式）要有效得多。这些内容在此不做详细讨论。

关于 5.2.3 节在类型论中程序规范的描述方法，见作者的博士论文 [123] 及 [124] 等文章。与此相关的工作包括伯斯塔尔提出的"可交付成果"（deliverables）的概念及相关的研究工作 [162,161]，在此不做赘述。

---

① 对交互式证明熟悉的读者会意识到这两个概念与浅性嵌入（shallow embedding）和深度嵌入（deep embedding）有某些类似之处，然而它们是不同的概念。

② 当然，就程序验证而言，直接形式化虽然效率高，但有它的局限性：现代类型论中的程序仅局限于使用原始递归所定义的程序，它们不包括其他程序（如不终止的程序）。

第**6**章

现代类型论的元理论

本章介绍现代类型论的元理论（metatheory）。一个逻辑系统的元理论主要由该系统所具有的各种性质所组成。这对现代类型论而言也是如此，但在某种意义上更为重要，因为现代类型论的元理论性质直接对它们的理解和使用起着非常重要的作用。良好的元理论性质对现代类型论在计算机辅助证明系统中的实现很重要（见 5.1 节）。

本章诸节的内容如下：

(1) 6.1 节对现代类型论的重要性质做概述，并进行简要讨论。

(2) 6.2 节引入逻辑框架（logical framework）的概念，并讨论如何在逻辑框架中对类型系统进行形式化描述。

(3) 6.3 节的诸小节分别给出统一类型论、强制性子类型理论和标记类型论的形式化描述，并概述其主要的元理论性质。

(4) 6.4 节简要讨论"意义理论"（meaning theory）、它与元理论研究的关系以及在当前研究中所遇到的问题等。

6.1 元理论诸重要性质概述

本节概要地描述及讨论主要的元理论性质，所用的符号约定与第 2 章相同。另外要说明的是，所述定理及引理的证明顺序往往完全不同，而且对于不同的系统，有关性质的证明顺序也不同。对此这里不作进一步的讨论，有兴趣的读者可进一步阅读有关文献（如文献 [123]、[125] 等）。

6.1.1 与上下文有关的元理论性质

定理 6.1（上下文的有关性质） 令 $J \in \{ \bullet, A \ type, A = B, a : A, b : A \}$。[①]

（1）（自由变量出现的基本性质）若 $x_1 : A_1, \cdots, x_n : A_n \vdash J$，则 $x_1 : A_1, \cdots, x_{i-1} : A_{i-1} \vdash A_i \ type$（$i = 1, \cdots, n$）、$FV(J) \subseteq \{x_1, \cdots, x_n\}$ 并且变量 $x_1, \cdots, x_n$ 各不相同。

（2）（上下文的合法性）若 $\Gamma \vdash J$，则 $\Gamma \vdash \bullet$。

（3）（类型反射定理）若 $\Gamma \vdash a : A$ 或 $\Gamma \vdash a = b : A$，则 $\Gamma \vdash A \ type$。

（4）（置换引理）若 $\Gamma, x : A, \Gamma' \vdash J$ 且 $\Gamma \vdash A = B$，则 $\Gamma, x : B, \Gamma' \vdash J$。

（5）（弱化引理）若 $\Gamma \vdash J$，$\Gamma' \vdash \bullet$，并且 Γ' 包含 Γ（即若 $x : A \in \Gamma$，则 $x : A \in \Gamma'$），那么 $\Gamma' \vdash J$。

（6）（强化引理）若 $\Gamma, x : A, \Gamma' \vdash J$，但 $x \notin FV(\Gamma', J)$，则 $\Gamma, \Gamma' \vdash J$。

（7）（替换定理）若 $\Gamma, x : A, \Gamma' \vdash J$ 且 $\Gamma \vdash a : A$，则 $\Gamma, [a/x]\Gamma' \vdash [a/x]J$。

下面将上述定理的诸性质解释如下。

- 上述定理的第（1）条列出了正确判断中自由变量出现的各种性质并指出 A_i 是 $x_1 : A_1, \cdots, x_{i-1} : A_{i-1}$ 下的合法类型（$i = 1, \cdots, n$）。

- 上述定理的第（2）条和第（3）条（上下文的合法性及类型反射定理）指出：一个正确判断的组成部分都是合法的。例如，如果判断 $\Gamma \vdash a : A$ 是正确的，那么 Γ 是合法的上下文，并且 A 是 Γ 下的合法类型。

- 上述定理的第（4）～（6）条（置换、弱化、强化引理）表明，如果在恰当的情况下对一个正确判断的上下文进行合理的变动，所得的判断仍旧是正确的。[②]

- 上述定理的第（7）条（替换定理）在英文里也称为 Cut 定理，它指出合理的替换运算保持了判断的正确性。在逻辑上，这一性质是相当重要的。

6.1.2 有关计算的重要性质

计算的概念是理解现代类型论的基础。类型论的每一个类型构造算子均引入相应的归约模式。例如，2.2.1 节和 2.2.2 节的 Π 类型和 Σ 类型分别引入如下的

[①] 本章将判断 $\vdash \Gamma$ 改写为 $\Gamma \vdash \bullet$，因此它也同其他形式的判断一样形为 $\Gamma \vdash J$。

[②] 请注意：将这些性质分组，仅仅是为了解释及理解的方便。值得强调的是，这些性质的证明的困难程度往往相当不同。例如，在现代类型论中，强化引理（上述定理第（6）条）的证明通常相当复杂，需要用到若干其他性质（包括下一节中定理 6.2 的若干性质）。

归约模式：[1]

(β) $\qquad$ $(\lambda x : A.b)(a) \rightsquigarrow [a/x]b$

(σ) $\qquad$ $\pi_i(p_1, p_2) \rightsquigarrow p_i \quad (i = 1, 2)$

若 $t \rightsquigarrow t'$ 是归约模式，那么 t 被称为可归约项（或可归约表达式，redex），而 t' 则称为其归约结果。例如，归约模式 (β) 的可归约项为 $(\lambda x : A.b)(a)$，而其归约结果为 $[a/x]b$。

定义 6.1 (归约关系和变换等式)

(1) 单步归约关系 (one-step reduction)：假设某个可归约项 t 出现在 M 中。如果将 t 的某个出现替换为它的归约结果，从而得到 M'，则说 M 单步归约到 M'，记为 $M \longrightarrow_1 M'$。

(2) 归约关系 (reduction) $\longrightarrow$ 是单步归约关系 $\longrightarrow_1$ 的自反和传递闭包。若 $M \longrightarrow M'$，称 M 归约到 M'（或 M 计算到 M'）。

(3) 变换等式 (conversion) $\simeq$ 是由归约关系 $\longrightarrow$ 所产生的等价关系。若 $M \simeq M'$，称 M 与 M' 变换性相等。

直观而言，归约关系及变换等式与单步归约关系的联系是 $M \longrightarrow M'$ 当且仅当，从 M 开始，可经过有穷多个（包括零个）单步归约而得到 M'；而 $M \simeq M'$ 当且仅当，从 M 开始，可经过有穷多个（包括零个）单步归约或反向的单步归约而得到 M'。

若在一个表达式中没有可归约项，那么该表达式被称为一个范式（normal form）。

定义 6.2(强正规化(strong normalization)) 称 M 为可强正规化的(strongly normalizable) 是指从 M 开始的形如 $M \longrightarrow_1 M_1 \longrightarrow_1 M_2 \longrightarrow_1 \cdots$ 的所有单步归约序列都是有穷的（它们终止于范式）。

定理 6.2

(1) 定义性等式与变换等式：

① $\Gamma \vdash A = B$ 当且仅当 $\Gamma \vdash A\ type$，$\Gamma \vdash B\ type$，并且 $A \simeq B$。

---

[1] 关于用逻辑框架 LF 定义的类型论（见 6.1.3 节），其归约模式略有不同。例如，6.2.2节中例 6.1 中的 Σ 类型所对应的归约模式为

$$\pi_i(A, B, pair(A, B, p_1, p_2)) \rightsquigarrow p_i \quad (i = 1, 2)$$

而其自然数类型 Nat 所对应的归约模式为

$$\mathcal{E}_{Nat}(C, c, f, 0) \quad \rightsquigarrow \quad c$$
$$\mathcal{E}_{Nat}(C, c, f, succ(n)) \quad \rightsquigarrow \quad f(n, \mathcal{E}_{Nat}(C, c, f, n))$$

② $\Gamma \vdash a = b : A$ 当且仅当 $\Gamma \vdash a : A$，$\Gamma \vdash b : A$，并且 $a \simeq b$。

（2）Church-Rosser 定理：

① 若 $\Gamma \vdash A = B$，则存在 C 满足 $\Gamma \vdash C\ type$，并且 $A \longrightarrow C$ 且 $B \longrightarrow C$。

② 若 $\Gamma \vdash a = b : A$，则存在 c 满足 $\Gamma \vdash c : A$，并且 $a \longrightarrow c$ 且 $b \longrightarrow c$。

（3）主题归约定理（subject reduction）：

① 若 $\Gamma \vdash A\ type$ 且 $A \longrightarrow B$，则 $\Gamma \vdash B\ type$。

② 若 $\Gamma \vdash a : A$ 且 $a \longrightarrow b$，则 $\Gamma \vdash b : A$。

（4）强正规化定理：若 $\Gamma \vdash M\ type$ 或 $\Gamma \vdash M : A$，则 M 是可强正规化的。

（5）可判定性（decidability）：若 $J \in \{\ \bullet,\ A\ type,\ A = B,\ a : A,\ a = b : A\ \}$，则 $\Gamma \vdash J$ 是否成立（即它是否可被导出）是可判定的。

（6）等式反射性质（equality reflection）：令 $=_A$ 为 2.4.1 节（或附录 C.2）所定义的莱布尼茨命题等式。若存在 p 使得 $\langle\rangle \vdash p : (a =_A b)$，那么，$\langle\rangle \vdash a = b : A$。

下面将上述定理的诸性质解释如下。

（1）定义性等式与变换等式。该性质刻画了如上所定义的变换等式与定义性等式（见 2.1 节）之间的关系：对于合法的对象而言，它们相互等价。

（2）Church-Rosser 定理。该性质是说任意两个变换性相等的合法对象可被归约到同一对象。这是一条基本性质，在元理论里非常有用，经常在证明其他性质时用到。例如，其推论之一是范式的唯一性（若一个表达式的范式存在的话，那么它是唯一的）。

（3）主题归约定理。该性质说明，计算（或归约）不改变对象的类型。这是一条重要的性质：同 Church-Rosser 定理一样，它在其他元理论性质的证明中常常用到。这一性质也被称为"类型保持定理"（type preservation），它在类型系统的实现中相当重要（见第 5 章）。

（4）强正规化定理。这是现代类型论的重要性质，它是说始于合法对象的任一计算都将终止。它是逻辑相容性和可判定性等若干重要性质的基础之一。例如，现代类型论在逻辑上是相容的：以统一类型论为例，**false** $= \forall X : Prop.X$ 是不可被证明的（对任意的 M，$\not\vdash M : $ **false**）。而逻辑相容性的证明通常使用强正规化等有关定理进行相关的分析。

（5）可判定性。判断正确与否的可判定性是现代类型论的重要性质之一。形如 $\Gamma \vdash a : A$ 的判断的可判定性通常称为类型检测的可判定性，它是类型论中基于"命题即类型"之逻辑的重要保证，① 也是以现代类型论为基础的交互式证明

---

① 给定一个候选的证明 p 和一个命题 P，是否有 $p : P$ 应该是可判定的，即类型检测应该是可判定的（见 1.2.2 节及第 7 页脚注的有关讨论）。关于类型检测，有兴趣的读者可参阅有关文献（见文献 [94]、[187] 等）。

系统（见第 5 章）得以实现的基础之一。定义性等式也是可判定的；根据上述定理的第（1）条，定义性等式可判定性的另一表示方式是变换等式 $\sim$ 对于合法的表达式是可判定的。

（6）等式反射性质。此性质说明，命题等式与定义性等式在上下文为空的情况下是一致的。当然，同样需要理解的是，在上下文不为空时，它不一定成立。例如，人们可以在上下文中假设"0 等于 1"（$x : (0 =_{Nat} 1)$），但 0 和 1 定义性不等（二者无法通过计算而得到相同的表达式）。等式反射性质的证明通常需要使用强正规化定理及主题归约定理等。

6.2　逻辑框架与归纳模式

现代类型论的描述有两种不同的方式。一种是像第 2 章那样对类型论进行直接刻画，而另一种是以逻辑框架（logical framework）为基础对现代类型论进行描述。① 两者各有其长处与不足：前者便于理解，对初学者或偏重于应用的学者更为适合，但规则的数量偏高（每个类型算子均有若干规则来描述）；而后者则将对规则的表述通过引入逻辑框架的常量来进行，从而使得整个描述变得简洁，这尤其适合于对现代类型论的元理论研究。

本节引入逻辑框架 LF，并介绍如何使用 LF 作为元语言来定义现代类型论。在现代类型论中，归纳类型的规则有着一般性的规律，我们定义一种归纳模式对其作一般性的刻画，从而进一步简化类型论的定义。本节和 6.3.1 节关于 LF 和统一类型论的描述基于作者所著文献 [125] 的第 9 章。

6.2.1　逻辑框架 LF

逻辑框架 LF 本身是一个依赖类型系统。它是一个元语言，用于定义其他类型系统，而这些所要定义的类型论被称为目标类型论。 LF 有如下的表达式，其中 $(x : K)$ 和 $[x : K]$ 是变量 x 的绑定算符：

$$\text{TYPE}, \quad \text{EL}(A), \quad (x : K)K', \quad [x : K]k', \quad f(k)$$

---

① 逻辑框架是用于描述形式系统的一种元语言。马丁–洛夫在文献 [157] 的前言中简述了如何使用逻辑框架对类型论进行描述（见文献 [176] 第三部分对马丁–洛夫逻辑框架的描述）。本节介绍的逻辑框架 LF[125] 与马丁–洛夫逻辑框架[176] 类似：除了某些不重要的符号变化外，主要不同之处是 LF 采用了带类型的函数运算 $[x : K]k$（而不是马丁–洛夫逻辑框架中的 $(x)k$）。另外，人们研究发展了爱丁堡逻辑框架（Edinburgh Logical Framework, ELF），用于描述多种传统的逻辑系统，从而研究它们的性质以及在计算机上的实现[94]。ELF 在文献中也被称为 LF，但它与本书的 LF 是不同的系统。

LF 中的类型被称为类别（kind），从而区别于目标类型论中的类型。它的类别有 TYPE、EL(A) 和函数运算的依赖类别 $(x:K)K'$。LF 中的判断有如下 5 种形式。

- $\Gamma \vdash \bullet$（或写作 $\Gamma\ valid$），其含义是：Γ 是合法的上下文。
- $\Gamma \vdash K\ kind$，其含义是：在 Γ 下，K 是合法的类别。
- $\Gamma \vdash k : K$，其含义是：在 Γ 下，K 是对象 k 的类别。
- $\Gamma \vdash K = K'$，其含义是：在 Γ 下，类别 K 与 K' 相等。
- $\Gamma \vdash k = k' : K$，其含义是：在 Γ 下，类别为 K 的对象 k 和 k' 相等。

LF 的推理规则列于图 6.1，包括有关上下文和等式判断的一般性规则以及关于类别 TYPE、EL(A) 以及 $(x:K)K'$ 的规则。

上下文有关规则

$$\overline{\langle\rangle \vdash \bullet} \qquad \frac{\Gamma \vdash K\ kind \quad x \notin FV(\Gamma)}{\Gamma, x:K \vdash \bullet} \qquad \frac{\Gamma, x:K, \Gamma' \vdash \bullet}{\Gamma, x:K, \Gamma' \vdash x:K}$$

等式的等价关系规则

$$\frac{\Gamma \vdash K\ kind}{\Gamma \vdash K = K} \qquad \frac{\Gamma \vdash K = K'}{\Gamma \vdash K' = K} \qquad \frac{\Gamma \vdash K = K' \quad \Gamma \vdash K' = K''}{\Gamma \vdash K = K''}$$

$$\frac{\Gamma \vdash k : K}{\Gamma \vdash k = k : K} \qquad \frac{\Gamma \vdash k = k' : K}{\Gamma \vdash k' = k : K} \qquad \frac{\Gamma \vdash k = k' : K \quad \Gamma \vdash k' = k'' : K}{\Gamma \vdash k = k'' : K}$$

等式规则

$$\frac{\Gamma \vdash k : K \quad \Gamma \vdash K = K'}{\Gamma \vdash k : K'} \qquad \frac{\Gamma \vdash k = k' : K \quad \Gamma \vdash K = K'}{\Gamma \vdash k = k' : K'}$$

类别TYPE和EL(A)

$$\frac{\Gamma \vdash \bullet}{\Gamma \vdash \text{TYPE}\ kind} \qquad \frac{\Gamma \vdash A : \text{TYPE}}{\Gamma \vdash \text{EL}(A)\ kind}$$

函数运算的依赖类别

$$\frac{\Gamma \vdash K\ kind \quad \Gamma, x:K \vdash K'\ kind}{\Gamma \vdash (x:K)K'\ kind} \qquad \frac{\Gamma \vdash K_1 = K_2 \quad \Gamma, x:K_1 \vdash K_1' = K_2'}{\Gamma \vdash (x:K_1)K_1' = (x:K_2)K_2'}$$

$$\frac{\Gamma, x:K \vdash k : K'}{\Gamma \vdash [x:K]k : (x:K)K'} \qquad \frac{\Gamma \vdash K_1 = K_2 \quad \Gamma, x:K_1 \vdash k_1 = k_2 : K}{\Gamma \vdash [x:K_1]k_1 = [x:K_2]k_2 : (x:K_1)K}$$

$$\frac{\Gamma \vdash f : (x:K)K' \quad \Gamma \vdash k : K}{\Gamma \vdash f(k) : [k/x]K'} \qquad \frac{\Gamma \vdash f = f' : (x:K)K' \quad \Gamma \vdash k_1 = k_2 : K}{\Gamma \vdash f(k_1) = f'(k_2) : [k_1/x]K'}$$

$$\frac{\Gamma, x:K \vdash k' : K' \quad \Gamma \vdash k : K}{\Gamma \vdash ([x:K]k')(k) = [k/x]k' : [k/x]K'} \qquad \frac{\Gamma \vdash f : (x:K)K' \quad x \notin FV(f)}{\Gamma \vdash [x:K]f(x) = f : (x:K)K'}$$

图 6.1　LF 的推理规则

在 LF 中，TYPE 是由要定义的目标类型论中所有的类型所组成的类别。若 A : TYPE（即 A 是目标类型论中的类型），那么类别 EL(A) 则代表由 A 的所有对象所组成的群体。对任意类别 K 和 $K'[x]$，其中类别 $K'[x]$ 依赖于类别为 K 的对象 x，依赖类别 $(x:K)K'[x]$ 的对象称为函数运算（典型的函数运算乃形为 $[x:K]k$ 的 "λ 表达式"），这样的函数运算 f 作用到 $k:K$ 时便产生 $f(k):K'[k]$。依赖类别 $(x:K)K'$ 与 Π 类型非常相似，但要注意：它们是元语言 LF 的类别，而不是目标类型论中的类型。函数运算满足 β 等式及 η 等式（图 6.1 的最后两条规则）。要说明的是，这与 Π 类型的 λ 函数不同（λ 函数不满足 η 等式），原因是 η 所表示的是数学定义的形式之一，因此在元语言 LF 中加以刻画（详见文献 [125] 第 170 页）。

关于依赖类别，采用如下书写约定：

- 当 x 不自由出现于 K' 中时，$(x:K)K'$ 可简写为 $(K)K'$。
- $f(k_1)\cdots(k_n)$ 通常写为 $f(k_1,\cdots,k_n)$。
- 常常将 EL 略去，用 A 表示 EL(A)，进而把

$$(x:\mathrm{EL}(A))\mathrm{EL}(B),\ \Gamma\vdash a:\mathrm{EL}(A),\ \Gamma\vdash a=b:\mathrm{EL}(A),\ \Gamma\vdash \mathrm{EL}(A)=\mathrm{EL}(B)$$

分别写为

$$(x:A)B,\ \Gamma\vdash a:A,\ \Gamma\vdash a=b:A,\ \Gamma\vdash A=B$$

6.2.2　用 LF 定义类型论

本节介绍如何用 LF 定义现代类型论。一般来说，要定义一个类型论，需要在 LF 中引入若干常量以及相关的计算等式。常量用以刻画类型算子的形成、引入及消去规则，而计算等式则刻画相关的定义性等式规则。对此先做一般性的介绍，然后举例说明，并在 6.2.3 节据此定义统一类型论、强制性子类型理论和标记类型论等若干系统并讨论它们的元理论性质。

要引入一个常量 κ，需要指出它的类别 K，其中 $\langle\rangle\vdash K\ kind$：

$$\kappa:K$$

这意味着在类型论中引入如下规则以刻画常量 κ：

$$\frac{\Gamma\vdash\bullet}{\Gamma\vdash\kappa:K}$$

计算等式的引入形式如下:

$$k = k' : K, \quad \text{其中 } k_i : K_i \ (i = 1, \cdots, n)$$

这意味着在类型论中引入如下的等式规则:

$$\frac{\Gamma \vdash k_i : K_i \ (i = 1, \cdots, n) \quad \Gamma \vdash k : K \quad \Gamma \vdash k' : K}{\Gamma \vdash k = k' : K}$$

例 6.1 (用 LF 引入类型算子)

- 自然数类型 Nat。引入如下的常量:

$$Nat : \text{TYPE}$$

$$0 : Nat$$

$$succ : (Nat)Nat$$

$$\mathcal{E}_{Nat} : (C : (Nat)\text{TYPE})(c : C(0))(f : (x : Nat)(C(x))C(succ(x)))$$

$$(n : Nat)C(n)$$

和等式

$$\mathcal{E}_{Nat}(C, c, f, 0) = c \quad : \quad C(0)$$

$$\mathcal{E}_{Nat}(C, c, f, succ(n)) = f(n, \mathcal{E}_{Nat}(C, c, f, n)) \quad : \quad C(succ(n))$$

常量 Nat、0、$succ$ 和 $\mathcal{E}_{Nat}$ 的类型刻画了 Nat 的形成、引入及消去规则,而上述等式则刻画了相应的计算规则(见 2.3.1 节)。例如,如上所述,常量 $succ$ 意味着引入如下的推理规则:

$$\frac{\Gamma \vdash \bullet}{\Gamma \vdash succ : (Nat)Nat}$$

因此,如下关于 $succ(n)$ 的引入规则可被导出:

$$\frac{\Gamma \vdash n : Nat}{\Gamma \vdash succ(n) : Nat}$$

• Σ 类型。引入如下的常量：

$$\Sigma : (A : \text{TYPE})(B : (A)\text{TYPE})\text{TYPE}$$
$$pair : (A : \text{TYPE})(B : (A)\text{TYPE})(x : A)(y : B(x)\Sigma(A, B)$$
$$\pi_1 : (A : \text{TYPE})(B : (A)\text{TYPE})(p : \Sigma(A, B))A$$
$$\pi_2 : (A : \text{TYPE})(B : (A)\text{TYPE})(p : \Sigma(A, B))B(\pi_1(p))$$

和等式

$$\pi_1(A, B, pair(A, B, a, b)) = a : A$$
$$\pi_2(A, B, pair(A, B, a, b)) = b : B(a)$$

例如，常量 π_2 的类别意味着引入如下规则：

$$\frac{\Gamma \vdash \bullet}{\Gamma \vdash \pi_2 : (A : \text{TYPE})(B : (A)\text{TYPE})(p : \Sigma(A, B))B(\pi_1(p))}$$

因此，关于 π_2 的如下引入规则（见 2.2.2 节）可被导出：

$$\frac{\Gamma \vdash A : \text{TYPE} \quad \Gamma, x : A \vdash B(x) : \text{TYPE} \quad \Gamma \vdash p : \Sigma(A, B)}{\Gamma \vdash \pi_2(A, B, p) : B(\pi_1(p))}$$

请注意，在 LF 中，$\Gamma \vdash A : \text{TYPE}$ 表示判断 $\Gamma \vdash A\ type$，Σ 类型由 $\Sigma(A, B)$ 所表示，而关于替换 $[a/x]$ 的表达式则表示为 $B(a)$ 等（即函数运算 B 作用到 a 所得的表达式）。

作为元语言，LF 提供了描述类型论所需的工具，以刻画其各种规则。请注意，元语言 LF 的类别 TYPE 和 $(x : K)K'$ 以及函数运算 $[x : K]k$ 等并不存在于所定义的目标类型论中。人们所关心的是目标类型论的类型及其对象：这些类型的类别为 TYPE，而它们的对象的类别形式为 $\text{EL}(A)$。目标类型论的上下文是 LF 中形为 $x_1 : \text{EL}(A_1), \cdots, x_n : \text{EL}(A_n)$ 的上下文，2.1 节所示的判断形式则由 LF 判断的特殊形式所表示（见表 6.1）。根据表 6.1所示的对应关系，第 2 章中现代类型论的推理规则在 LF 中是可导出的规则（读者可自行查验）。

表 6.1   判断在逻辑框架中的表示

现代类型论的判断形式	LF 中相应的判断形式	直观含义
$\vdash \Gamma$	$\Gamma \vdash \bullet$	Γ 是合法的上下文
$\Gamma \vdash A\ type$	$\Gamma \vdash A : \mathrm{TYPE}$	A 是 Γ 下的合法类型
$\Gamma \vdash a : A$	$\Gamma \vdash a : \mathrm{EL}(A)$	A 在 Γ 下是对象 a 的类型
$\Gamma \vdash A = B$	$\Gamma \vdash A = B : \mathrm{TYPE}$	类型 A 与 B 在 Γ 下相等
$\Gamma \vdash a = b : A$	$\Gamma \vdash a = b : \mathrm{EL}(A)$	类型为 A 的 a 与 b 在 Γ 下相等

6.2.3   归纳模式

现代类型论的很多类型都可以用归纳的方式来定义（可称为归纳类型），包括有穷类型、自然数类型、列表类型、Σ 类型、不相交并类型等。这些归纳类型的定义有着一般性的规律，而刻画这种规律的中心思想是基于验证性意义理论 [80,68]，一个类型的含义由其引入规则所决定。因此，只需对归纳类型的引入规则进行一般性刻画即可，而其他规则便可由此而得[157]。①

在此引入一个符号约定。形式上，如果两个表达式 M 和 N 根据 α 变换（α-conversion）是相等的 （即 N 可由 M 通过绑定变量的改变而得），那么它们将被视为相同的表达式。在本章中使用 $M \equiv N$ 来表示这一表达式间的"语法性等式"。

下面的定义 6.4 在逻辑框架 LF 中描述归纳模式的概念，而在此之前，先定义一个辅助概念。

定义 6.3 (基本类别) K 是一个基本类别是指：$K \equiv \mathrm{EL}(A)$ 或者 $K \equiv (x : K_1)K_2$，其中 K_1 和 K_2 均为基本类别。

定义 6.4 (归纳模式)   令 Γ 为合法的上下文，而变量 $X \notin FV(\Gamma)$。

- 严格正算子 (strictly positive operator)：如果

$$\Phi \equiv (x_1 : K_1) \cdots (x_n : K_n) X$$

其中，$n \geqslant 0$、K_i 是基本类别且在 $(\Gamma, x_1 : K_1, \cdots, x_{i-1} : K_{i-1})$ 下是合法的类别 $(i = 1, \cdots, n)$，② 那么 Φ 被称为 Γ 下关于 X 的严格正算子，记为 $\mathrm{Pos}_{\Gamma;X}(\Phi)$。

- 归纳模式 (inductive schema)：如果下述条件之一成立，则称 Θ 是 Γ 下关于 X 的归纳模式，记为 $\mathrm{ISCH}_{\Gamma;X}(\Theta)$：

---

① 读者若对此感兴趣，可进一步参考 [11]、[70]、[56] 等有关文献。

② 请注意：因为 $X \notin FV(\Gamma)$，有 $X \notin FV(K_i)$ $(i = 1, \cdots, n)$。

（1）$\Theta \equiv X$；

（2）$\Theta \equiv (x : K)\Theta_0$，其中 K 是基本类别且在 Γ 下是合法的，并且 $\mathrm{ISCH}_{\Gamma,x:K;X}(\Theta_0)$；

（3）$\Theta \equiv (\Phi)\Theta_0$，其中 $\mathrm{POS}_{\Gamma;X}(\Phi)$ 且 $\mathrm{ISCH}_{\Gamma;X}(\Theta_0)$。

关于 X 的归纳模式的一般形式为 $(x_1 : M_1)\cdots(x_m : M_m)X$，其中 M_i 要么是不含 X 的基本类别，要么是关于 X 的严格正算子。一个严格正算子本身是一个归纳模式，它的 M_i 均是不含 X 的基本类别。请注意，使用归纳模式在类型论中引入类型（见 6.3.1 节），关于"基本类别"的限制要求相当重要：例如，因为 TYPE 不是基本类别，所以 (TYPE)X 和 (TYPE)((A)TYPE)X 都不是归纳模式，否则就会在类型论中引入不该有的类型（并引入悖论等）。

下面引入常量表达式的概念，下文将使用此概念介绍如何使用归纳模式引入归纳类型。

符号约定　使用 $\bar{\Theta}$ 表示由若干归纳模式所组成的序列 $\Theta_1,\cdots,\Theta_n$（$n \geqslant 0$），并用 $\mathrm{ISCH}_{\Gamma;X}(\bar{\Theta})$ 表示"$\bar{\Theta}$ 是由 Γ 下关于 X 的归纳模式所组成的序列"。

定义 6.5（常量表达式）　令 Γ 为合法的上下文，$X \notin FV(\Gamma)$ 且 $\mathrm{ISCH}_{\Gamma;X}(\bar{\Theta})$。那么，$\kappa[\bar{\Theta}]$ 被称为关于 $\bar{\Theta}$ 的常量表达式，其中在 $\bar{\Theta}$ 中自由出现的变量 X 变为绑定变量。并且，在 $\kappa[\bar{\Theta}]$ 中，κ 被称为该常量表达式的常量符号。

在逻辑框架 LF 中引入如上所定义的常量表达式的概念，它们满足如下的等式规则，其中序列 $\bar{\Theta}$ 与 $\bar{\Theta}'$ 的长度均为 n：

$$\frac{\mathrm{ISCH}_{\Gamma;X}(\bar{\Theta}, \bar{\Theta}') \quad \Gamma \vdash \kappa[\bar{\Theta}] : K \quad \Gamma \vdash \kappa[\bar{\Theta}'] : K \quad \Gamma, X : \mathrm{TYPE} \vdash \Theta_i = \Theta_i' \quad (i = 1,\cdots,n)}{\Gamma \vdash \kappa[\bar{\Theta}] = \kappa[\bar{\Theta}'] : K}$$

这样的话，在 LF 中不但可以引入常量，还能引入常量表达式。[①] 假设 $\mathrm{ISCH}_{\Gamma;X}(\bar{\Theta})$ 且 K 为 Γ 下的合法类别，那么，引入如下常量表达式：

$$\kappa[\bar{\Theta}] : K$$

意味着在类型论中引入如下规则以刻画 $\kappa[\bar{\Theta}]$，其中 $FV(\Gamma) \cap FV(\Gamma') = \emptyset$：

$$\frac{\Gamma' \vdash \bullet}{\Gamma', \Gamma \vdash \kappa[\bar{\Theta}] : K}$$

---

① 为简单起见，假设常量组成的集合与常量表达式的常量符号组成的集合互不相交。

6.3 现代类型论的形式化描述及元理论研究

本节诸小节给出如下类型系统的形式化描述，并概述其元理论性质：

（1）6.3.1节：统一类型论（见 2.1~2.4 节）。

（2）6.3.2节：强制性子类型理论（见 2.5.2 节）。

（3）6.3.3节：标记类型论（见 4.1 节）。

6.3.1 统一类型论（UTT）

1. 统一类型论的形式化描述

统一类型论由 3 部分组成：非直谓类型空间 $Prop$、归纳类型 $\mathcal{M}[\bar{\Theta}]$ 和直谓类型空间 $Type_i$，它们由图 6.2所示的常量及常量表达式所引入：

（1）非直谓类型空间 $Prop$ 由逻辑命题所组成，而每个命题 $P : Prop$ 都有其证明的类型 $\mathrm{PRF}(P)$。这些由常量（6.1~6.5）及等式（6.6）所引入。

（2）归纳类型 $\mathcal{M}[\bar{\Theta}]$ 根据归纳模式由常量表达式（6.7~6.9）及等式（6.10）所引入。

（3）直谓类型空间 $Type_i$（$i \in \omega$）由常量和相关等式（6.11~6.15）以及关于归纳类型的两条规则所引入。

下面对此做更为详细的解释说明。

非直谓类型空间 $Prop$。逻辑类型空间 $Prop$ 由图 6.2中的常量（6.1~6.5）及等式（6.6）所引入。$Prop$ 是非直谓的，因为作为其对象的全称量化命题 $\forall(A, P)$ 中的 A 是任意一个类型：A 可以是 $Prop$ 本身，还可以是更复杂的类型。请注意：A 是一个类型，但不能是 TYPE、(A)TYPE 等类别。

全称量化命题 $\forall(A, P)$ 通常用 $\forall x : A.P(x)$ 来表示，其应用算子 **App** 可用图 6.2中（6.5）引入的算子 $\mathbf{E}_\forall$ 定义如下：

$$\mathbf{App}(A, P, F, a)$$
$$=_{\mathrm{df}} \mathbf{E}_\forall(A, P, [G : \mathrm{PRF}(\forall(A, P))]P(a), [g : (x : A)\mathrm{PRF}(P(x))]g(a), F)$$

如此定义的应用算子满足如下等式（关于 Λ 及 **App** 的 β 等式）：

$$\mathbf{App}(A, P, \Lambda(A, P, g), a) = g(a) \ : \ \mathrm{PRF}(P(a))$$

非直谓类型空间 $Prop$

$$Prop \quad : \quad \text{TYPE} \tag{6.1}$$

$$\text{PRF} \quad : \quad (Prop)\text{TYPE} \tag{6.2}$$

$$\forall \quad : \quad (A:\text{TYPE})((A)Prop)Prop \tag{6.3}$$

$$\Lambda \quad : \quad (A:\text{TYPE})(P:(A)Prop)((x:A)\text{PRF}(P(x)))\text{PRF}(\forall(A,P)) \tag{6.4}$$

$$\mathbf{E}_\forall \quad : \quad (A:\text{TYPE})(P:(A)Prop)(R:(\text{PRF}(\forall(A,P)))Prop)$$

$$((g:(x:A)\text{PRF}(P(x)))\text{PRF}(R(\Lambda(A,P,g))))$$

$$(z:\text{PRF}(\forall(A,P)))\text{PRF}(R(z)) \tag{6.5}$$

$$\mathbf{E}_\forall(A,P,R,f,\Lambda(A,P,g)) = f(g) \quad : \quad \text{PRF}(R(\Lambda(A,P,g))) \tag{6.6}$$

归纳类型 $\mathcal{M}[\bar{\Theta}]$（有关符号的含义见正文）

$$\mathcal{M}[\bar{\Theta}] \quad : \quad \text{TYPE} \tag{6.7}$$

$$\iota_i[\bar{\Theta}] \quad : \quad \Theta_i[\mathcal{M}[\bar{\Theta}]] \quad (i=1,\cdots,n) \tag{6.8}$$

$$\mathbf{E}[\bar{\Theta}] \quad : \quad (C:(\mathcal{M}[\bar{\Theta}])\text{TYPE})$$

$$(f_1:\Theta_1^\circ[\mathcal{M}[\bar{\Theta}],C,\iota_1[\bar{\Theta}]])\cdots(f_n:\Theta_n^\circ[\mathcal{M}[\bar{\Theta}],C,\iota_n[\bar{\Theta}]])$$

$$(z:\mathcal{M}[\bar{\Theta}])C(z) \tag{6.9}$$

$$\mathbf{E}[\bar{\Theta}](C,\bar{f},\iota_i[\bar{\Theta}](\bar{x}))$$

$$= \quad f_i(\bar{x},\ \Phi_{i_1}^\natural[\mathcal{M}[\bar{\Theta}],C,\mathbf{E}[\bar{\Theta}](C,\bar{f}),x_{i_1}],\cdots,\Phi_{i_k}^\natural[\mathcal{M}[\bar{\Theta}],C,\mathbf{E}[\bar{\Theta}](C,\bar{f}),x_{i_k}])$$

$$: \quad C(\iota_i[\bar{\Theta}](\bar{x})) \tag{6.10}$$

直谓类型空间 $Type_i$ $(i \in \omega)$

$$Type_i:\text{TYPE} \qquad 并且 \quad \mathbf{T}_i:(Type_i)\text{TYPE} \tag{6.11}$$

$$type_i:Type_{i+1} \qquad 并且 \quad \mathbf{T}_{i+1}(type_i)=Type_i:\text{TYPE} \tag{6.12}$$

$$prop:Type_0 \qquad 并且 \quad \mathbf{T}_0(prop)=Prop:\text{TYPE} \tag{6.13}$$

$$\mathbf{t}_{i+1}:(Type_i)Type_{i+1} \qquad 并且 \quad \mathbf{T}_{i+1}(\mathbf{t}_{i+1}(a))=\mathbf{T}_i(a):\text{TYPE} \tag{6.14}$$

$$\mathbf{t}_0:(Prop)Type_0 \qquad 并且 \quad \mathbf{T}_0(\mathbf{t}_0(P))=\text{PRF}(P):\text{TYPE} \tag{6.15}$$

以及如下关于归纳类型的规则（其中 $\text{TYPES}_\Gamma(\bar{\Theta})$ 的定义见正文）：

$$\frac{\Gamma' \vdash a:Type_i \quad \Gamma' \vdash \mathbf{T}_i(a)=A:\text{TYPE} \quad (对所有\ (\Gamma',A) \in \text{TYPES}_\Gamma(\bar{\Theta})均可导出\ )}{\Gamma \vdash \mu_i[\bar{\Theta}]:Type_i}$$

$$\frac{\Gamma' \vdash a:Type_i \quad \Gamma' \vdash \mathbf{T}_i(a)=A:\text{TYPE} \quad (对所有\ (\Gamma',A) \in \text{TYPES}_\Gamma(\bar{\Theta})均可导出\ )}{\Gamma \vdash \mathbf{T}_i(\mu_i[\bar{\Theta}])=\mathcal{M}[\bar{\Theta}]:\text{TYPE}}$$

图 6.2　统一类型论（UTT）的形式化描述

有时可以省去类型信息将 $\Lambda(A,P,f)$ 和 $\mathbf{App}(A,P,F,a)$ 分别简写为 $\Lambda(f)$ 和 $\mathbf{App}(F,a)$。[①]

通常使用的逻辑算子可由全称量词 $\forall$ 来定义。例如，蕴涵算子可定义如下：

$$P_1 \Rightarrow P_2 =_{\mathrm{df}} \forall x : \mathrm{PRF}(P_1). P_2$$
$$= \forall(\mathrm{PRF}(P_1), [x : \mathrm{PRF}(P_1)]P_2) \tag{6.16}$$

关于其他逻辑算子（如 **true**、**false**、$\wedge$、$\vee$、$\neg$、$\exists$ 和等式命题 $a =_A b$ 等）的定义，见附录 C.2。请注意，附录 C.2 中莱布尼茨等式 $=_A$ 的定义要用到 Π 类型 $A \rightarrow Prop$（即 $\Pi(A, [x : A]Prop)$）– Π 类型是一种归纳类型，见下文。

归纳类型 $\mathcal{M}[\bar{\Theta}]$。统一类型论中的归纳类型可根据归纳模式（见 6.2节）来引入。先定义如下两个符号约定，其中 $\Phi[A]$ 和 $\Theta[A]$ 分别表示 $[A/X]\Phi$ 和 $[A/X]\Theta$；若 K 为类别且 $X \notin FV(K)$，则 $K[A] \equiv K$。

定义 6.6

(1) 令 $\Theta \equiv (x_1 : M_1) \cdots (x_m : M_m)X$ 为归纳模式，序列 $\langle \Phi_{i_1}, \cdots, \Phi_{i_k} \rangle$ 为 $\langle M_1, \cdots, M_m \rangle$ 的子序列，由 M_i $(i = 1, \cdots, m)$ 中所有的严格正算子所组成。类别 $\Theta^{\circ}[A, C, z]$ 定义如下，其中 $A : \mathrm{TYPE}$、$C : (A)\mathrm{TYPE}$ 且 $z : \Theta[A]$：

$$\Theta^{\circ}[A, C, z] =_{\mathrm{df}} (x_1 : M_1[A]) \cdots (x_m : M_m[A])$$
$$(\Phi^{\circ}_{i_1}[A, C, x_{i_1}]) \cdots (\Phi^{\circ}_{i_k}[A, C, x_{i_k}]) C(z(x_1, \cdots, x_m))$$

当 $\Theta \equiv \Phi$ 本身是一个严格正算子时（即 $X \notin FV(M_1, \cdots, M_m)$），$\Phi^{\circ}[A, C, z] \equiv (x_1 : M_1) \cdots (x_m : M_m)C(z(x_1, \cdots, x_m))$。

(2) 令 $\Phi \equiv (x_1 : K_1) \cdots (x_m : K_m)X$ 为关于 X 的严格正算子。类型为 $\Phi^{\circ}[A, C, z]$ 的对象 $\Phi^{\natural}[A, C, f, z]$ 定义如下，其中 $A : \mathrm{TYPE}$、$C : (A)\mathrm{TYPE}$、$f : (x : A)C(x)$ 且 $z : \Phi[A]$：

$$\Phi^{\natural}[A, C, f, z] =_{\mathrm{df}} [x_1 : K_1] \cdots [x_m : K_m]f(z(x_1, \cdots, x_m)).$$

当 $m = 0$，上述定义化简为 $\Phi^{\natural}[A, C, f, z] \equiv f(z)$。

统一类型论中的归纳类型由图 6.2中的常量表达式（6.7~6.9）及等式（6.10）所引入，细节如下：

- 令 Γ 为合法的上下文，而 $\bar{\Theta} \equiv \langle \Theta_1, \cdots, \Theta_n \rangle$ $(n \in \omega)$ 是 Γ 下的归纳模式所组成的序列。则由式（6.7）引入的 $\mathcal{M}[\bar{\Theta}]$ 是 Γ 下的合法类型。

---

① 在 2.2.1 节中，Π 类型的引入和消去算子 $\lambda x : A.b$ 和 $f(a)$ 分别对应于 $\Lambda([x : A]b)$ 和 $\mathbf{App}(f, a)$。

- $\mathcal{M}[\bar{\Theta}]$ 的引入算子由式（6.8）中的 $\iota_i[\bar{\Theta}]$ 所表示。
- $\mathcal{M}[\bar{\Theta}]$ 的消去算子由式（6.9）中的 $\mathbf{E}[\bar{\Theta}]$ 所表示。
- 等式（6.10）给出 $\mathcal{M}[\bar{\Theta}]$ 的计算规则，其中 $i = 1, \cdots, n$、$\bar{f} \equiv f_1, \cdots, f_n$、$\bar{x} \equiv x_1, \cdots, x_{m_i}$，并假设 $\Theta_i \equiv (x_1 : M_1) \cdots (x_{m_i} : M_{m_i})X$，而序列 $\langle \Phi_{i_1}, \cdots, \Phi_{i_k} \rangle$ 是 $\langle M_1, \cdots, M_{m_i} \rangle$ 的子序列，由 $M_1, \cdots, M_{m_i}$ 中所有的严格正算子所组成。

例如，若 $\bar{\Theta}_N \equiv \langle X, (X)X \rangle$，则

$$Nat =_{\mathrm{df}} \mathcal{M}[\bar{\Theta}_N]$$

是自然数的类型，其引入算子有 $0 =_{\mathrm{df}} \iota_1[\bar{\Theta}_N] : Nat$ 和 $succ =_{\mathrm{df}} \iota_2[\bar{\Theta}_N] : (Nat)Nat$，而它的消去算子 $\mathbf{E}[\bar{\Theta}_N]$ 则给出自然数归纳原则（及原始递归原则），并由相应的计算等式来定义算子 $\mathbf{E}[\bar{\Theta}_N]$ 的计算准则。

下面是归纳类型的例子。对于（1）$\sim$（10），读者可对照比较第 2 章有关章节，从而查验如上定义所产生的规则是正确的。

（1）空类型（由归纳模式的空序列所产生）：$\varnothing =_{\mathrm{df}} \mathcal{M}[]$。

（2）单点类型：$\mathbb{1} =_{\mathrm{df}} \mathcal{M}[X]$。

（3）布尔类型：$\mathbb{2} =_{\mathrm{df}} \mathcal{M}[X, X]$。

（4）自然数类型：$Nat =_{\mathrm{df}} \mathcal{M}[X, (X)X]$。

（5）列表类型：$List =_{\mathrm{df}} [A : \mathrm{TYPE}] \, \mathcal{M}[X, (A)(X)X]$。

（6）函数类型：$\rightarrow =_{\mathrm{df}} [A : \mathrm{TYPE}][B : \mathrm{TYPE}] \, \mathcal{M}[((A)B)X]$。

（7）函数的依赖类型：$\Pi =_{\mathrm{df}} [A : \mathrm{TYPE}][B : (A)\mathrm{TYPE}] \, \mathcal{M}[((x : A)B(x))X]$。

（8）积类型：$\times =_{\mathrm{df}} [A : \mathrm{TYPE}][B : \mathrm{TYPE}] \, \mathcal{M}[(A)(B)X]$。

（9）序对的依赖类型：$\Sigma =_{\mathrm{df}} [A : \mathrm{TYPE}][B : (A)\mathrm{TYPE}] \, \mathcal{M}[(x : A)(B(x))X]$。

（10）不相交并类型：$+ =_{\mathrm{df}} [A : \mathrm{TYPE}][B : \mathrm{TYPE}] \, \mathcal{M}[(A)X, (B)X]$。

（11）二叉树类型：$BT =_{\mathrm{df}} [A : \mathrm{TYPE}]\mathcal{M}[X, (A)(X)(X)X]$。

（12）良序类型（W 类型）：

$$W =_{\mathrm{df}} [A : \mathrm{TYPE}][B : (A)\mathrm{TYPE}] \, \mathcal{M}[(x : A)((B(x))X)X]$$

类型有它们的参数化形式。例如，对单点类型参数化相当于引入如下常量（及相应的等式 $\mathcal{E}_{\mathbb{1}(A,x)}(A, x, C, c, *(A, x)) = c$）：

$$\mathbb{1} \quad : \quad (A : \mathrm{TYPE})(x : A) \; \mathrm{TYPE}$$

$$* \quad : \quad (A : \mathrm{TYPE})(x : A) \; \mathbb{1}(A, x)$$

$$\mathcal{E}_{\mathbb{1}} \quad : \quad (A : \text{TYPE})(x : A)$$

$$(C : (\mathbb{1}(A, x))\text{TYPE})(c : C(*(A, x)))(z : \mathbb{1}(A, x))C(z)$$

关于参数化单点类型 $\mathbb{1}(A, a)$ 的应用例子，见 4.1.3 节（以及 6.3.3节）有关在标记中引入定义性条目的介绍。

直谓类型空间 $Type_i (i \in \omega)$。类型空间 $Type_i$ 由图 6.2中的常量和等式（6.11~6.15）所引入，并且归纳类型在 $Type_i$ 中的名称由常量表达式 $\mu_i[\bar{\Theta}]$ 来表达（见图 6.2中最后两条相关规则）。详细解释如下（读者可参考 2.4.2 节关于塔斯基式类型空间的有关讨论）：

- （6.11）：$Type_i$ 是类型名称所组成的类型空间。若 $a : Type_i$，那么 $\mathbf{T}_i(a)$ 是由 a 为名称的类型。
- （6.12、6.13）：$type_i$ 是 $Type_i$ 在 $Type_{i+1}$ 中的名称，而 $prop$ 是 $Prop$ 在 $Type_0$ 中的名称。
- （6.14、6.15）：若 $a : Type_i$，那么 $\mathbf{t}_{i+1}(a) : Type_{i+1}$；并且它们是同一类型的名称。若 $P : Prop$，那么 $\mathbf{t}_0(P) : Type_0$，并且与 P 一样，$\mathbf{t}_0(P)$ 也是证明类型 $\text{PRF}(P)$ 的名称。
- 归纳类型 $\mathcal{M}[\bar{\Theta}]$ 在"恰当的"类型空间 $Type_i$ 中具有名称 $\mu_i[\bar{\Theta}]$：这里，所谓"恰当"是说该名称的引入必须满足直谓性条件，由图 6.2中两条相关规则所刻画，其中集合 $\text{TYPES}_\Gamma(\bar{\Theta})$ 定义如下。

定义 6.7 (TYPES_Γ) 令 K 为 Γ 下合法的基本类型，Φ 为 Γ 下关于 X 的严格正算子，而 Θ 为 Γ 下关于 X 的归纳模式。集合 $\text{TYPES}_\Gamma(K)$、$\text{TYPES}_\Gamma(\Phi)$ 和 $\text{TYPES}_\Gamma(\Theta)$ 定义如下：

$$\text{TYPES}_\Gamma(K) = \begin{cases} \{(\Gamma, A)\}, & K \equiv El(A) \\ \text{TYPES}_\Gamma(K_1) \cup \text{TYPES}_{\Gamma, x:K_1}(K_2), & K \equiv (x : K_1)K_2 \end{cases}$$

$$\text{TYPES}_\Gamma(\Phi) = \begin{cases} \emptyset, & \Phi \equiv X \\ \text{TYPES}_\Gamma(K_1) \cup \text{TYPES}_{\Gamma, x:K_1}(\Phi_0), & \Phi \equiv (x : K_1)\Phi_0 \end{cases}$$

$$\text{TYPES}_\Gamma(\Theta) = \begin{cases} \emptyset, & \Theta \equiv X \\ \text{TYPES}_\Gamma(K_1) \cup \text{TYPES}_{\Gamma, x:K_1}(\Theta_0), & \Theta \equiv (x : K_1)\Theta_0 \\ \text{TYPES}_\Gamma(\Phi_1) \cup \text{TYPES}_\Gamma(\Theta_0), & \Theta \equiv (\Phi_1)\Theta_0 \end{cases}$$

倘若 $\bar{\Theta} \equiv \Theta_1, \cdots, \Theta_n$, 则 $\mathrm{TYPES}_\Gamma(\bar{\Theta}) = \bigcup_{1 \leqslant i \leqslant n} \mathrm{TYPES}_\Gamma(\Theta_i)$。

2. 统一类型论的元理论概述

关于统一类型论的元理论研究及有关结果,见古根(Goguen)的博士论文 [85]。直观来说,统一类型论具有 6.1 节所描述的所有元理论性质。由于上述形式化描述使用了逻辑框架,关于元性质的描述也略有不同,下述定理对此举例说明,其中使用了相应的归约关系 $\longrightarrow$(不难给出 $\longrightarrow$ 的定义,请参见 152 页脚注。)

定理 6.3 统一类型论具有如下性质:

(1) Church-Rosser 定理

① 若 $\Gamma \vdash K_1 = K_2$, 则存在 K 满足 $\Gamma \vdash K \; kind$, 并且 $K_1 \longrightarrow K$ 且 $K_2 \longrightarrow K$。

② 若 $\Gamma \vdash k_1 = k_2 : K$, 则存在 k 满足 $\Gamma \vdash k : K$, 并且 $k_1 \longrightarrow k$ 且 $k_1 \longrightarrow k$。

(2) 主题归约定理

① 若 $\Gamma \vdash K \; kind$ 且 $K \longrightarrow K'$, 则 $\Gamma \vdash K' \; kind$。

② 若 $\Gamma \vdash k : K$ 且 $k \longrightarrow k'$, 则 $\Gamma \vdash k' : K$。

(3) 强正规化定理

若 $\Gamma \vdash M \; kind$ 或 $\Gamma \vdash M : K$, 则 M 是可强正规化的。

6.3.2 强制性子类型理论

本节关于强制性子类型理论(见 2.5.2 节)的描述及其元理论的研究基于作者与若干同事多年来在一起合作所做的工作(见 [126]、[149]、[122]、[223] 等有关文献)。

1. 强制性子类型的形式化描述

假设 T 是用逻辑框架 LF 所定义的类型论(见 6.2.2 节),而 $\mathcal{C}$ 是由形为 $\Gamma \vdash A \leqslant_c B : \mathrm{TYPE}$ 的子类型判断所组成的集合(该集合可能无穷)。现将 T 的强制性子类型扩充 $T[\mathcal{C}]$ 描述如下:先定义其子系统 $T[\mathcal{C}]_0$ 并定义合谐性(coherence)的概念,然后描述 $T[\mathcal{C}]$。

$T[\mathcal{C}]_0$ 及合谐性的定义。 $T[\mathcal{C}]_0$ 为类型论 T 的扩充,描述如下。

- 语法与判断:$T[\mathcal{C}]_0$ 的表达式与 T 相同。除了 T 原有的判断形式之外,$T[\mathcal{C}]_0$ 有新的判断形式 $\Gamma \vdash A \leqslant_c B : \mathrm{TYPE}$, 称为子类型判断。
- 规则: 除了 T 原有的规则之外, $T[\mathcal{C}]_0$ 具有如下的新规则。

– 规则 ($\mathcal{C}$)：此规则表明，集合 $\mathcal{C}$ 中的子类型判断均可被导出。

$$(\mathcal{C}) \qquad \frac{\Gamma \vdash A \leqslant_c B : \text{TYPE} \ \in \ \mathcal{C}}{\Gamma \vdash A \leqslant_c B : \text{TYPE}}$$

– 图 6.3所示的规则：子类型关系是自反传递的同余关系，它关于替换是封闭的，并满足上下文的弱化及等式替换规则。

$$\frac{\Gamma \vdash A : \text{TYPE}}{\Gamma \vdash A \leqslant_{[x:A]x} A : \text{TYPE}} \qquad \frac{\Gamma \vdash A \leqslant_c B : \text{TYPE} \quad \Gamma \vdash B \leqslant_{c'} C : \text{TYPE}}{\Gamma \vdash A \leqslant_{c' \circ c} C : \text{TYPE}}$$

$$\frac{\Gamma \vdash A \leqslant_c B : \text{TYPE} \quad \Gamma \vdash A = A' : \text{TYPE} \quad \Gamma \vdash B = B' : \text{TYPE} \quad \Gamma \vdash c = c' : (A)B}{\Gamma \vdash A' \leqslant_{c'} B' : \text{TYPE}}$$

$$\frac{\Gamma, x : K, \Gamma' \vdash A \leqslant_c B : \text{TYPE} \quad \Gamma \vdash k : K}{\Gamma, [k/x]\Gamma' \vdash [k/x]A \leqslant_{[k/x]c} [k/x]B : \text{TYPE}}$$

$$\frac{\Gamma \vdash A \leqslant_c B : \text{TYPE} \quad \Gamma \vdash K \ kind \ \ x \notin FV(\Gamma)}{\Gamma, x : K \vdash A \leqslant_c B : \text{TYPE}}$$

$$\frac{\Gamma, x : K, \Gamma' \vdash A \leqslant_c B : \text{TYPE} \quad \Gamma \vdash K = K'}{\Gamma, x : K', \Gamma' \vdash A \leqslant_c B : \text{TYPE}}$$

图 6.3 $T[\mathcal{C}]_0$ 关于子类型的结构规则

请注意，在 $T[\mathcal{C}]_0$ 中，任意其他形式的判断的可导出性都不依赖于子类型判断，因此不难得出结论：$T[\mathcal{C}]_0$ 是 T 的保守扩张。

下面基于 $T[\mathcal{C}]_0$ 定义合谐性的概念，它有两层含义：（1）正确的子类型判断（包括所有 $\mathcal{C}$ 中的判断）的组成部分都是合法的（下述定义的第（1）条）；（2）若存在的话，任意两个类型之间的强制转换是唯一的（下述定义的第（2）条）。

定义 6.8 (合谐性（coherence）) 子类型判断集合 $\mathcal{C}$ 是合谐的是指下述条件在 $T[\mathcal{C}]_0$ 中成立：

（1）若 $\Gamma \vdash A \leqslant_c B : \text{TYPE}$，则 $\Gamma \vdash A : \text{TYPE}$、$\Gamma \vdash B : \text{TYPE}$ 并且 $\Gamma \vdash c : (A)B$。

（2）若 $\Gamma \vdash A \leqslant_c B : \text{TYPE}$ 并且 $\Gamma \vdash A \leqslant_{c'} B : \text{TYPE}$，则 $\Gamma \vdash c = c' : (A)B$。

强制性子类型理论 $T[\mathcal{C}]$。 $T[\mathcal{C}]$ 是 $T[\mathcal{C}]_0$ 的扩充，增加新的判断形式 $\Gamma \vdash K \leqslant_c K'$（称为子类别判断）以及图 6.4和图 6.5所列的推理规则。

图 6.4的头 6 条规则与图 6.3中的 6 条规则相似，指出子类别关系也是自反传递的同余关系，它关于替换是封闭的，并满足上下文的弱化及等式替换规则。它

的后两条是关于类别 $EL(A)$ 和 $(x:K)K'$ 的规则：前者指出子类型关系 $A \leqslant B :$ TYPE 升级为子类别关系 $EL(A) \leqslant EL(B)$，而后者则指出子类别关系通过依赖类别而传播（依赖类别是函数类别，此传播关系是逆变关系）。

$$\frac{\Gamma \vdash K\ kind}{\Gamma \vdash K \leqslant_{[x:K]x} K} \qquad \frac{\Gamma \vdash K \leqslant_c K' \quad \Gamma \vdash K' \leqslant_{c'} K''}{\Gamma \vdash K \leqslant_{c' \circ c} K''}$$

$$\frac{\Gamma \vdash K_1 \leqslant_c K_2 \quad \Gamma \vdash K_1 = K_1' \quad \Gamma \vdash K_2 = K_2' \quad \Gamma \vdash c = c' : (K_1)K_2}{\Gamma \vdash K_1' \leqslant_{c'} K_2'}$$

$$\frac{\Gamma, x:K, \Gamma' \vdash K_1 \leqslant_c K_2 \quad \Gamma \vdash k:K}{\Gamma, [k/x]\Gamma' \vdash [k/x]K_1 \leqslant_{[k/x]c} [k/x]K_2}$$

$$\frac{\Gamma \vdash K_1 \leqslant_c K_2 \quad \Gamma \vdash K\ kind \quad x \notin FV(\Gamma)}{\Gamma, x:K \vdash K_1 \leqslant_c K_2}$$

$$\frac{\Gamma, x:K, \Gamma' \vdash K_1 \leqslant_c K_2 \quad \Gamma \vdash K = K'}{\Gamma, x:K', \Gamma' \vdash K_1 \leqslant_c K_2}$$

$$\frac{\Gamma \vdash A \leqslant_c B : \text{TYPE}}{\Gamma \vdash El(A) \leqslant_c El(B)}$$

$$\frac{\Gamma \vdash K_1' \leqslant_{c_1} K_1 \quad \Gamma, x:K_1' \vdash [c_1(x)/x]K_2 \leqslant_{c_2} K_2' \quad \Gamma, x:K_1 \vdash K_2\ kind}{\Gamma \vdash (x:K_1)K_2 \leqslant_{[f:(x:K_1)K_2][x:K_1']c_2(f(c_1(x)))} (x:K_1')K_2'}$$

图 6.4　$T[\mathcal{C}]$（和 $T[\mathcal{C}]^*$）的子类别规则

强制转换的应用规则

(CA_1)
$$\frac{\Gamma \vdash f : (x:K)K' \quad \Gamma \vdash k_0 : K_0 \quad \Gamma \vdash K_0 \leqslant_c K}{\Gamma \vdash f(k_0) : [c(k_0)/x]K'}$$

(CA_2)
$$\frac{\Gamma \vdash f = f' : (x:K)K' \quad \Gamma \vdash k_0 = k_0' : K_0 \quad \Gamma \vdash K_0 \leqslant_c K}{\Gamma \vdash f(k_0) = f'(k_0') : [c(k_0)/x]K'}$$

强制转换的定义规则

(CD)
$$\frac{\Gamma \vdash f : (x:K)K' \quad \Gamma \vdash k_0 : K_0 \quad \Gamma \vdash K_0 \leqslant_c K}{\Gamma \vdash f(k_0) = f(c(k_0)) : [c(k_0)/x]K'}$$

图 6.5　$T[\mathcal{C}]$ 中强制转换的应用及定义规则

图 6.5所列的是强制性子类型理论的关键规则：应用规则 (CA_i) 说明强制转

换可被省略,而定义规则 (CD) 则指出略去的强制转换可被再插入。

在实践中,子类型判断集合 $\mathcal{C}$ 通常可以用强制转换的规则来描述,说明该集合对某些子类型判断的推导规则是封闭的。例如,$\mathcal{C}$ 可以对某些结构性子类型规则是封闭的,包括如下关于列表类型的规则:

$$\frac{\Gamma \vdash A \leqslant_c B : \text{TYPE}}{\Gamma \vdash List(A) \leqslant_{map(c)} List(B) : \text{TYPE}}$$

这种使用规则的描述方式(见 2.5.2 节)非常实用且有效。尽管在上述 $T[\mathcal{C}]$ 的描述中,$\mathcal{C}$ 的元素只能是子类型判断,而不能是规则,但它相当一般,足以用来刻画使用规则所定义的子类型关系。假如 R 是子类型规则的集合(称结论是子类型判断的规则为"子类型规则"),而 $\mathcal{C}_R$ 是子类型判断的集合,定义为 $J \in \mathcal{C}_R$ 当且仅当 J 可由类型论 T 的规则、R 中的规则以及图 6.3 的规则所导出。这样所得的 $T[\mathcal{C}_R]$ 便是由 R 中规则所刻画的系统。①

2. 强制性子类型的元理论概述

首先引入临时系统 $T[\mathcal{C}]^*$:$T[\mathcal{C}]^*$ 是 $T[\mathcal{C}]_0$ 的扩充,增加子类别判断 $\Gamma \vdash K \leqslant_c K'$ 以及图 6.4 和图 6.6 所列的推理规则。换言之,$T[\mathcal{C}]^*$ 与 $T[\mathcal{C}]$ 的不同在于它使用了新的应用表达式 $f * a$,用符号 $*$ 标示出强制转换被省略的位置。可以在下述定理中使用传统的"保守扩张"概念来表述 $T[\mathcal{C}]$ 与原类型论 T 的关系。

定理 6.4(保守扩张) 假设 T 是用 LF 定义的类型论,而子类型判断集 $\mathcal{C}$ 是合谐的。那么,有:

(1) $T[\mathcal{C}]^*$ 是 T 的保守扩张。

(2) $T[\mathcal{C}]$ 和 $T[\mathcal{C}]^*$ 是等价的。

上述定理的证明(见文献 [149])表明 $T[\mathcal{C}]$ 中的任何推导均可通过插入适当的强制转换而变为原类型论中一个等价的推导,因此,在这个意义上说,强制性子类型理论 $T[\mathcal{C}]$ 还是类型论 T 的一种定义性扩张。②

---

① 读者可能要问:为什么不直接使用规则来刻画子类型关系并描述相应的强制性子类型理论呢?事实上,这正是我们在文献 [127] 中所采用的刻画方式:在那里描述了 $T[R]$,其中 R 是导出子类型判断的规则所组成的集合。不幸的是,似乎很难规定哪些规则是合法的,而排除那些有问题的规则。有些规则看上去是合法的,但实际上不然。例如,有些规则使得根据定义 6.8 是合谐的子类型系统变得不再合谐,甚至是不相容的。本书对此不作详细描述,感兴趣的读者可参考文献 [149] 中所给出的例子和说明。

② 克莱恩(Kleene)[113] 给出了关于一阶逻辑理论的定义性扩张的概念:它不仅是保守扩张,而且它的每一个公式均与它在被扩张系统中的翻译是等价的。人们可进一步研究探讨关于类型论的定义性扩张概念,在此不做赘述。

$T[\mathcal{C}]^*$ 的强制转换应用规则

(CA_1^*)
$$\frac{\Gamma \vdash f : (x : K)K' \quad \Gamma \vdash k_0 : K_0 \quad \Gamma \vdash K_0 \leqslant_c K}{\Gamma \vdash f * k_0 : [c(k_0)/x]K'}$$

(CA_2^*)
$$\frac{\Gamma \vdash f = f' : (x : K)K' \quad \Gamma \vdash k_0 = k_0' : K_0 \quad \Gamma \vdash K_0 \leqslant_c K}{\Gamma \vdash f * k_0 = f' * k_0' : [c(k_0)/x]K'}$$

$T[\mathcal{C}]^*$ 的强制转换定义规则

(CD^*)
$$\frac{\Gamma \vdash f : (x : K)K' \quad \Gamma \vdash k_0 : K_0 \quad \Gamma \vdash K_0 \leqslant_c K}{\Gamma \vdash f * k_0 = f(c(k_0)) : [c(k_0)/x]K'}$$

图 6.6　$T[\mathcal{C}]^*$ 中强制转换的应用及定义规则

6.3.3　标记类型论

4.1 节讲述了如何在类型论中引入标记的概念。此处在逻辑框架 LF 中引入（只含属于性条目的）标记，从而形成标记化逻辑框架 LF_S，然后在此基础上考虑其强制性子类型扩张，形成标记化子类型理论（也称标记类型论）$T_S[\mathcal{C}]$，它一方面使用 $\mathcal{C}$ 来描述全局性强制转换，而另一方面则在标记中引入子类型条目（以及定义性条目）用以刻画局部性强制转换[138]。本节还会概述 $T_S[\mathcal{C}]$ 的元理论[121,120]。

1. 标记化逻辑框架 LF_S[①]

在逻辑框架中引入标记后，判断的形式由原先的 $\Gamma \vdash J$ 变为 $\Gamma \vdash_\Delta J$，其中 Δ 是标记；引入新的判断形式 $\Delta \text{ sign}$，表示"Δ 是合法的标记"。另外，使用如下约定：若标记 $\Delta \equiv c_1 : A_1, \cdots, c_n : A_n$，则 $dom(\Delta) = \{c_1, \cdots, c_n\}$。

LF_S 中关于标记合法性的规则及假设规则如图 6.7所示（此图与 4.1.2 节的图 4.1 相同，只是改用了 LF 的符号约定而已）。并且，LF 的所有规则（见图 6.1）在做了如下改动后都是 LF_S 的规则。

$$\frac{}{\langle\rangle \text{ sign}} \qquad \frac{\langle\rangle \vdash_\Delta A : \text{TYPE} \quad c \notin dom(\Delta)}{\Delta, c : A \text{ sign}} \qquad \frac{\Gamma \vdash_{\Delta,\, c:A,\, \Delta'} \bullet}{\Gamma \vdash_{\Delta,\, c:A,\, \Delta'} c : A}$$

图 6.7　LF_S 有关标记的规则

---

① 在文献 [43] 中，LF_S 被称为 LF_Δ。

- 将图 6.1 第一条规则 (关于空序列 $\langle\rangle$ 是合法上下文的规则) 变为:

$$\frac{\Delta \ \mathbf{sign}}{\langle\rangle \vdash_{\Delta} \bullet}$$

- 将图 6.1 中所有其他规则的 $\vdash$ 变为 $\vdash_{\Delta}$。

例如，如下关于 λ 抽象的 LF 规则:

$$\frac{\Gamma, x : K \vdash b : K'}{\Gamma \vdash [x : K]b : (x : K)K'}$$

在 LF_S 中变为

$$\frac{\Gamma, x : K \vdash_{\Delta} b : K'}{\Gamma \vdash_{\Delta} [x : K]b : (x : K)K'}$$

使用 LF_S 定义类型论的方式与 LF 相同（见 6.2.2 节以及 6.3.1 节用 LF 定义统一类型论的例子）。若 T 是用 LF 所定义的系统，那么用 T_S 表示用 LF_S 以同样的常量和常量表达式所定义的系统。

2. 标记类型论（又称为标记化子类型理论）$T_S[\mathcal{C}]$ 的形式化

可将 $T_S[\mathcal{C}]$ 视为在强制性子类型理论 $T[\mathcal{C}]$（见 6.3.2 节）的基础上增加标记以及在标记中引入的子类型关系。其形式化描述如下。

假设 T（T_S）是用 LF（LF_S）所定义的类型论，则标记类型论 $T_S[\mathcal{C}]$ 有如下规则。

（1）$T_S[\mathcal{C}]_0$ 的规则如下:

- 在 $T_S[\mathcal{C}]_0$ 中，集合 $\mathcal{C}$ 中的子类型判断均可被导出:

$$\frac{\Gamma \vdash_{\Delta} A \leqslant_{\kappa} B : \mathrm{TYPE} \ \in \ \mathcal{C}}{\Gamma \vdash_{\Delta} A \leqslant_{\kappa} B : \mathrm{TYPE}}$$

- 在标记中增加子类型条目的规则:

$$\frac{\langle\rangle \vdash_{\Delta} A : \mathrm{TYPE} \quad \langle\rangle \vdash_{\Delta} B : \mathrm{TYPE} \quad \langle\rangle \vdash_{\Delta} \kappa : (A)B}{\Delta, A \leqslant_{\kappa} B \ \mathbf{sign}}$$

$$\frac{\Gamma \vdash_{\Delta, \ A \leqslant_{\kappa} B, \ \Delta'} \bullet}{\Gamma \vdash_{\Delta, \ A \leqslant_{\kappa} B, \ \Delta'} A \leqslant_{\kappa} B : \mathrm{TYPE}}$$

- 将 ⊢ 变为 ⊢$_\Delta$，则图 6.3的所有规则均是 $T_S[\mathcal{C}]_0$ 的规则，并且增加如下规则以刻画关于标记的弱化及等式替换：[①]

$$\frac{\Gamma \vdash_{\Delta,\Delta'} A \leqslant_\kappa B : \text{TYPE} \quad \langle\rangle \vdash_\Delta K \ kind \quad c \notin dom(\Delta, \Delta')}{\Gamma \vdash_{\Delta,c:K,\Delta'} A \leqslant_\kappa B : \text{TYPE}}$$

$$\frac{\Gamma \vdash_{\Delta,c:K,\Delta'} A \leqslant_\kappa B : \text{TYPE} \quad \langle\rangle \vdash_\Delta K = K'}{\Gamma \vdash_{\Delta,c:K',\Delta'} A \leqslant_\kappa B : \text{TYPE}}$$

（2）$T_S[\mathcal{C}]$ 的子类别规则：将 ⊢ 变为 ⊢$_\Delta$，则图 6.4的所有规则均是 $T_S[\mathcal{C}]$ 的规则，并且增加如下规则以刻画关于标记的弱化及等式替换：

$$\frac{\Gamma \vdash_{\Delta,\Delta'} K_1 \leqslant_\kappa K_2 \quad \langle\rangle \vdash_\Delta K \ kind \quad c \notin dom(\Delta, \Delta')}{\Gamma \vdash_{\Delta,c:K,\Delta'} K_1 \leqslant_\kappa K_2}$$

$$\frac{\Gamma \vdash_{\Delta,c:K,\Delta'} K_1 \leqslant_\kappa K_2 \quad \langle\rangle \vdash_\Delta K = K'}{\Gamma \vdash_{\Delta,c:K',\Delta'} K_1 \leqslant_\kappa K_2}$$

（3）$T_S[\mathcal{C}]$ 中强制转换的应用及定义规则：将 ⊢ 变为 ⊢$_\Delta$，则图 6.6的所有规则均是 $T_S[\mathcal{C}]$ 的规则。

【备注】 在标记中可以引入定义性条目，如下述规则所述（假设存在参数化单点类型 $\mathbb{1}(A,a)$，见 6.3.1节）：

$$\frac{\langle\rangle \vdash_\Delta a : A \quad c \notin dom(\Delta)}{\Delta, c \sim a : A \ \textbf{sign}} \qquad \frac{\Gamma \vdash_{\Delta, \ c \sim a:A, \ \Delta'} \bullet}{\Gamma \vdash_{\Delta, \ c \sim a:A, \ \Delta'} c : \mathbb{1}(A,a)}$$

如 4.1.3 节所述，定义性条目是特殊的属于条目。具体而言，定义性条目 $c \sim a : A$ 是属于条目 $c : \mathbb{1}(A,a)$ 的另一表达形式而已：若引入由如下规则所刻画的全局性子类型关系，其中 $\xi_{A,a}(x) = a$：

$$(\xi) \qquad \frac{\Gamma \vdash_\Delta A \ type \quad \Gamma \vdash_\Delta a : A}{\Gamma \vdash_\Delta \mathbb{1}(A,a) \leqslant_{\xi_{A,a}} A}$$

那么，常量 c 可以代表 a。

定义 6.9 (合谐性（coherence）) 令 $T_S[\mathcal{C}]$ 如上所定义。

（1）$\mathcal{C}$ 是合谐的是指：在 $T_S[\mathcal{C}]_0$ 中，对任意不含子类型条目的标记 Δ，下述条件成立：

[①] 对于有子类型条目的标记，其 dom 运算定义如下：（1）$dom(\langle\rangle) = \emptyset$；（2）$dom(\Delta, c : K) = dom(\Delta) \cup \{c\}$；（3）$dom(\Delta, A \leqslant_\kappa B) = dom(\Delta)$。

① 若 $\Gamma \vdash_\Delta A \leqslant_\kappa B :$ TYPE, 则 $\Gamma \vdash_\Delta A :$ TYPE、$\Gamma \vdash_\Delta B :$ TYPE 并且 $\Gamma \vdash_\Delta \kappa : (A)B$。

② 若 $\Gamma \vdash_\Delta A \leqslant_\kappa B :$ TYPE 且 $\Gamma \vdash_\Delta A \leqslant_{\kappa'} B :$ TYPE, 则 $\Gamma \vdash_\Delta \kappa = \kappa' : (A)B$。

(2) 假设 $\mathcal{C}$ 是合谐的。标记 Δ 是合谐的是指：在 $T_S[\mathcal{C}]_0$ 中，若 $\Gamma \vdash_\Delta A \leqslant_\kappa B :$ TYPE 且 $\Gamma \vdash_\Delta A \leqslant_{\kappa'} B :$ TYPE，则 $\Gamma \vdash_\Delta \kappa = \kappa' : (A)B$。

3. $T_S[\mathcal{C}]$ 的元理论概述

研究带标记的子类型理论 $T_S[\mathcal{C}]$，首先定义临时系统 $T[\mathcal{C}]^;$，其判断形式为

$$\Delta; \Gamma \vdash J$$

其中 $J \in \{\bullet, K \ kind, k : K, K = K', k = k' : K\}$。$T[\mathcal{C}]^;$ 与 6.3.2 节所述的系统 $T[\mathcal{C}]$ 相似，唯一不同的是它的上下文由两部分组成（用符号 ";" 把它们分开）：Γ 是通常的上下文，而 Δ 同上下文类似，但有关替换（substitution）和抽象（abstraction）的规则对 Δ 中的条目不再适用（详见文献 [121]）。下面描述如何用 $T[\mathcal{C}]^;$ 的推演关系 $\vdash$ 来代表带标记的推演关系 $\vdash_\Delta$。

定义 6.10 令 Δ 为 $T_S[\mathcal{C}]$ 中的合法标记。

(1) 序列 Γ_Δ 由去掉 Δ 中所有的子类型条目所得，定义如下：

- $\Gamma_{\langle\rangle} = \langle\rangle$
- $\Gamma_{\Delta', c:K} = \Gamma_{\Delta'}, c : K$
- $\Gamma_{\Delta', A \leqslant_\kappa B} = \Gamma_{\Delta'}$

(2) 集合 $\mathcal{C}_\Delta$ 由 Δ 中的子类型条目所形成的子类型判断所组成，定义如下：

- $\mathcal{C}_{\langle\rangle} = \emptyset$
- $\mathcal{C}_{\Delta', c:K} = \mathcal{C}_{\Delta'}$
- $\mathcal{C}_{\Delta', A \leqslant_\kappa B} = \mathcal{C}_{\Delta'} \cup \{\Gamma_{\Delta'}; \langle\rangle \vdash A \leqslant_\kappa B :$ TYPE$\}$

请注意，集合 $\mathcal{C}$ 和标记 Δ 在 $T_S[\mathcal{C}]$ 中是合谐的（见定义 6.9）当且仅当 $\mathcal{C} \cup \mathcal{C}_\Delta$ 是合谐的。因此，有如下定理，而据此便不难得到关于系统 $T_S[\mathcal{C}]$ 的元理论性质了（这与定理 6.4所述相类似）。

定理 6.5 对任意的标记 Δ，$T[\mathcal{C} \cup \mathcal{C}_\Delta]^;$ 的 $\vdash$ 代表 $T_S[\mathcal{C}]$ 的 $\vdash_\Delta$。换言之，$\Gamma \vdash_\Delta J$ 在 $T_S[\mathcal{C}]$ 中可导出当且仅当 $\Gamma_\Delta; \Gamma \vdash J$ 在 $T[\mathcal{C} \cup \mathcal{C}_\Delta]^;$ 中可导出，其中 $J \in \{\bullet, K \ kind, k : K, K = K', k = k' : K\}$。

6.4 关于意义理论的讨论

现代类型论良好的元理论性质一方面使得它们作为基础语言更便于理解，另一方面使得它们的使用（包括在计算机上的实现）更为方便。然而，研究这些基础语言的某些逻辑学家对此并不满足，因为元理论的正确性依赖于元语言的性质（如公理化集合论的性质），而人们希望能摒弃元语言这一层面而直接论证逻辑系统和类型论等理论的正确性。这就是一些哲学家和逻辑学家（更确切地说，某些倾向于证明论理念的哲学家和逻辑学家）研究基于使用论的意义理论[68,69]和证明论语义[80,191,192,157,158]的主要原因。①

逻辑学家普拉维茨在研究一阶及高阶逻辑系统的元理论的基础上，提出并发展了泛证明论（general proof theory）[191,192]，而马丁–洛夫则研究了类型论的意义理论[156,157]。例如，现代类型论中的判断 $a : A$ 的含义由图 1.2 所示：当 A 是基本类型时（如 $A = Nat$），若要判定 $a : A$ 是否成立，则只需对 a 做计算，然后确定其值 v 的类型是否为 A 即可。尽管二者有所不同，普拉维茨的泛证明论和马丁–洛夫的意义理论均基于同一基本想法：带有自由变量的证明或判断的语义由其封闭实例的语义来刻画，而这些封闭实例则是将自由变量替换为封闭实体而得。（类似地，像 Π 类型等高阶类型或高阶公式的语义刻画同样如此。）例如，可将现代类型论中的判断 $\Gamma \vdash J$ 分为两类：一类是简单判断（或称范畴判断，categorical judgement），其上下文 Γ 为空，而另一类是条件判断（hypothetical judgement），其上下文 Γ 不是空序列。根据马丁–洛夫的意义理论，一个条件判断 $\Gamma \vdash J$ 是正确的当且仅当所有的简单判断 $[\gamma/\bar{x}_\Gamma]J$ 都是正确的，其中 $\gamma : \Gamma$。②不幸的是，这

---

① 关于使用意义解释来直接论证逻辑理论正确性的想法可以追溯到弗雷格，他在 19 世纪后期使用的集合论[75]就是配有意义解释的形式系统。当然，后来人们知道，在弗雷格的集合论里存在悖论，而在逻辑研究中对语法和语义的区分也被学者们广为接受。但如上所述，这依赖于描述语义的元语言的性质（如相容性等）。另外，关于哲学界对意义理论的一般性研究，见第 3 章开始时的评注以及有关的文献（如文献 [239] 等）。

② 这里，若 $\Gamma \equiv x_1 : A_1, \cdots, x_n : A_n$，则 $\bar{x}_\Gamma \equiv x_1, \cdots, x_n$，而对于 $\gamma \equiv a_1, \cdots, a_n$，$\gamma : \Gamma$ 的意思是 $[a_1/x_1, \cdots, a_{i-1}/x_{i-1}]a_i : [a_1/x_1, \cdots, a_{i-1}/x_{i-1}]A_i$（$i = 1, \cdots, n$）。请注意，条件判断的语义 (6.17) 与其所有封闭实例的语义 (6.18) 是不同的，这里 $\Gamma \neq \langle \rangle$：

(6.17) 条件判断 $\Gamma \vdash J$ 的语义

(6.18) 所有简单判断 $[\gamma/\bar{x}_\Gamma]J$ 的语义，其中 $\gamma : \Gamma$

在某种意义上，(6.18) 既弱于 (6.17) 又强于 (6.17)：

- (6.18) 弱于 (6.17)：例如，判断 $x : \varnothing \vdash 0 : Bool$ 是不正确的，但对于此例，(6.18) 总是为真，因为没有类型为 $\varnothing$ 的封闭对象。因此，(6.18) 的正确性并不蕴涵 (6.17) 的正确性。
- (6.18) 强于 (6.17)：根据元理论，(6.17) 的正确性是可判定的（定理 6.2(6.2)），而 (6.18) 则可能是不可判定的（因为无穷性或循环性等）。

因此，将二者等价起来似乎是成问题的。

一语义刻画方式存在着问题：关键是人们无法获知所有的 $\gamma:\Gamma$。事实上，获知所有 $\gamma:\Gamma$ 的过程实际上假设了判断正确性的可判定性（即类型检测的可判定性），而意义解释的过程就是类型检测的过程。若要阐明这一过程是满足终止性的算法，至今为止已知的方法就是借助于元理论中计算的终止性和类型检测的可判定性等性质对此加以证明。换言之，至少在目前，意义理论仍旧不得不依赖于元理论。人们想摒弃元理论的愿望能够实现吗？尽管这相当渺茫，但仍不失为一个值得为其努力的美好愿望。

值得提及的是，虽然逻辑学家已经在将使用论作为逻辑语言的意义理论的研究中遇到了困难，但这并不足以使某些哲学家因此而却步，他们试图把使用论的思想大大延伸，用于研究自然语言的意义理论。这些研究与维特根斯坦所倡导的"意义即使用"的口号相关，包括对推理主义（inferentialism）的研究[26,27] 等。当然，哲学研究与逻辑研究不同，前者不像后者那样以精确性和正确性作为基本条件，而更注重于理论论证的合理性及说服力等。

6.5 后记

谈到现代类型论的元理论，它通常是许多人觉得相当头痛之处，往往望而却步。6.1节对有关重要性质做一概述，并予以适当的非形式解释。这在通常文献中是很少见到的，作者在此做一尝试，但愿有益于读者关于现代类型论元理论的了解。

统一类型论（见文献 [125] 第 9 章和本书 6.3.1节）的前身是扩展的构造演算（Extended Calculus of Constructions，ECC），关于 ECC 的描述及元理论，见作者的博士论文 [123]。特别要说明的是，统一类型论的元理论研究及有关结果是到目前为止最为复杂的类型论的元理论（见古根（Goguen）的博士论文 [85]。古根是伯斯塔尔教授与作者共同指导的博士生）。另外，马丁–洛夫（内涵）类型论[176] 是统一类型论的子系统，因此关于统一类型论的有关结果对于马丁–洛夫类型论同样成立。

如前所述（见第 2 章后记），本章 6.3.2节、6.3.3节所述关于强制性子类型理论[126,127] 和标记类型论[138] 的元理论研究是索洛维耶夫、罗勇、薛涛和伦古等若干同事与作者一起共同完成的，见文献 [120], [121], [122], [149], [207], [223]。尽管有关的定理及基本证明思路已在 2002 年的文献 [207] 中给出，但强制性子类型理论及其元理论直到文献 [149] 中才得以完善（这与亚当斯在 2007 年提出的一个问题有关，对此的说明见 169 页脚注①和文献 [149] 的 2.1 节）。

结语

现代类型论作为新的基础语言，应用前景广阔。它们在自然语言语义学中的应用便是对此较好的说明：它展示了使用与集合论不同的基础语言所带来的优势，开拓了一种新的思维方式，前景可观。人们常说，数学思维（更一般地，以数学为基础的科学思维）是基于类型论的。然而，这如何体现出来呢？我总觉得这不好（甚至无法）给出清晰明了的论证，但希望本书在自然语言语义学、计算机程序验证和数学形式化诸领域的研究和介绍给出了一些头绪，能引发读者对此的进一步思考。

关于类型论的研究尚存在很多有待探索的问题，而有些争论也许会永远进行下去。试举一例：关于（非）直谓性的讨论就是这样一个有趣的问题，耐人寻味。自从 20 世纪初以来（见罗素所著文献 [202]、[219] 和外尔（Weyl）所著文献 [218] 等），有关争论就没有停止过，持续至今。例如，马丁–洛夫是坚定执着的直觉主义者，记得他曾对作者说：（大意）总有一天人们会发现非直谓性是不相容的。当然，阅读了本书的读者可能已经想到，作者本人更赞同拉姆塞等人所持的观点，即非直谓性并不导致有害的恶性循环，在逻辑上是相容的。

我很喜欢"怀疑一切"这一名言，这并不是说要鼓励人们去当怀疑论者，而是讲学者们要保持探索的好奇心，不迷信名家的"断言"，时常进行批判性分析并挑战传统的思维方式等。我还保持着一种"老式"的想法，认为很多科学研究应该受好奇心所驱使，那样的话就更有可能得到好的（甚至是意想不到的）结果，去一步步揭开未知世界的神秘面纱。

有关上下文和定义性等式的推理规则

有关上下文的规则:

$$\frac{}{\vdash \langle \rangle} \qquad \frac{\Gamma \vdash A\ type \quad x \notin FV(\Gamma)}{\vdash \Gamma,\, x : A} \qquad \frac{\vdash \Gamma, x : A, \Gamma'}{\Gamma, x : A, \Gamma' \vdash x : A}$$

定义性等式为等价关系:

$$\frac{\Gamma \vdash A\ type}{\Gamma \vdash A = A} \qquad \frac{\Gamma \vdash A = B}{\Gamma \vdash B = A} \qquad \frac{\Gamma \vdash A = B \quad \Gamma \vdash B = C}{\Gamma \vdash A = C}$$

$$\frac{\Gamma \vdash a : A}{\Gamma \vdash a = a : A} \qquad \frac{\Gamma \vdash a = b : A}{\Gamma \vdash b = a : A} \qquad \frac{\Gamma \vdash a = b : A \quad \Gamma \vdash b = c : A}{\Gamma \vdash a = c : A}$$

等式规则 (又称为转换规则):

$$\frac{\Gamma \vdash a : A \quad \Gamma \vdash A = B}{\Gamma \vdash a : B} \qquad \frac{\Gamma \vdash a = b : A \quad \Gamma \vdash A = B}{\Gamma \vdash a = b : B}$$

类型构造算子的推理规则

B.1　Π 类型

(Π)
$$\frac{\Gamma \vdash A\ type \quad \Gamma,\ x : A \vdash B\ type}{\Gamma \vdash \Pi x : A.B\ type}$$

(abs)
$$\frac{\Gamma,\ x : A \vdash b : B}{\Gamma \vdash \lambda x : A.b : \Pi x : A.B}$$

(app)
$$\frac{\Gamma \vdash f : \Pi x : A.B \quad \Gamma \vdash a : A}{\Gamma \vdash f(a) : [a/x]B}$$

(β)
$$\frac{\Gamma,\ x : A \vdash b : B \quad \Gamma \vdash a : A}{\Gamma \vdash (\lambda x : A.b)(a) = [a/x]b : [a/x]B}$$

关于 Π 类型、λ 函数及其应用等运算，定义性等式是同余关系，由如下规则所刻画：

$$\frac{\Gamma \vdash A = A' \quad \Gamma,\ x : A \vdash B = B'}{\Gamma \vdash \Pi x : A.B = \Pi x : A'.B'}$$

$$\frac{\Gamma \vdash A = A' \quad \Gamma,\, x : A \vdash b = b' : B}{\Gamma \vdash \lambda x : A.b = \lambda x : A'.b' : \Pi x : A.B}$$

$$\frac{\Gamma \vdash f = f' : \Pi x : A.B \quad \Gamma \vdash a = a' : A}{\Gamma \vdash f(a) = f'(a') : [a/x]B}$$

B.2 Σ 类型

(Σ)
$$\frac{\Gamma \vdash A \ type \quad \Gamma,\, x : A \vdash B \ type}{\Gamma \vdash \Sigma x : A.B \ type}$$

$(pair)$
$$\frac{\Gamma \vdash a : A \quad \Gamma \vdash b : [a/x]B \quad \Gamma, x : A \vdash B \ type}{\Gamma \vdash (a, b) : \Sigma x : A.B}$$

(π_1)
$$\frac{\Gamma \vdash p : \Sigma x : A.B}{\Gamma \vdash \pi_1(p) : A}$$

(π_2)
$$\frac{\Gamma \vdash p : \Sigma x : A.B}{\Gamma \vdash \pi_2(p) : [\pi_1(p)/x]B}$$

$(proj_1)$
$$\frac{\Gamma \vdash a : A \quad \Gamma \vdash b : [a/x]B \quad \Gamma, x : A \vdash B \ type}{\Gamma \vdash \pi_1(a, b) = a : A}$$

$(proj_2)$
$$\frac{\Gamma \vdash a : A \quad \Gamma \vdash b : [a/x]B \quad \Gamma, x : A \vdash B \ type}{\Gamma \vdash \pi_2(a, b) = b : [a/x]B}$$

B.3 不相交并类型

$(+)$
$$\frac{\Gamma \vdash A \ type \quad \Gamma \vdash B \ type}{\Gamma \vdash A + B \ type}$$

$$(inl) \qquad \frac{\Gamma \vdash a : A \quad \Gamma \vdash B\ type}{\Gamma \vdash inl(a) : A + B}$$

$$(inr) \qquad \frac{\Gamma \vdash b : B \quad \Gamma \vdash A\ type}{\Gamma \vdash inr(b) : A + B}$$

在下述诸规则中，$x \notin FV(f)$、$y \notin FV(g)$。

$$(case) \qquad \frac{\begin{array}{c} \Gamma, z : A + B \vdash C(z)\ type \quad \Gamma \vdash c : A + B \\ \Gamma, x : A \vdash f(x) : C(inl(x)) \quad \Gamma, y : B \vdash g(y) : C(inr(y)) \end{array}}{\Gamma \vdash case(f,\ g,\ c) : C(c)}$$

$$(case_1) \qquad \frac{\begin{array}{c} \Gamma, z : A + B \vdash C(z)\ type \quad \Gamma \vdash a : A \\ \Gamma, x : A \vdash f(x) : C(inl(x)) \quad \Gamma, y : B \vdash g(y) : C(inr(y)) \end{array}}{\Gamma \vdash case(f,\ g,\ inl(a)) = f(a) : C(inl(a))}$$

$$(case_2) \qquad \frac{\begin{array}{c} \Gamma, z : A + B \vdash C(z)\ type \quad \Gamma \vdash b : B \\ \Gamma, x : A \vdash f(x) : C(inl(x)) \quad \Gamma, y : B \vdash g(y) : C(inr(y)) \end{array}}{\Gamma \vdash case(f,\ g,\ inr(b)) = g(b) : C(inr(b))}$$

B.4 有穷类型

空类型 $\varnothing$ 的规则（注：空类型没有引入及计算规则。）

$$(\varnothing) \qquad \frac{\vdash \Gamma}{\Gamma \vdash \varnothing\ type}$$

$$(\mathcal{E}_\varnothing) \qquad \frac{\Gamma, z : \varnothing \vdash C(z)\ type \quad \Gamma \vdash z : \varnothing}{\Gamma \vdash \mathcal{E}_\varnothing(C, z) : C(z)}$$

单点类型 $\mathbb{1}$ 的规则

$$(\mathbb{1}) \qquad \frac{\vdash \Gamma}{\Gamma \vdash \mathbb{1}\ type}$$

$$(*) \qquad \frac{\vdash \Gamma}{\Gamma \vdash * : \mathbb{1}}$$

$$(\mathcal{E}_{\mathbb{1}}) \qquad \frac{\Gamma, z : \mathbb{1} \vdash C(z) \ type \quad \Gamma \vdash c : C(*) \quad \Gamma \vdash z : \mathbb{1}}{\Gamma \vdash \mathcal{E}_{\mathbb{1}}(C, c, z) : C(z)}$$

$$(Eq_{\mathbb{1}}) \qquad \frac{\Gamma, z : \mathbb{1} \vdash C(z) \ type \quad \Gamma \vdash c : C(*)}{\Gamma \vdash \mathcal{E}_{\mathbb{1}}(C, c, *) = c : C(*)}$$

布尔类型 $\mathbb{2}$ 的规则

$$(\mathbb{2}) \qquad \frac{\vdash \Gamma}{\Gamma \vdash \mathbb{2} \ type}$$

$$(\mathrm{tt}) \qquad \frac{\vdash \Gamma}{\Gamma \vdash \mathrm{tt} : \mathbb{2}}$$

$$(\mathrm{ff}) \qquad \frac{\vdash \Gamma}{\Gamma \vdash \mathrm{ff} : \mathbb{2}}$$

$$(\mathcal{E}_{\mathbb{2}}) \qquad \frac{\Gamma, z : \mathbb{2} \vdash C(z) \ type \quad \Gamma \vdash c_1 : C(\mathrm{tt}) \quad \Gamma \vdash c_2 : C(\mathrm{ff}) \quad \Gamma \vdash b : \mathbb{2}}{\Gamma \vdash \mathcal{E}_{\mathbb{2}}(C, c_1, c_2, b) : C(b)}$$

$$(Eq_{\mathbb{2}}1) \qquad \frac{\Gamma, z : \mathbb{2} \vdash C(z) \ type \quad \Gamma \vdash c_1 : C(\mathrm{tt}) \quad \Gamma \vdash c_2 : C(\mathrm{ff})}{\Gamma \vdash \mathcal{E}_{\mathbb{2}}(C, c_1, c_2, \mathrm{tt}) = c_1 : C(\mathrm{tt})}$$

$$(Eq_{\mathbb{2}}2) \qquad \frac{\Gamma, z : \mathbb{2} \vdash C(z) \ type \quad \Gamma \vdash c_1 : C(\mathrm{tt}) \quad \Gamma \vdash c_2 : C(\mathrm{ff})}{\Gamma \vdash \mathcal{E}_{\mathbb{2}}(C, c_1, c_2, \mathrm{ff}) = c_2 : C(\mathrm{ff})}$$

B.5 自然数类型、列表类型和向量类型

自然数类型

$$(Nat) \qquad \frac{\vdash \Gamma}{\Gamma \vdash Nat \ type}$$

$(zero)$
$$\frac{\vdash \Gamma}{\Gamma \vdash 0 : Nat}$$

$(succ)$
$$\frac{\Gamma \vdash n : Nat}{\Gamma \vdash succ(n) : Nat}$$

$(\mathcal{E}_{Nat})$
$$\frac{\Gamma, z : Nat \vdash C(z) \; type \quad \Gamma \vdash n : Nat}{\Gamma \vdash c : C(0) \quad \Gamma, x : Nat, y : C(x) \vdash f(x,y) : C(succ(x))}{\Gamma \vdash \mathcal{E}_{Nat}(c, f, n) : C(n)}$$

$(Eq_N 1)$
$$\frac{\Gamma, z : Nat \vdash C(z) \; type}{\Gamma \vdash c : C(0) \quad \Gamma, x : Nat, y : C(x) \vdash f(x,y) : C(succ(x))}{\Gamma \vdash \mathcal{E}_{Nat}(c, f, 0) = c : C(0)}$$

$(Eq_N 2)$
$$\frac{\Gamma, z : Nat \vdash C(z) \; type \quad \Gamma \vdash n : Nat}{\Gamma \vdash c : C(0) \quad \Gamma, x : Nat, y : C(x) \vdash f(x,y) : C(succ(x))}{\Gamma \vdash \mathcal{E}_{Nat}(c, f, succ(n)) = f(n, \mathcal{E}_{Nat}(c, f, n)) : C(succ(n))}$$

列表类型

$(List)$
$$\frac{\Gamma \vdash A \; type}{\Gamma \vdash List(A) \; type}$$

(nil)
$$\frac{\Gamma \vdash A \; type}{\Gamma \vdash nil(A) : List(A)}$$

$(cons)$
$$\frac{\Gamma \vdash a : A \quad \Gamma \vdash l : List(A)}{\Gamma \vdash cons(A, n, l) : List(A)}$$

$(\mathcal{E}_L)$
$$\frac{\Gamma, y : List(A) \vdash C(y) \; type \quad \Gamma \vdash l : List(A) \quad \Gamma \vdash c : C(nil(A))}{\Gamma, x : A, y : List(A), z : C(y) \vdash f(x,y,z) : C(cons(A,x,y))}{\Gamma \vdash \mathcal{E}_L(A, c, f, l) : C(l)}$$

$(Eq_L 1)$
$$\frac{\Gamma, y : List(A) \vdash C(y) \; type \quad \Gamma \vdash c : C(nil(A))}{\Gamma, x : A, y : List(A), z : C(y) \vdash f(x,y,z) : C(cons(A,x,y))}{\Gamma \vdash \mathcal{E}_L(A, c, f, nil) = c : C(nil)}$$

$(Eq_L 2)$ $\dfrac{\begin{array}{l}\Gamma, y : List(A) \vdash C(y)\ type \quad \Gamma \vdash a : A \quad \Gamma \vdash l : List(A) \\ \Gamma \vdash c : C(nil(A)) \\ \Gamma, x : Nat, y : List[Nat], z : C(y) \vdash f(x, y, z) : C(cons(A, x, y)) \end{array}}{\Gamma \vdash \mathcal{E}_L(A, c, f, cons(A, a, l)) = f(a, l, \mathcal{E}_L(A, c, f, l)) : C(cons(A, a, l))}$

向量类型

$(Vect)$ $\dfrac{\Gamma \vdash A\ type \quad \Gamma \vdash n : Nat}{\Gamma \vdash Vect(A, n)\ type}$

(nil_V) $\dfrac{\Gamma \vdash A\ type}{\Gamma \vdash nil_V(A) : Vect(A, 0)}$

$(cons_V)$ $\dfrac{\Gamma \vdash A\ type \quad \Gamma \vdash n : Nat \quad \Gamma \vdash a : A \quad \Gamma \vdash v : Vect(A, n)}{\Gamma \vdash cons_V(A, n, a, v) : Vect(A, n + 1)}$

$(\mathcal{E}_V)$ $\dfrac{\begin{array}{l}\Gamma \vdash A\ type \quad \Gamma, x : Nat, y : Vect(A, x) \vdash C(x, y)\ type \\ \Gamma \vdash n : Nat \quad \Gamma \vdash v : Vect(A, n) \\ \Gamma \vdash c : C(0, nil_V(A)) \\ \Gamma, a : A, x : Nat, y : Vect(A, x), z : C(x, y) \\ \quad\quad \vdash f(a, x, y, z) : C(x + 1, cons_V(A, x, a, y)) \end{array}}{\Gamma \vdash \mathcal{E}_V(A, c, f, n, v) : C(n, v)}$

$(Eq_V 1)$ $\dfrac{\begin{array}{l}\Gamma \vdash A\ type \quad \Gamma, x : Nat, y : Vect(A, x) \vdash C(x, y)\ type \\ \Gamma \vdash n : Nat \\ \Gamma \vdash c : C(0, nil_V(A)) \\ \Gamma, a : A, x : Nat, y : Vect(A, x), z : C(x, y) \\ \quad\quad \vdash f(a, x, y, z) : C(x + 1, cons_V(A, x, a, y)) \end{array}}{\Gamma \vdash \mathcal{E}_V(A, c, f, n, nil_V(A)) = c : C(0, nil_V(A))}$

$$\frac{\begin{array}{l} \Gamma \vdash A \ type \quad \Gamma, x: Nat, y: Vect(A,x) \vdash C(x,y) \ type \\ \Gamma \vdash n: Nat \quad \Gamma \vdash v: Vect(A,n) \\ \Gamma \vdash c: C(0, nil_V(A)) \\ \Gamma, a: A, x: Nat, y: Vect(A,x), z: C(x,y) \\ \qquad \vdash f(a,x,y,z): C(x+1, cons_V(A,x,a,y)) \end{array}}{\begin{array}{l} \Gamma \vdash \mathcal{E}_V(A,c,f,n,cons_V(A,n,a,v)) \\ \quad = f(a,n,v, \mathcal{E}_V(A,c,f,n,v)) \\ \qquad : \ C(n+1, cons_V(A,n,a,v)) \end{array}} \quad (Eq_V 2)$$

Prop 及逻辑算子

在诸如统一类型论[125]之类的非直谓类型论中，*Prop* 是所有逻辑命题所组成的非直谓类型空间，使用它和逻辑算子 ∀ 可定义其他的逻辑算符。附录 C.1给出相关的推理规则，而附录 C.2则给出包括莱布尼茨等式在内的逻辑算符的定义。

C.1 *Prop*

$(Prop1)$
$$\frac{\vdash \Gamma}{\Gamma \vdash Prop\ type}$$

$(Prop2)$
$$\frac{\Gamma \vdash P : Prop}{\Gamma \vdash P\ type}$$

$(\forall)$
$$\frac{\Gamma \vdash A\ type \quad \Gamma,\ x : A \vdash P : Prop}{\Gamma \vdash \forall x : A.P : Prop}$$

(Abs)
$$\frac{\Gamma,\ x : A \vdash b : P \quad \Gamma,\ x : A \vdash P : Prop}{\Gamma \vdash \lambda x : A.b : \forall x : A.P}$$

(App)
$$\frac{\Gamma \vdash f : \forall x : A.P \quad \Gamma \vdash a : A}{\Gamma \vdash f(a) : [a/x]P}$$

$$(\beta_P) \qquad \frac{\Gamma,\ x:A \vdash P:Prop \quad \Gamma,\ x:A \vdash b:P \quad \Gamma \vdash a:A}{\Gamma \vdash (\lambda x:A.b)(a) = [a/x]b:[a/x]P}$$

C.2 逻辑算符

在二阶或高阶逻辑中，可用其全称量词来定义其他的逻辑算符。这一事实在 20 世纪 60 年代由普拉维茨（Prawitz）等逻辑学家所发现[190]。由于高阶逻辑嵌入在构造演算及统一类型论等非直谓类型论中，其他的逻辑算符亦可用 *Prop* 及 $\forall$ 来定义如下（有关的详细讨论可参见文献 [125] 的 5.1 节）。

$$
\begin{aligned}
P \Rightarrow Q &= \forall x:P.\,Q \\
\textbf{true} &= \forall X:Prop.\,X \Rightarrow X \\
\textbf{false} &= \forall X:Prop.\,X \\
P \wedge Q &= \forall X:Prop.\,(P \Rightarrow Q \Rightarrow X) \Rightarrow X \\
P \vee Q &= \forall X:Prop.\,(P \Rightarrow X) \Rightarrow (Q \Rightarrow X) \Rightarrow X \\
\neg P &= P \Rightarrow \textbf{false} \\
\exists x:A.P(x) &= \forall X:Prop.\,(\forall x:A.(P(x) \Rightarrow X)) \Rightarrow X \\
(a =_A b) &= \forall P:A \rightarrow Prop.\,P(a) \Rightarrow P(b)
\end{aligned}
$$

简单类型论 $\mathcal{C}$

附录 D.1 是丘奇简单类型论 $\mathcal{C}$（蒙太古内涵逻辑 IL 的外延核心）的推理规则，而 D.2 则给出 $\mathcal{C}$ 中逻辑算子的定义。

D.1 $\mathcal{C}$ 的推理规则

如下 $\mathcal{C}$ 的推理规则基于文献 [148] 中对丘奇简单类型论的描述，其中在第二条规则中，$FV(\Gamma)$ 是 Γ 中自由出现之变量的集合。①

有关上下文、基本类型和 λ 演算的规则

$$\frac{}{\langle\rangle\ valid} \qquad \frac{\Gamma \vdash A\ type \quad x \notin FV(\Gamma)}{\Gamma,\ x:A\ valid} \qquad \frac{\Gamma \vdash P:\mathbf{t}}{\Gamma,\ P\ true\ valid}$$

$$\frac{\Gamma\ valid}{\Gamma \vdash \mathbf{e}\ type} \qquad \frac{\Gamma\ valid}{\Gamma \vdash \mathbf{t}\ type} \qquad \frac{\Gamma,\ x:A,\ \Gamma'\ valid}{\Gamma,\ x:A,\ \Gamma' \vdash x:A} \qquad \frac{\Gamma,\ P\ true,\ \Gamma'\ valid}{\Gamma,\ P\ true,\ \Gamma' \vdash P\ true}$$

$$\frac{\Gamma \vdash A\ type \quad \Gamma \vdash B\ type}{\Gamma \vdash A \to B\ type} \qquad \frac{\Gamma, x:A \vdash b:B}{\Gamma \vdash \lambda x:A.b:A \to B} \qquad \frac{\Gamma \vdash f:A \to B \quad \Gamma \vdash a:A}{\Gamma \vdash f(a):B}$$

有关逻辑公式的形成及推演规则

$$\frac{\Gamma \vdash P:\mathbf{t} \quad \Gamma \vdash Q:\mathbf{t}}{\Gamma \vdash P \Rightarrow Q:\mathbf{t}} \qquad \frac{\Gamma,\ P\ true \vdash Q\ true}{\Gamma \vdash P \Rightarrow Q\ true} \qquad \frac{\Gamma \vdash P \Rightarrow Q\ true \quad \Gamma \vdash P\ true}{\Gamma \vdash Q\ true}$$

---

① 在简单类型论 $\mathcal{C}$ 中，$FV(\Gamma)$ 可定义为：(1) $FV(\langle\rangle) = \emptyset$；(2) $FV(\Gamma, x:A) = FV(\Gamma) \cup \{x\}$；(3) $FV(\Gamma, P\ true) = FV(\Gamma)$。请注意，在使用 $FV(\Gamma)$ 时，Γ 总是一个合法的上下文（即 $\Gamma\ valid$）。因此，如此定义的 $FV(\Gamma)$ 的确是 Γ 中自由出现之变量的集合。

$$\frac{\Gamma \vdash A\ type \quad \Gamma, x : A \vdash P : \mathbf{t}}{\Gamma \vdash \forall x : A.P : \mathbf{t}} \quad \frac{\Gamma, x : A \vdash P\ true}{\Gamma \vdash \forall x : A.P\ true} \quad \frac{\Gamma \vdash \forall x : A.P(x)\ true \quad \Gamma \vdash a : A}{\Gamma \vdash P(a)\ true}$$

逻辑公式的转换规则，其中 $\simeq_\beta$ 为 β 变换等式（β-conversion）：[①]

$$\frac{\Gamma \vdash P\ true \quad \Gamma \vdash Q : \mathbf{t}}{\Gamma \vdash Q\ true} \quad (P \simeq_\beta Q)$$

D.2 $\mathcal{C}$ 中的逻辑运算符

在丘奇的简单类型论 $\mathcal{C}$ 中，如下的逻辑运算符可以通过 $\Rightarrow$ 和 $\forall$ 加以定义，其中在最后一行之等式的定义中，a 和 b 具有相同的类型 A。

$$true = \forall X : \mathbf{t}.\ X \Rightarrow X$$

$$false = \forall X : \mathbf{t}.\ X$$

$$P \wedge Q = \forall X : \mathbf{t}.\ (P \Rightarrow Q \Rightarrow X) \Rightarrow X$$

$$P \vee Q = \forall X : \mathbf{t}.\ (P \Rightarrow X) \Rightarrow (Q \Rightarrow X) \Rightarrow X$$

$$\neg P = P \Rightarrow false$$

$$\exists x : A.P(x) = \forall X : \mathbf{t}.\ (\forall x : A.(P(x) \Rightarrow X)) \Rightarrow X$$

$$(a = b) = \forall P : A \to \mathbf{t}.\ P(a) \Rightarrow P(b)$$

---

① 如同 λ 演算，β 变换规则成立：表达式 $(\lambda x : A.b[x])(a)$ 与 $b[a]$ 定义性相等；前者通过计算而得到后者，而 β 变换关系 $\simeq_\beta$ 则是这一基本计算关系的自反、对称及传递闭包。

依赖性子结构类型论 $\overline{\lambda}_\Pi$

依赖性子结构类型论 $\overline{\lambda}_\Pi$ 包含三种子结构类型，其推理规则如下，其中 $\overline{\cdot} \in \{:, ::\}$。（关于它的介绍及应用，见第 4 章 4.5 节。）

上下文及变量规则

$$\frac{}{\langle\rangle\ valid} \qquad \frac{\Gamma \vdash A\ type \quad x \notin FV(A)}{\Gamma, x\overline{:}A\ valid} \qquad \frac{\Gamma, x\overline{:}A\ valid \quad \forall y \in FV(\Gamma).\ x \sim_{\Gamma, x\overline{:}A} y}{\Gamma, x\overline{:}A \vdash x : A}$$

其中，对任意 $\Delta = x_1\overline{:}A_1, \cdots, x_n\overline{:}A_n$，依赖关系 $\sim_\Delta$ 定义为：（1）若 $y \in FV(A_i)$，则 $x_i \sim_\Delta y$；（2）若 $x \sim_\Delta y$ 且 $y \sim_\Delta z$，则 $x \sim_\Delta z$。

线性 Π 类型

$$\frac{\Gamma, x\overline{:}A \vdash B\ type}{\Gamma \vdash \overline{\Pi}x : A.B\ type} \qquad \frac{\Gamma, x\overline{:}A \vdash b : B}{\Gamma \vdash \overline{\lambda}x : A.b : \overline{\Pi}x : A.B}$$

$$\frac{\Gamma_1 \vdash f : \overline{\Pi}x : A.B \quad \Gamma_2 \vdash a : A \quad FV(\Gamma_1) \cap FV(\Gamma_2) = \emptyset}{\Delta \vdash \overline{app}(f, a) : [a/x]B}$$

在上述规则中，$\Delta \in \mathcal{P}(\Gamma_1, \Gamma_2)$ 是上下文 Γ_1, Γ_2 的一个排列，它仅移动形为 $y :: B$ 的线性条目，并保持依赖关系。$\mathcal{P}$ 定义为：(1) $\mathcal{P}(\langle\rangle) = \{\langle\rangle\}$；(2) $\mathcal{P}(\Gamma, x : A) = \{\Delta, x : A \mid \Delta \in \mathcal{P}(\Gamma)\}$；(3) $\mathcal{P}(\Gamma, x :: A) = \{\Delta_1, x :: A, \Delta_2 \mid \Delta_1, \Delta_2 \in \mathcal{P}(\Gamma),\ FV(A) \subseteq FV(\Delta_1)\}$。

有序 Π 类型

$$\frac{\Gamma,\ x\overline{:}A \vdash B\ type}{\Gamma \vdash \Pi^r x : A.B\ type} \qquad \frac{\Gamma,\ x\overline{:}A \vdash b : B}{\Gamma \vdash \lambda^r x : A.b : \Pi^r x : A.B}$$

$$\frac{\Gamma \vdash f : \Pi^r x : A.B \quad \Delta \vdash a : A \quad FV(\Gamma) \cap FV(\Delta) = \emptyset}{\Gamma, \Delta \vdash app^r(f, a) : [a/x]B}$$

$$\frac{\Gamma,\ x\overline{:}A \vdash B\ type}{\Gamma \vdash \Pi^l x : A.B\ type} \qquad \frac{\Gamma,\ x\overline{:}A \vdash b : B}{\Gamma \vdash \lambda^l x : A.b : \Pi^l x : A.B}$$

$$\frac{\Gamma \vdash f : \Pi^l x : A.B \quad \Delta \vdash a : A \quad FV(\Gamma) \cap FV(\Delta) = \emptyset}{\Delta, \Gamma \vdash app^l(a, f) : [a/x]B}$$

词汇表规则

$$\frac{(c, A) \in \text{Lex}}{\langle\rangle \vdash c : A}$$

基本类型与类型空间 CN 和 S

$$\frac{}{\langle\rangle \vdash \text{NP}\ type} \qquad \frac{}{\langle\rangle \vdash \text{CN}\ type} \qquad \frac{\Gamma \vdash A : \text{CN}}{\Gamma \vdash A\ type} \qquad \frac{}{\langle\rangle \vdash \text{S}\ type} \qquad \frac{\Gamma \vdash P : \text{S}}{\Gamma \vdash P\ type}$$

子类型转换规则（其中累积关系（cumulativity relation）$\preceq$ 见定义 E.1）

$$\frac{\Gamma \vdash a : A \quad \Gamma \vdash B\ type}{\Gamma \vdash a : B} \quad (A \preceq B)$$

$\bar{\lambda}_\Pi$ 的变换等式（conversion relation）$\simeq$ 基于如下的基本规则：[①]

- 关于线性类型的基本规则：

(E.1) β 变换：$\overline{app}(\overline{\lambda}x : A.b,\ a) \simeq [a/x]b$.

(E.2) η 变换：$\overline{\lambda}x : A.\overline{app}(M, x) \simeq M$，其中 $x \notin FV(M)$.

- 关于有序类型的基本规则：

(E.3) β 变换：$app^r(\lambda^r x : A.b, a) \simeq app^l(a, \lambda^l x : A.b) \simeq [a/x]b$.

(E.4) η 变换：$\lambda^r x : A.app^r(M, x) \simeq \lambda^l x : A.app^l(x, M) \simeq M$，其中 $x \notin FV(M)$.

---

① 在此我们对变换等式的标准定义方式不做详述。若需要，读者可参考本书第 6 章 6.1.2 节及有关文献。

定义 E.1 (累积关系) 累积关系 $\preceq$ 定义为满足如下条件的最小关系:

1. $\preceq$ 是关于转换关系的偏序; 亦即

    (a) 若 $A \simeq B$, 则 $A \preceq B$;

    (b) 若 $A \preceq B$ 且 $B \preceq A$, 则 $A \simeq B$;

    (c) 若 $A \preceq B$ 且 $B \preceq C$, 则 $A \preceq C$。

2. 若 $(c, CN) \in L_{EX}$, 则 $c \preceq NP$。

3. 若 $A' \preceq A$ 且 $B \preceq B'$, 则 $\Pi^\circ x : A.B \preceq \Pi^\circ x : A'.B'$, 其中 $\Pi^\circ \in \{\Pi^r, \Pi^l, \overline{\Pi}\}$。

$\square$

参考文献

[1] Abel A, Coquand T. Failure of normalisation in impredicative type theory with proof-irrelevant propositional equality [J]. Logical Methods in Computer Science, 2020, 16(2): 1–5.

[2] Aczel P, Gambino N. Collection principles in dependent type theory [C]. Types for Proofs and Programs, 2000: 1–23.

[3] Adams R. Pure type systems with judgemental equality [J]. Journal of Functional Programming, 2006, 16(2): 219–246.

[4] Adams R, Luo Z. Weyl's predicative classical mathematics as a logic-enriched type theory [J]. ACM Transactions on Computational Logic, 2010, 11(2):1–29.

[5] Agda. The Agda proof assistant [Z]. Chalmers University of Technology, Sweden, 2008.

[6] Ahn R. Agents, Objects and Events [D]. Eindhoven: Eindhoven University of Technology, 2001.

[7] Altenkirch T, McBride C, McKinna J. Why dependent types matter [Z]. Manuscript, 2005.

[8] Asher N. Lexical Meaning in Context: A Web of Words [M]. Cambridge: Cambridge University Press, 2012.

[9] Asher N, Luo Z. Formalization of coercions in lexical semantics [C]. Proceedings of Sinn und Bedeutung 17, 2013: 63–80.

[10] Asperti A, Ricciotti W, Coen C. Matita tutorial [J]. Journal of Formalized Reasoning, 2014, 7(2):91–199.

[11] Backhouse R. On the meaning and construction of the rules in Martin-Löf's theory of types [R]. Workshop on General Logic. LFCS Report Series, ECS-LFCS-88-52, Dept. of Computer Science, University of Edinburgh, 1988.

[12] Bailey A. Coercion synthesis in computer implementations of type theoretic frameworks [C]. Proceedings of TYPES'97, Lecture Notes in Computer Science 1512, 1998: 9–27.

[13] Baker M. Lexical Categories: Verbs, Nouns and Adjectives [M]. Cambridge: Cambridge University Press, 2003.

[14] Barendregt H. Lambda calculi with types [C]. Handbook of Logic in Computer Science 2, 1992: 117–309.

[15] Barendregt H, Geuvers H. Proof-assistants using dependent type systems [C]. Handbook of Automated Reasoning, 2001: 1149–1238.

[16] Barker C. Nominals don't provide criteria of identity [C]. The Semantics of Nominalizations across Languages and Frameworks, 2008: 9–24.

[17] Bassac C, Mery B, Retoré C. Towards a type-theoretical account of lexical semantics [J]. Journal of Logic, Language and Information, 2010, 19(2):229–245.

[18] Bekki D. Representing anaphora with dependent types [C]. International Conference on Logical Aspects of Computational Linguistics, 2014: 14-29.

[19] Bekki D, Mineshima K. Context-Passing and Underspecification in Dependent Type Semantics [C]. Modern Perspectives in Type-Theoretical Semantics, 2017: 11-41.

[20] Benacerraf P, Putnam H. Philosophy of Mathematics: Selected Readings [M]. Cambridge: Cambridge University Press, 1983.

[21] Bertot Y, Casteran P. Interactive Theorem Proving and Program Development [M]. Berlin: Springer-Verlag, 2004.

[22] Betarte G. Dependent Record Types and Algebraic Structures in Type Theory [D]. Gothenburg: Chalmers University of Technology, 1998.

[23] Betarte G, Tasistro A. Extension of Martin-Löf's type theory with record types and subtyping [C]. Twenty-five Years of Constructive Type Theory, Oxford: Oxford University Press, 1998: 21-40.

[24] Bishop E. Foundations of Constructive Analysis [M]. New York: McGraw-Hill, 1967.

[25] Boldini P. Formalizing contexts in intuitionistic type theory [J]. Fundamenta Informaticae, 2000, 4(2):105–127.

[26] Brandom R. Making It Explicit: Reasoning, Representing, and Discursive Commitment [M]. Cambridge, Massachusetts: Harvard University Press, 1994.

[27] Brandom R. Articulating Reasons: an Introduction to Inferentialism [M]. Cambridge, Massachusetts: Harvard University Press, 2000.

[28] Bruce K, Longo G. A modest model of records, inheritance, and bounded quantification [J]. Information and Computation, 1990, 87(1-2):196–240.

[29] Buzzard K. What is the point of computers? A question for pure mathematicians [C]. Companion Paper to a Talk in International Congress of Mathematicians (ICM 2022), 2022.

[30] Callaghan P, Luo Z. An implementation of LF with coercive subtyping and universes [J]. Journal of Automated Reasoning, 2001, 27(1):3–27.

[31] Callaghan P, Luo Z, McKinna J, et al. Proceedings International Workshop on Types for Proofs and Programs (TYPES 2000), Durham (LNCS 2277) [M]. New Delhi: Springer, 2000.

[32] Cardelli L, Wegner P. On understanding types, data abstraction and polymorphism [J]. Computing Surveys, 1985, 17(4):471–522.

[33] Carnap R. Die logizistische grundlegung der mathematik [J]. Erkenntnis, 1931, 2:91–105.

[34] Carnap R. Meaning and Necessity [M]. Chicago: University of Chicago Press, 1947.

[35] Champollion L. The interaction of compositional semantics and event semantics [J]. Linguistics and Philosophy, 2015, 38(1):31–66.

[36] Chatzikyriakidis S, Luo Z. Adjectives in a modern type-theoretical setting [C]. Proceedings of Formal Grammar 2013, 2013: 159–174.

[37] Chatzikyriakidis S, Luo Z. Natural language inference in Coq [J]. Journal of Logic, Language and Information, 2014, 23(4):441–480.

[38] Chatzikyriakidis S, Luo Z. Proof assistants for natural language semantics [C]. International Conference on Logical Aspects of Computational Linguistics, 2016: 85–98.

[39] Chatzikyriakidis S, Luo Z. Adjectival and adverbial modification: The view from modern type theories [J]. Journal of Logic, Language and Information, 2017, 26(1): 45–88.

[40] Chatzikyriakidis S, Luo Z. Modern Perspectives in Type- Theoretical Semantics [M]. Berlin: Springer Cham, 2017.

[41] Chatzikyriakidis S, Luo Z. On the interpretation of common nouns: Types v.s. Predicates [C]. Modern Perspectives in Type- Theoretical Semantics, 2017: 43–70.

[42] Chatzikyriakidis S, Luo Z. Identity criteria of common nouns and dot-types for co-predication [J]. Oslo Studies in Language, 2018, 10(2):121–141.

[43] Chatzikyriakidis S, Luo Z. Formal Semantics in Modern Type Theories [M]. Hoboken/London: Wiley/ISTE, 2020.

[44] Chierchia G. Anaphora and dynamic logic [R]. ITLI Publication Series for Logic, Semantics and Philosophy of Language, LP-1990-07, 1990.

[45] Chierchia G. Anaphora and dynamic binding [J]. Linguistics and Philosophy, 1992, 15(2):111–183.

[46] Church A. A formulation of the simple theory of types [J]. Journal Symbolic Logic, 1940, 5(2):56–68.

[47] Chwistek L. The Theory of Constructive Types: (Principies of logic and mathematics). Part I [J]. Annales de la Société Polonaise de Mathématique (Rocznik Polskiego Towarzystwa Matematycznego), 1924, Vol. II: 9–48.

[48] Clark R. Concerning the logic of predicate modifiers [J]. Noûs, 1970, 4(4):311–335.

[49] Clarke E, Henzinger T, Veith H, et al. Handbook of Model Checking [M]. Berlin: Springer, Cham, 2018.

[50] Constable R, et al. Implementing Mathematics with the NuPRL Proof Development System [M]. Upper Saddle River, NJ: Prentice-Hall, 1986.

[51] Cooper R. Records and record types in semantic theory[J]. Journal of Logic and Computation, 2005, 15(2), 2005: 99-112.

[52] Cooper R. Adapting Type Theory with Records for Natural Language Semantics [C]. Modern Perspectives in Type-Theoretical Semantics, 2017: 71–94.

[53] The Coq Development Team. The Coq Proof Assistant Reference Manual (Version 8.0) [R]. INRIA, 2004.

[54] Coquand T. An analysis of Girard's paradox [C]. Proceedings of the 1st Annual Symposium on Logic in Computer Science, 1986: 227-236.

[55] Coquand T, Huet G. The calculus of constructions [J]. Information and Computation, 1988, 76(2-3):95–120.

[56] Coquand T, Paulin-Mohring C. Inductively defined types [C]. COLOG 88, LNCS 417, 1990: 50–66.

[57] Coquand T, Pollack R, Takeyama M. A logical framework with dependently typed records [J]. Fundamenta Informaticae, 2005, 65(1-2):113–134.

[58] Curien P L, Ghelli G. Coherence of subsumption: Minimum typing and type checking in $F_\leqslant$ [J]. Mathematical Structures in Computer Science, 1992, 2(1):55–91.

[59] Curry H, Feys R. Combinatory Logic v.1(Study in Logic & Mathematics) [M]. Amsterdam: North Holland Pub Co, 1958.

[60] Damas L, Milner R. Principal type-schemes for functional programs [C]. Proc of the 9th Ann. Symp. on Principles of Programming Languages, 1982: 207–212.

[61] Dapoigny R, Barlatier P. Modelling contexts with dependent types [J]. Fundamenta Informaticae, 2010, 104(4):293–327.

[62] Davidson D. The logical form of action sentences [J]. The Logic of Decision and Action. 1967: 216–234.

[63] N de Bruijn. A survey of the project AUTOMATH [C]. Curry: Essays on Combinatory Logic, Lambda Calculus and Formalism. Pittsburgh: Academic Press, 1980: 579–606.

[64] P de Groote. Towards abstract categorial grammars [C]. Proceedings of the 39th Annual Meeting of the Association for Computational Linguistics, 2001: 252–259.

[65] P de Groote, Winter Y. A type-logical account of quantification in event semantics [C]. In JSAI International Symposium on Artificial Intelligence, New Delhi: Springer, 2014: 53–65.

[66] L de Moura, Ullrich S. The Lean 4 theorem prover and programming language [C]. Proceedings of the 28th International Conference on Automated Deduction (CADE28), 2021: 625–635.

[67] Dowty D, Wall R, Peters S. Introduction to Montague Semantics [M]. Dordrecht: Reidel Publishing Company, 1981.

[68] Dummett M. The philosophical basis of intuitionistic logic [C]. Logic Colloquium 1973, 1975: 5–40.

[69] Dummett M. The Logical Basis of Metaphysics [M]. Cambridge, MA: Harvard University Press, 1991.

[70] Dybjer P. Inductive sets and families in Martin-Löf's type theory and their set-theoretic semantics [C]. Logical Frameworks, Cambridge: Cambridge University Press, 1991: 280-306.

[71] Evans G. Pronouns, quantifiers and relative clauses [J]. Canadian Journal of Philosophy, 1977, 7(3):467–536.

[72] Evans G. Pronouns [J]. Linguistic Inquiry, 1980, 11(2):337–362.

[73] Feferman S. Constructive theories of functions and classes [C]. Logic Colloquium '78, Studies. Logic Foundations Mathematics, 97, North-Holland, 1979: 159–224.

[74] Frege G. Die Grundlagen der Arithmetik [M]. New York: Basil Blackwell, 1884.

[75] Frege G. Grundgesetze der Arithmetik VI-2 [M]. Whitefish: Kessinger Publishing, 1893.

[76] Friedman H. Set-theoretic foundations for constructive analysis [J]. Annals of Mathematics, 1977, 105(1):1–28.

[77] Gallin D. Intensional and higher-order modal logic: with applications to Montague semantics. [M]. Amsterdam: North-Holland Pub Co, 1975.

[78] Gambino N, Aczel P. The generalised type-theoretic interpretation of constructive set theory [J]. Journal of Symbolic Logic, 2006, 71(1):67–103.

[79] Geach P. Reference and Generality: An Examination of Some Medieval and Modern Theories [M]. Ithaca: Cornell University Press, 1962.

[80] Gentzen G. Untersuchungen über das logische Schließen [J]. Mathematische Zeitschrift, 1935, 39:176–210.

[81] Gillies A. (Re-)reading "dynamic predicate logic" (electronic manuscript) [Z]. 2020.

[82] Girard J Y. Une extension de l'interpretation fonctionelle de gödel à l'analyse et son application à l'élimination des coupures dans et la thèorie des types' [C]. Proceedings of the 2nd Scandinavian Logic Symposium, 1971.

[83] Girard J Y. Interprétation fonctionelle et élimination des coupures de l'arithmétique d'ordre supérieur [D]. Pairs: Université Paris VII, 1972.

[84] Girard J Y. Linear logic [J]. Theoretical Computer Science, 1987, 50(1):1–101.

[85] Goguen H. A Typed Operational Semantics for Type Theory [D]. Edinburgh: University of Edinburgh, 1994.

[86] Goguen J, Burstall R. Institutions: abstract model theory for specification and programming [J]. Journal of the Association of Computing Machinery, 1992, 39(1):95–146.

[87] Gonthier G. Formal proof – the four-color theorem [J]. Notices of the AMS, 2008, 55(11):1382–1393.

[88] Gordon M, Melham T. Introduction to HOL: A theorem proving environment for higher-order logic [M]. Cambridge: Cambridge University Press, 1993.

[89] Groenendijk J, Stokhof M. Dynamic predicate logic [J]. Linguistics and Philosophy, 1991, 14(1):39–100.

[90] Grudzińska J, Zawadowski M. Generalized quantifiers on dependent types: A system for anaphora [C]. Modern Perspectives in Type-Theoretical Semantics, 2017: 95–131.

[91] Gupta A. The Logic of Common Nouns [M]. New Haven: Yale University Press, 1980.

[92] Hales T, Adams M, Bauer G, et al. A formal proof of the Kepler conjecture [J]. Forum Mathematics, 2017, 5(2): 1–29.

[93] Hales T, Ferguson S. A formulation of the Kepler conjecture [J]. Discrete & Computational Geometry, 2006, 36(1):21–69.

[94] Harper R, Honsell F, Plotkin G. A framework for defining logics [J]. Journal of the Association for Computing Machinery, 1993, 40(1):143–184.

[95] Harrison J. HOL light: An overview [C]. Theorem Proving in Higher Order Logics (TPHOLs 2009), New Delhi: Springer, 2009: 60–66.

[96] Hayashi S. Singleton, union and intersection types for program extraction [J]. Information and Computation, 1994, 109(1/2):174–210.

[97] Heim I. The Semantics of Definite and Indefinite Noun Phrases [D]. Boston: University of Massachusetts, 1982.

[98] Henkin L. Completeness in the theory of types [J]. Journal Symbolic Logic, 1950, 15:81–91.

[99] Heyting A. Intuitionism: An Introduction [M]. Amsterdam North-Holland Pub Co., 1956.

[100] Hoare C. An axiomatic basis for computer programming [J]. Communications of the ACM, 1969, 12(10):576–583.

[101] Hook J, Howe D. Impredicative strong existential equivalent to Type:Type [R]. Technical Report TR86-760, Cornell University, 1986.

[102] HoTT. Homotopy Type Theory: Univalent Foundations of Mathematics [Z]. The Univalent Foundations Program, Institute for Advanced Study, 2013.

[103] Howard W. The formulae-as-types notion of construction [C]. Essays on Combinatory Logic, Pittsburgh: Academic Press, 1980: 479–490.

[104] Hutton G. Programming in Haskell [M]. 2nd edition, Cambridge: Cambridge University Press, Cambridge, 2016.

[105] Jacobson P. The syntax/semantics interface in categorial grammar [C]. The Handbook of Contemporary Semantic Theory, 1996: 89–116.

[106] Jones S P. Haskell 98 Language and Libraries: The Revised Report [M]. Cambridge: Cambridge University Press, 2003.

[107] Kahle R, Schroeder-Heister P. Proof-Theoretic Semantics[J]. Special Issue of Synthese, 2006, 148(3).

[108] Kahn G. Natural semantics [C]. Proceedings of the 4th Annual Symposium on Theoretical Aspects of Computer Science, 1987: 22–39.

[109] Kamp H. Two theories about adjectives [C]. Formal Semantics of Natural Language, Cambridge: Cambridge University Press, 1975: 123–155.

[110] Kamp H. A theory of truth and semantic representation [C]. In Journal Groenendijk et al (eds.) Formal Methods in the Study of Language, 1981: 189–222.

[111] Katiyar D, Sankar S. Completely bounded quantification is decidable [C]. Proceedings of the ACM SIGPLAN Workshop on ML and its Applications, 1992: 151-162.

[112] Kießling R, Luo Z. Coercions in Hindley-Milner systems [C]. Types for Proofs and Programs, Proceedings of International Conference of TYPES'03. LNCS 3085, 2004: 259–275.

[113] Kleene S. Introduction to Metamathematics [M]. Amsterdam: North Holland Pub Co., 1952.

[114] Kolmogorov A. Zur deutung der intuitionistischen logik [J]. Mathematische Zeitschrift, 1932, 35:58–65.

[115] Kubota Y, Levine R. Type-Logical Syntax [M]. Cambridge MA: MZT Press, 2020.

[116] Lambek J. The mathematics of sentence structure [J]. The American Mathematical Monthly, 1958, 65(3):154–170.

[117] Landman F. Plurality [C]. The Handbook of Contemporary Semantic Theory, 1996: 425–457.

[118] Landman F. Events and Plurality [M]. Dordrecht: Kluwer,2000.

[119] Linsky B. Leon Chwistek's Theory of Constructive Types [C]. The Golden Age of Polish Philosophy, New Delhi: Springer, 2009: 203–219.

[120] Lungu G. Subtyping in Signatures [D]. London: Royal Holloway, University of London, 2018.

[121] Lungu G, Luo Z. On subtyping in type theories with canonical objects [C]. 22nd International Conference on Types for Proofs and Programs (TYPES 2016), Leibniz International Proceedings in Informatics (LIPIcs) 97, 2018, 13: 1–31.

[122] Luo Y. Coherence and Transitivity in Coercive Subtyping [D]. Durham: University of Durham, 2005.

[123] Luo Z. An Extended Calculus of Constructions [D]. Edinburgh: University of Edinburgh, 1990.

[124] Luo Z. Program specification and data refinement in type theory [J]. Mathematical Structures in Computer Science, 1993, 3(3):333–363.

[125] Luo Z. Computation and Reasoning: A Type Theory for Computer Science [M]. Oxford: Oxford University Press, 1994.

[126] Luo Z. Coercive subtyping in type theory [C]. Proceedings of the 1996 Annual Conference of the European Association for Computer Science Logic (CSL'96), LNCS 1258, 1997: 275–296.

[127] Luo Z. Coercive subtyping [J]. Journal of Logic and Computation, 1999: 9(1):105–130.

[128] Luo Z. A type-theoretic framework for formal reasoning with different logical foundations [C]. Advances in Computer Science, Proceedings of the 11th Annual Asian Computing Science Conference. LNCS 4435., 2007: 214–222.

[129] Luo Z. Coercions in a polymorphic type system [J]. Mathematical Structures in Computer Science, 2008, 18(4):729–751.

[130] Luo Z. Dependent record types revisited[C]. Proceedings of the Inter. Workshop on Modules and Libraries for Proof Assistants, Montreal. ACM Inter. Conference Proceeding Series, 2009, 429.

[131] Luo Z. Manifest fields and module mechanisms in intensional type theory [C]. Types for Proofs and Programs, Proceedings of International Conference of TYPES'08, LNCS 5497., 2009: 237–255.

[132] Luo Z. Type-theoretical semantics with coercive subtyping [C]. Semantics and Linguistic Theory 20 (SALT20), 2009: 38–56.

[133] Luo Z. Adjectives and adverbs in type-theoretical semantics [Z]. Notes, 2011.

[134] Luo Z. Contextual analysis of word meanings in type-theoretical semantics [C]. Logical Aspects of Computational Linguistics (LACL2011). LNAI 6736, 2011: 159–174.

[135] Luo Z. Common nouns as types [C]. Logical Aspects of Computational Linguistics (LACL 2012). LNCS 7351, 2012: 173–185.

[136] Luo Z. Formal semantics in modern type theories with coercive subtyping [J]. Linguistics and Philosophy, 2012, 35(6):491–513.

[137] Luo Z. Notes on uiniverses in type theory [Z]. Notes for a talk at Institute of Advanced Study, Princeton, 2012.

[138] Luo Z. Formal Semantics in Modern Type Theories: Is It Model-theoretic, Proof-theoretic, or Both? [C]. Invited talk at Logical Aspects of Computational Linguistics 2014 (LACL 2014), LNCS 8535, 2014: 177–188.

[139] Luo Z. A Lambek Calculus with Dependent Types [C]. Extended Abstract in Types for Proofs and Programs (TYPES 2015), 2015.

[140] Luo Z. Substructural calculi with dependent types [C]. Linearity and TLLA 2018, 2018.

[141] Luo Z. Proof irrelevance in type-theoretical semantics [C]. Logic and Algorithms in Computational Linguistics 2018 (LACompLing2018), Studies in Computational Intelligence (SCI). New Delhi: Springer, 2019: 1–15.

[142] Luo Z. On type-theoretical semantics of donkey anaphora [C]. Logical Aspects of Computational Linguistics (LACL2021), 2021: 104–118.

[143] Luo Z, Adams R. Structural subtyping for inductive types with functorial equality rules [J]. Mathematical Structures in Computer Science, 2008, 18(5):931–972 .

[144] Luo Z, Callaghan P. Coercive subtyping and lexical semantics (extended abstract) [Z]. Logical Aspects of Computational Linguistics (LACL 98), 1998.

[145] Luo Z, Luo Y. Transitivity in coercive subtyping [J]. Information and Computation, 2005, 197(1-2):122–144.

[146] Luo Z, Pollack R. LEGO Proof Development System: User's Manual [R]. LFCS Report ECS-LFCS-92-211, Dept of Computer Science, University of Edinburgh, 1992.

[147] Luo Z, Soloviev S. Dependent coercions [C]. International Conference on Category Theory and Computer Science (CTCS 99), 1999: 152–168.

[148] Luo Z, Soloviev S. Dependent event types [C]. Logic, Language, Information, and Computation (WoLLIC 2017), LNCS 10388, 2017: 216–228.

[149] Luo Z, Soloviev S, Xue T. Coercive subtyping: theory and implementation [J]. Information and Computation, 2012, 223:18–42.

[150] Luo Z, Zhang Y. A linear dependent type theory [C]. Extended Abstract in Types for Proofs and Programs (TYPES 2016), Novi Sad, 2016.

[151] Maclean H, Luo Z. Subtype universes [C]. Post-proceedings of the 26th International Conference on Types for Proofs and Programs (TYPES20). Leibniz International Proceedings in Informatics (LIPIcs) 188, 2021: 1–16.

[152] Magnusson L, Nordström B. The ALF proof editor and its proof engine [C]. International Workshop on Types for Proofs and Programs (TYPES 1993), LNCS 806, 1994: 213–237.

[153] Maienborn C. Events and states [C]. Oxford Handbook of Event Structure, 2019: 50–89.

[154] Martin-Löf P. A theory of types [Z]. Manuscript, 1971.

[155] Martin-Löf P. An intuitionistic theory of types: predicative part [C]. Logic Colloquium'73, 1975: 73–118.

[156] Martin-Löf P. Constructive mathematics and computer programming [C]. Logic, Methodology and Philosophy of Science VI, 1982: 153–175.

[157] Martin-Löf P. Intuitionistic Type Theory [M]. London: Bibliopolis, 1984.

[158] Martin-Löf P. On the meanings of the logical constants and the justifications of the logical laws [J]. Nordic Journal of Philosophical Logic, 1996, 1(1):11–60.

[159] McBride C. Elimination with a motive [C]. Types for Proofs and Programs, 2002: 197–216.

[160] McBride C, McKinna J. The view from the left [J]. Journal of Functional Programming, 2004, 14(1):69–111.

[161] McKinna J. Deliverables: a categorical approach to program development in type theory [D]. Edinburgh: University of Edinburgh, 1992.

[162] McKinna J, Burstall R. Deliverables: a categorical approach to program development in type theory [C]. Mathematical Foundations of Computer Science 1993, LNCS 711, 1993: 32–67.

[163] Milner R. A theory of type polymorphism in programming [J]. Journal of Computer Systems and Sciences, 1978, 17(3):348–375.

[164] Milner R, Tofte, Harper R, et al. The Definition of Standard ML (revised) [M]. Cambridge MA: MIT Press, 1997.

[165] Mönnich U. Untersuchungen zu einer konstruktiven Semantik fur ein Fragment des Englischen [D]. Tubingen: University of Tübingen, 1985.

[166] Montague R. English as a formal language [C]. Linguaggi Nella Societa e Nella Tecnica. Edizioni di Communita, 1970: 189–223.

[167] Montague R. The proper treatment of quantification in ordinary English [C]. Approaches to Natural Languages, 1973: 221–242.

[168] Montague R. Formal Philosophy [M]. New Haven and London: Yale University Press, 1974.

[169] Moot R. Hybrid type-logical grammars, first-order linear logic and the descriptive inadequacy of lambda grammars [Z]. Manuscript, 2021.

[170] Moot R, Retoré C. The Logic of Categorial Grammar (LNCS 6850) [M]. Heidelberg: Springer, 2012.

[171] Morrill G. Categorial Grammar: Logical Syntax, Semantics, and Processing [M]. Oxford: Oxford University Press, 2011.

[172] Muskens R. Language, lambdas, and logic [C]. Resource Sensitivity in Binding and Anaphora, Studies in Linguistics and Philosophy, 2003: 23–54.

[173] Myhill J. Constructive set theory [J]. Journal Symbolic Logic, 1975, 40(3):347–382.

[174] Naumowicz A, Korniłowicz A. A brief overview of MIZAR [C]. Theorem Proving in Higher Order Logics (TPHOLs 2009), New Delhi: Springer, 2009: 67–72.

[175] Nipkow T, Paulson L, Wenzel M. Isabelle/HOL: A proof assistant for higher-order logic (LNCS 2283) [M]. Berlin: Springer, 2002.

[176] Nordström B, Petersson K, Smith J. Programming in Martin-Löf's Type Theory: An Introduction [M]. Oxford: Oxford University Press, 1990.

[177] Nunberg G. Transfers of meaning [J]. Journal of Semantics, 1995, 12(2):109–132.

[178] Oehrle R. Term-labeled categorial type systems [J]. Linguistics and Philosophy, 1994, 17(6):633–678.

[179] Parsons T. Some problems concerning the logic of grammatical modifiers [J]. Synthese, 1970, 21(3/4):320–334.

[180] Parsons T. Events in the Semantics of English [M]. Cambridge, MA: MIT Press,1990.

[181] Partee B. Compositionality and coercion in semantics: The dynamics of adjective meaning [C]. Cognitive foundations of interpretation, 2007: 145–161.

[182] Partee B. Privative Adjectives: Subsective Plus Coercion [C]. Presuppositions and Discourse: Essays Offered to Hans Kamp, volume 21 of Current Research in Semantics/Pragmatics Interface, 2010: 273–285.

[183] Pierce B. Bounded quantification is undecidable [J]. Information and Computation, 1994, 112(1):305–315.

[184] Pierce B, et al. Logical Foundations (Software Foundations series, Volume 1) [Z]. Electronic textbook, 2018.

[185] Pierce B, et al. Programming Language Foundations (Software Foundations series, Volume 2) [Z]. Electronic textbook, 2018.

[186] Plotkin G. A structural approach to operational semantics [J]. The Journal of Logic and Algebraic Programming, 2004, 60-61:17-139.

[187] Pollack R. Typechecking in pure type systems [C]. Informal Proceedings of the 1992 Workshop on Types for Proofs and Programs, 1992: 271–288.

[188] Pollack R. Dependently typed records in type theory [J]. Formal Aspects of Computing, 2002, 13:386–402.

[189] Portner P. What is Meaning: Fundamentals of Formal Semantics [M]. New Jersey: Blackwell, 2005.

[190] Prawitz D. Natural Deduction, a Proof-Theoretic Study [M]. Stockholm: Almqvist and Wiksell, 1965.

[191] Prawitz D. Towards a foundation of a general proof theory [C]. Logic, Methodology, and Philosophy of Science IV, 1973: 225–250.

[192] Prawitz D. On the idea of a general proof theory [J]. Synthese, 1974, 27(1/2):63–77.

[193] Pustejovsky J. The Generative Lexicon [M]. Cambridge MA: MIT Press, 1995.

[194] Pustejovsky J. A survey of dot objects [Z]. Manuscript, 2005.

[195] Pustejovsky J, Batiukova O. The Lexicon [M]. Cambridge: Cambridge University Press, 2019.

[196] Ramsey F. The foundations of mathematics [J]. Proceedings of the London Mathematical Society, 1926, 25(1):338–384.

[197] Ranta A. Type-Theoretical Grammar [M]. Oxford: Oxford University Press, 1994.

[198] Retoré C. The montagovian generative lexicon λTy_n: A type theoretical framework for natural language semantics [C]. Proc of TYPES2013, 2013: 202–229.

[199] Reynolds J. Towards a theory of type structure [C]. Symposium on Programming (LNCS 19), 1974: 408–425.

[200] Reynolds J. Using category theory to design implicit conversions and generic operators [C]. Proceedings. of the Aarhus Workshop on Semantics-Directed Compiler Generation, 1980: 211–258.

[201] Reynolds J. The meaning of types: from intrinsic to extrinsic semantics [R]. BRICS Report RS-00-32, Aarhus University, 2000.

[202] Russell B. The Principles of Mathematics [M]. London: Routledge, 1903.

[203] Russell B. Introduction to Mathematical Philosophy [M]. London: Allen and Unwin, 1919.

[204] Saeed J. Semantics [M]. London: Wiley-Blackwell, 1997.

[205] Saïbi A. Typing algorithm in type theory with inheritance [C]. In Proceedings of the 24th ACM SIGPLAN-SIGACT symposium on Principles of programming languages, 1997: 292–301.

[206] Smith J. The independence of Peano's fourth axiom from Martin-Löf's type theory without universes [J]. Journal of Symbolic Logic, 1988, 53(3):840–845.

[207] Soloviev S, Luo Z. Coercion completion and conservativity in coercive subtyping [J]. 2002, Annals of Pure and Applied Logic, 113(1-3):297–322.

[208] Steedman M. The Syntactic Process Language, Speech, and Communication [M]. Cambridge, MA: MIT Press, 2000.

[209] Strachey C. Fundamental concepts in programming languages [J]. Higher-Order and Symbolic Computation, 2000, 13(1-2):11–49.

[210] Sundholm G. Proof theory and meaning[C]. Handbook of Philosophical Logic III: Alternatives to Classical Logic, 1986: 471–506.

[211] Sundholm G. Constructive generalized quantifiers [J]. Synthese, 1989, 79(1):1–12.

[212] Swamy N, Hicks M, Bierman G. A theory of typed coercions and its applications [C]. Proceedings of the 14th ACM SIGPLAN International Conference on Functional Programming (ICFP 09), 2009: 329–340.

[213] Tanaka R. Generalized quantifiers in dependent type semantics [Z]. Talk given at Ohio State University, 2015.

[214] Tarski A. On the well-ordered subsets of any set [J]. Fundamenta Mathematicae, 1939, 32(1):176–183.

[215] Tasistro A. Substitution, record types and subtyping in type theory [D]. Gothenburg: Chalmers University of Technology, 1997.

[216] Wadler P. Propositions as types [J]. Communications of the ACM, 2015, 58(12):75–84.

[217] Werner B. On the strength of proof-irrelevant type theories [J]. Logical Methods in Computer Science, 2008, 4(3):1–20.

[218] Weyl H. The Continuum: A critical examination of the foundation of analysis [M]. New York: Dover Publication, 1994.

[219] Whitehead A, Russell B. Principia Mathematica[M]. second edition. Cambridge: Cambridge University Press, 1925.

[220] Winter Y. Elements of Formal Semantics [M]. Edinburgh: Edinburgh University Press, 2016.

[221] Winter Y, Zwarts J. Event semantics and abstract categorial grammar [C]. In Conference on Mathematics of Language, New Delhi: Springer, 2011: 174–191.

[222] Worth A. English Coordination in Linear Categorial Grammar [D]. Columbus: The Ohio State University, 2016.

[223] Xue T. Theory and Implementation of Coercive Subtyping [D]. London: Royal Holloway, University of London, 2013.

[224] Xue T, Luo Z. Dot-types and their implementation [C]. International Conference on Logical Aspects of Computational Linguistics (LACL 2012), 2012: 234–249.

[225] Xue T, Luo Z, Chatzikyriakidis S. Propositional forms of judgemental interpretations [C]. Proceedings of Workshop on Natural Language and Computer Science, Oxford, 2018.

[226] Xue T, Luo Z, Chatzikyriakidis S. Propositional forms of judgemental interpretations [J]. Journal of Logic, Language and Information, 2023, 32(4): 733–758.

[227] 刘壮虎. 复合谓词的逻辑系统 [J]. 自然辩证法研究, 2000, 16(21): 14–18.

[228] 吴平. 句式语义的形式分析与计算 [M]. 北京: 北京语言大学出版社, 2007.

[229] 吴平. 事件语义分析与计算 [M]. 北京: 中国社会科学出版社, 2009.

[230] 吴文俊. 几何定理机器证明的基本原理 [M]. 北京: 科学出版社, 1984.

[231] 宋作艳. 汉英事件强迫之比较研究 [J]. 语言暨语言学, 2014, 15(2):199–229.

[232] Nordström B, Petersson K, Smith J M. Martin-Löf 类型论程序设计导引 [M]. 宋方敏, 译. 南京: 南京大学出版社, 2002.

[233] 朱德熙. 现代汉语形容词研究 [J]. 语言研究, 1956, 01: 83–104.

[234] 王继新. 合成类型、联合述谓结构及德语 ung-名词 [Z]. 国际类型论语义学论坛（International Workshop on Type-Theoretical Semantics），皖西学院暨湘潭大学, 2022.

[235] 石运宝, 邹崇理. 汉语名-名组合的形式语义探析 [J]. 湖南科技大学学报 (社会科学版), 2020, 23(4): 39–44.

[236] 罗朝晖, 石运宝, 薛涛. 形容词修饰语义的现代类型论探析 [J]. 逻辑学研究, 2022, 15(2): 29–47.

[237] 邹崇理. 逻辑、语言和信息——逻辑语法研究 [M]. 北京: 人民出版社, 2002.

[238] 邹崇理. 范畴类型逻辑 [M]. 北京: 中国社会科学出版社, 2008.

[239] 陈波. 逻辑哲学 [M]. 北京: 北京大学出版社, 2005.

[240] 陈火旺, 罗朝晖, 马庆鸣. 程序设计方法学基础 [M]. 长沙: 湖南科学技术出版社, 1987.

[241] Bertot V, Casteran P. 交互式定理证明与程序开发：Coq 归纳构造演算的艺术 [M]. 顾明, 等译. 北京: 清华大学出版社, 2009.

索引